Aserca

Zuliana, Avensa, Aeropostal

Viasa y Pawa

La historia secreta de

nuestras líneas aéreas

1991-2017

Luis Rivasés y Ricardo Toro

Copyright© 2021 Luis Rivasés y Ricardo Toro

Todos los derechos reservados

Ninguna parte de este libro puede ser reproducido, guardado en sistemas electrónicos, o transmitido de alguna forma, fotocopiado, transformado en medios electrónicos, digitales, mecánicos, grabados o de ninguna otra manera sin el consentimiento expreso del autor o quien tenga los derechos de publicación debidamente estipulado mediante contrato escrito.

Cover design by Forrest Media

Printed in the United States of America

Dedicatoria

A todos aquellos que hicieron posible que el venezolano viajara en líneas aéreas comerciales con impronta venezolana.

1929-1991

A los forjadores de nuestra industria, desde P.G. Latécoère, M. Bouilloux-Lafont, Paul Vachet y Gastón Chenú. A Andrés Boulton y todo su entorno de gerentes, a Rockefeller y a Juan Trippe. A Guillermo Pacanins y todos los que, de buena fe, intentaron dar lo mejor de sí para crear la industria posterior, a Oscar Machado Zuloaga, Alfonso Márquez Añez y Luis Ignacio Mendoza junto a sus equipos gerenciales y a Henry Lord Boulton y los suyos hasta 1991.

1991-2017

A Simeón García, Juan J. Azpurua, Matías G. Smith, Nelson Ramiz, Jorge Añez y Rafael Ciarcia y sus equipos en una segunda igualmente convulsionada.

Al resto de quienes siguen volando, su historia y los respectivos agradecimientos deberán ser escritos a su tiempo en una tercera entrega, esperando que esta dure mucho tiempo en ser escrita, aunque los tiempos luzcan aciagos para su supervivencia.

Derechos del material gráfico y de referencia.

Toda la colección y las referencias expuestas se encuentran enmarcadas bajo la condición de uso justo ya que cumplen:
Propósito: Investigación histórica de uso es transformador, tiene por objeto fomentar el desarrollo y la difusión de nuevos conocimientos en beneficio del público y, por lo tanto, avanzar en el aprendizaje por lo que su uso es socialmente beneficioso.
Naturaleza: El trabajo que se utilizará es principalmente de naturaleza fáctica
Monto y proporción: La colección representa una ínfima parte del contenido de la obra en su magnitud, y se utiliza la cantidad necesaria para lograr el propósito u objetivo socialmente beneficioso declarado en el propósito.

La mayoría de la colección expuesta en la presente obra pertenece al dominio público, a la biblioteca de Francia o está exenta de costos por las normas de uso justo del material. Todos tienen las fuentes de acuerdo a lo estipulado en https://gallica.bnf.fr/edit/und/conditions-dutilisation-des-contenus-de-gallica.

Otra parte, pertenece al dominio público de acuerdo a lo estipulado en https://digitalcollections.library.miami.edu/digital/custom/copyright-guidelines y respetan las normas de uso justo en: https://librarycopyright.net/resources/fairuse/toc.php

Otra parte, pertenece al dominio público al formar parte de publicaciones periódicas desparecidas hace más de 50 años, respetando también las normas de uso justo ya que el titular de los derechos de autor no se puede identificar o no se puede encontrar después de una búsqueda razonable o, una vez encontrado, no responde (de una forma u otra) a las solicitudes de permiso para usar el trabajo.

Otra parte ha sido retocada y transformada para darle la apariencia de la foto original o pertenece al dominio público al formar parte de publicaciones periódicas de las compañías y su propósito es ser discutidas públicamente o son de libre acceso, como por ejemplo los reportes anuales y balances de compañías públicas.

Aviso importante

Si alguien desea criticar a Elon Musk, le sugerimos primero que se marche de la universidad de Stanford porque tiene un proyecto a los veinte años llamado ZIP2 que vendió a Compaq y ganó 22 millones de dólares, pero en vez de gastarlos en un yate y mil placeres como lo haría un buen venezolano, deberá preferir invertir en otro proyecto llamado X.com al que por cosas del destino venderá, convertido bajo el nombre de PayPal y con 180 millones en su bolsillo, luego de impuestos, siendo en realidad un joven en edad universitaria, en vez de sacarle en cara a sus amigos el dinero habido, debe decidir no gastarlos en un yate más grande, un avión y diez mil gustos, sino en invertirlo en tres empresas llamadas Tesla, Space X y Solar City.

Así que, si usted ve a alguien que quiera criticar a Musk, dígale primero que cree nuevas tecnologías de baterías, coches eléctricos, lance 3 mil satélites al espacio y allí, como un igual, critique al hombre detrás de todos esos proyectos. De lo contrario solo cabe decir: cállese y trabaje

Guardando las enormes distancias de fortuna. Si queremos criticar a cualquiera que compre un avión para hacer una aerolínea comercial en Venezuela y darles empleo a miles de personas, en uno de los entornos empresariales más crueles y complicados del mundo. Compre su avión, cree su compañía y después de lograrlo, critique a todos aquellos a quien le dé la gana. Este, es un libro para celebrar que los venezolanos lograron volar y muchos intentaron crear una industria propia.

Celebraremos en este escrito las historias y aventuras, sin dejar de señalar los problemas y fallos. Sin embargo, las críticas aquí expuestas, son particulares y buscan crear consciencia del entorno, pero sin dejar de celebrar a todos los héroes que se dejaron el pellejo, mientras muchos volaban casi gratis, otros decían que estaba bien aquello del "precio justo", mientras criticaban que no vuelan en aviones nuevos, esperando con ansias la llegada de las aerolíneas extranjeras porque "esas sí son buenas".

Índice

Dedicatoria 3
Aviso importante 5
Introducción 9
Tres lecciones previas: 1. Las aerolíneas venezolanas no quiebran como PanAm 17
Lección 2: En Venezuela, la culpa será siempre de: "El viejo". 29
Cuando "el viejo", es en realidad "el héroe". 43
Y hay que ponerse en los zapatos de cada héroe. 49
Y en la realidad política de estos héroes. 57
Tercera Lección: ¿Qué quebró a Viasa? 63
Y quienes no fueron culpables. 80
Una última reflexión a manera de respuestas. 85
La Anti-industria venezolana 91
La escuela neogranadina de Zuliana de Aviación 114
Competencia desleal y anti industria versus industria de bajo costo. .. 128
Las alas del imperialismo o el nacimiento de los estándares. 148
Los orígenes de la escuela Boulton. 163
Los Boulton y el síndrome Bouilloux-Lafont. 171
La escuela familiar Boulton & Son. 175
Las turbulencias de Avensa. Segunda escuela o escuela semipública. .. 187
Aeropostal y la fusión con TACA 194
Aeropostal y la fusión con RANSA 198
Aeropostal, primera escuela privada 208
Aeropostal, segunda escuela privada 229
La escuela de Aserca 231
En mercado pequeño, Infierno grande. 241
Aserca 2001-2012 253
Una reflexión obligada, distinta y obligatoria sobre CADIVI 261

Aserca, la tercera escuela...271
Los MD-80 llegan y terminan con la burbuja.....................................278
Los últimos MD-80...282
Una pesadilla financiera en las aerolíneas..286
El final de una época..289
Los problemas de Delta...292
Los MD-80 en la república islámica..294
El colapso a partir de 2013..296
Los problemas de futuro de las aerolíneas..299
Introducción al caso Pawa dominicana y sus enseñanzas..................305
¿Un start-up en República Dominicana?...308
De los huracanes y su impacto financiero...311
La línea bandera (o el efecto político)...315
El cabotaje dominicano..321
Pawa y los 25 fantasmas del Caribe..324
Sobre las "otras" cifras macroeconómicas...327
Del mercado real dominicano..328
De los estadounidenses..329
Del Hub en Santo Domingo y los errores de PAWA..........................331
De los dominicanos residentes en Estados Unidos.............................333
Composición social de los dominicanos-estadounidenses.................336
Del perfil de Pawa..337
De la flota y los aviones md-80...339
El monopolio de las grandes y sus repercusiones...............................341
Del monopolio Aerodom-Vinci...343
Epílogo: ¿Cuánto costaba Viasa?..346

Introducción

A diferencia de lo que pueda pensar la mayoría, con sus altos y bajos, las aerolíneas son y serán siempre un estupendo negocio. De hecho, existen aerolíneas que llevan cuarenta años sin perder un centavo como Southwest o veinte cómo Etiopia. Por eso a menos que se vuelva a poner de moda el transporte en barcos o se descubra una vía más rápida y efectiva que el transporte aéreo, los novecientos millones de pasajeros que abordan todos los años un avión para irse de vacaciones y los quinientos millones de viajeros de negocios seguirán requiriendo de las líneas aéreas porque de acuerdo a las Naciones Unidas, solo el 1% lo hace por tren y el 5% lo hace por barcos[1]. Nada mal para una industria turística que embarcaba poco más de seiscientos millones en el año 2000, novecientos cuarenta en 2010[2] y que llegó a casi mil quinientos millones en 2019 y aún con la pandemia se espera un crecimiento parecido en el 2030[3].

Por esa razón las aerolíneas, aunque parezca lo contrario, son un estupendo negocio y lo son básicamente porque no podemos vivir sin estas. El problema muchas veces está en lo que es nuestra visión de un "negocio perfecto" en Venezuela.

Delta Airlines desde 1998 apenas ha dado beneficios por unos tres mil millones de dólares y eso sería posiblemente a los efectos de un empresario venezolano un "mal negocio", pero los activos de Delta pasaron de 16 a 71 billones de dólares, mientras que la flota propia pasó de 444 a 705 aviones con otros cuatrocientos de su flotilla regional. Por lo tanto ¿Qué es para los gerentes venezolanos un buen negocio y que no?, siempre repetimos que Viasa fue uno estupendo porque dio quince años de ganancias, pero ¿fue creada como un negocio o la capitalizaron como una corporación?

---

[1] https://www.e-unwto.org/doi/pdf/10.18111/9789284422456
[2] https://www.e-unwto.org/doi/pdf/10.18111/9789284415359
[3] https://www.unwto.org/archive/global/press-release/2011-10-11/international-tourists-hit-18-billion-2030

De esta manera entenderemos que a lo mejor la escuela estuvo errada desde el principio y la capitalización corporativa, que es la que hace posible la continuidad y la sostenibilidad, nunca fue tomada en cuenta como en Delta Airlines, que ha sido increíble a tal punto que de cuatro billones en su salida al mercado pasó a cerca de cuarenta mil millones de dólares diez años más tarde y cualquiera que hubiese invertido mil dólares en julio de 2019, una década más tarde habría recibido ocho veces su inversión y aún con la pandemia, recibiría cinco mil. Por eso hay que repetir ¿Viasa fue un buen negocio? Si usted hubiera invertido mil dólares en Viasa, ¿Cuánto hubiera obtenido quince años más tarde? ¿Qué hizo Viasa con los más de cien millones de dólares de la época en ganancias y otros cien en préstamos directos antes de 1978 para comprar aviones? ¿Cuál fue su plan de inversiones para considerarse que era un buen negocio?

Por eso no solo es importante que aporte ganancias y distribuya dividendos, sino de cómo y cuánto crezca su patrimonio, cuanto su flota y su mercado. Delta Airlines no solo sobrevivió al ataque de las torres gemelas, a la era del terrorismo, la Guerra del Golfo, la crisis mundial y el barril de petróleo a 150 dólares, no solo ha sobrevivido a la Pandemia que es sin lugar a dudas la crisis más grande que han vivido jamás las aerolíneas sino que está de nuevo en ruta a números azules en 2021 sino que absorbió a la gigante Northwest, compró casi la mitad de Aeroméxico, el 20% de Latam un 10% de la gigantesca AirFrance-KLM y quería comprar Avianca.

Las aerolíneas son un gran negocio a tal punto que en 1999 Boeing tenía en su libro de ordenes contratos para construir aviones comerciales por 73 billones de dólares[4], la cifra del libro alcanzó los doscientos cincuenta mil millones en 2009[5] y para el 2018 lo había

---

[4] https://investors.boeing.com/investors/financial-reports/sec-filings-details/default.aspx?FilingId=73092
[5] https://investors.boeing.com/investors/financial-reports/sec-filings-details/default.aspx?FilingId=7033058

duplicado alcanzando los 565 mil millones de dólares[6] y es que hay que verle la cara a las casi siete mil ordenes de aviones que esperan para ser construidos por Airbus[7] de los cuarenta y tres mil que se espera que se construyan para el año 2040[8].

Las necesitamos y necesitaremos cada día más en la medida en que la carga llegue más rápido a nuestras casas y más tras la pandemia, razón por la que se espera que gracias al e-comerce se dupliquen los aviones de carga y que la aerolínea Prime de Amazon©, que hoy opera con cerca de ochenta aviones, sea más grande que DHL para el 2028 y maneje una flota propia de doscientos aviones, como se espera que ocurra con Alibaba.

Por otra parte, las aerolíneas y el sector de transporte en general- son uno de los termómetros que miden el estado de salud de una economía y el panorama no podía ser más desolador al momento de establecer comparaciones con lo que veía. En Argentina se movilizaron ese año más de 30 millones de pasajeros[9] y Aerolíneas Argentinas con un coeficiente de ocupación del 79,9%, pasajes que promediaron entre 2015 y 2019 los 120 dólares en vuelos nacionales y 286 dólares de media internacional daban pérdidas cuantiosas año tras año[10], mientras las empresas venezolanas volando con una fracción de los pasajeros, con un factor de ocupación menor, a veces a un dólar por boleto y con tarifas internacionales equivalentes a las argentinas daban ganancias o resultados mixtos.

De allí a todas las preguntas posibles surjan en nuestras mentes en la medida que nos adentramos a la realidad de una economía aeronáutica a todas luces compleja ¿Cómo era posible que

---

[6] https://investors.boeing.com/investors/financial-reports/sec-filings-details/default.aspx?FilingId=13203785
[7] https://www.airbus.com/en/newsroom/press-releases/2021-07-airbus-reports-half-year-h1-2021-results
[8] https://www.boeing.com/commercial/market/commercial-market-outlook/index.page
[9] https://datos.anac.gob.ar/estadisticas/article/055dd8be-984f-4c3c-b2ae-ce5037902295
[10] Estados Financieros Auditados 2015-2019 en https://www.aerolineas.com.ar/informacion-financiera

Avianca en Colombia llegara tan lejos como para obtener ingresos cercanos a los cinco mil millones de dólares con un promedio de tarifas similar al modelo argentino, mientras que la suma de las aerolíneas venezolanas no llegara ni al diez por ciento de esa cifra? Siempre buscamos la respuesta en que los venezolanos prefieren viajar en American Airlines, pero esa aerolínea operaba 66 vuelos a la semana a Colombia[11] y embarcaba más pasajeros, en comparación al récord de 48 vuelos desde Venezuela durante el control de cambios[12].

Entonces no se trataba de pasajeros embarcados, sino de algo mucho más complejo. Durante el control de cambios se entregó a American Airlines el doble de los recursos que la suma de todas las aerolíneas venezolanas juntas[13]. De hecho, se le entregaron tantos recursos a una aerolínea con pocos vuelos como KLM como a las siete aerolíneas principales de Venezuela. Pero más allá de eso, impresiona otra realidad, el tamaño de la industria local sigue siendo increíblemente pequeño aun cuando se embarcaban millones de pasajeros subvencionados, se trataba de una industria minúscula, casi imperceptible aun cuando la sumáramos a las extranjeras. La suma de lo entregado por Cadivi, aun tomando en cuenta lo adeudado, que era de unos tres mil quinientos millones de dólares, equivalía a un año de operaciones en Colombia.

En todo el control de cambios y durante años se entregaron a las distintas compañías internacionales y locales una cifra parecida a los ingresos de un solo año de LATAM[14] o para ponerlo más en contexto, Copa Airlines en Panamá gana tres veces más dinero en un solo año[15], que lo entregado durante todo el control de cambios a las venezolanas.

---

[11] https://www.portafolio.co/negocios/empresas/american-airlines-le-dice-adios-al-dinero-en-efectivo-en-colombia-529263
[12] https://www.elmundo.es/internacional/2014/06/17/53a095f6ca47414b228b456b.html
[13] 1,862 millones de dólares contra 922 a siete aerolíneas.
[14] https://www.latamairlinesgroup.net/static-files/b90aa28c-2a25-4c4f-b467-cf790795908d
[15] https://copa.gcs-web.com/static-files/228aac2f-ef8b-4294-a28a-7025876defa4

Pero el índice de capitalización de las aerolíneas es sencillamente devastador para las locales. La más grande de las aerolíneas venezolanas debió llenar 2.642 ordenes durante cinco años y con el resultado de esa entrega no podía siquiera comprar un nuevo 737 MAX a Boeing con sus repuestos[16], mientras Copa podía anunciar la compra de quince de los más modernos[17] Avianca podía escoger siete aviones 787 para sus rutas largas[18] cuando con la suma entregada a todas las venezolanas no habríamos podido comprar tres. A diferencia del resto de América Latina, los venezolanos volábamos en chatarras de más de treinta años, que compramos en los desiertos porque entre todas no podríamos siquiera comprar un par de aviones nuevos.

¿Qué fue lo que nos pasó? Porque no hablamos de hoy, sino del mejor momento en el embarque de pasajeros de nuestra historia. ¿Por qué si nuestro producto interno bruto en 2012 era similar al colombiano no podíamos tener una Avianca?, ¿Por qué si era un tercio más grande que el chileno no podíamos contar con una LAN Chile? Es cierto que buena parte de las respuestas se podrían hallar en el advenimiento del llamado Socialismo. Pero ¿Alguna vez tuvimos una Avianca o un LAN Chile? ¿Por qué no fueron Avensa o Viasa sus equivalentes?

¿Por qué quebraron? ¿Por qué Venezuela se convirtió en un cementerio de aerolíneas?

Mientras la pandemia a azotado al mundo de la aviación, reviso con preocupación que, en la presentación de los resultados

---

[16] https://www.boeing.com/company/about-bca/
[17] https://www.copaair.com/en/web/ca/deal-737max10
[18] https://www.avianca.com/eu/es/sobre-nosotros/centro-noticias/noticias-avianca/avianca-elige-el-boeing-787-como-unico-avion-de-cabina-ancha-de-pasajeros/

estadísticos sobre el transporte aéreo de 2019 de la Conferencia de la ICAO, Venezuela ocupa el último puesto en el ranking de Aerolíneas y que más personas viajan en Afganistán y Georgia o que Rwanda triplica el numero de pasajeros-kilómetros.

Al analizar los estados financieros de Rwanda Air nos encontramos con una compañía con una flota jóven de aviones Airbus A-330 para sus vuelos trasatlánticos, Boeing 737 para los regionales y pequeños Bombardier para cabotaje. Pero lo más interesante son sus estándares modernos de reporte, con créditos de largo plazo[19], relaciones con la Boeing y Airbus y es allí cuando me impresiona el hecho de que la construyeran apenas una década después del genocidio que cobró un millón de almas y millones más en un éxodo sin precedentes.

De allí a que, si eso fue posible, para Venezuela lo es más. Si Etiopía pudo construir una gran aerolínea de excelencia, capaz de competir con las mejores del mundo, lamiéndose las heridas dejadas tras dictaduras y hambrunas, con 132 aviones modernísimos de todos los tamaños, con un gobierno corporativo impensable en la mentalidad gerencial venezolana.

Si Etiopía superando todos sus problemas políticos y sociales, pudo llegar a tener una compañía pública con unas ratios de ganancia envidiables[20] y haberse constituido no solo como orgullo nacional, sino regional generando ganancias año tras año desde 2002[21] con una política de transparencia que permite revisar a la corporación hasta sus más íntimos detalles desde hace veinte años, los venezolanos podemos hacerlo también y esa es la gran lección.

---

[19] Se trata de una compañía evidentemente subsidiada por el estado ruandés, por lo que las pérdidas operativas son compensadas por el Estado (Nota 11), pero lo que es mencionable es la transparencia y estándares internacionales con la que ejecutan sus estados financieros y reportes anuales.

[20] https://corporate.ethiopianairlines.com/docs/default-source/annual-performance-reports/et-annual-report-2016-17_compressed-(1).pdf?sfvrsn=4a4dbedc_2

[21] https://corporate.ethiopianairlines.com/docs/default-source/annual-performance-reports/et_annual_report_03_04.pdf?sfvrsn=6d560fe7_2

Tras estudiar detenidamente veinte años de reportes anuales de la etíope, se puede extraer que abandonaron los prejuicios de los países en desarrollo. Esa constante, por ejemplo, como la que maneja buena parte de la gerencia venezolana actual sobre cómo hay que adaptar los estándares de excelencia internacionales a nuestra realidad, es decir, cómo "tropicalizar" los estándares. Algo que podría en realidad significar cómo lograr destruir algo que funciona, porque o no están a la altura de los estándares, o la mediocridad impide que se establezca un régimen gerencial exitoso.

Pero se puede hacer y es algo que los etíopes han demostrado. Se puede comenzar con pocos aviones viejos y terminar con ciento treinta nuevos, con créditos gigantescos de la banca internacional, se puede lograr en veinte años una transformación enorme y fue allí cuando me propuse hacer lo mismo con las venezolanas que ya no están.

De allí este escrito ¿Qué pasaría si estudiaba los estados financieros desde que los franceses llegaron a Venezuela, los de Viasa o Aeropostal y así determinar qué escuelas gerenciales tuvimos en realidad y de donde vino el problema que hoy tenemos, para entonces reconstruir nuestro pasado? ¿Qué tal si buena parte de la historia, no fue como nos la contamos durante décadas? De esta manera pudiéramos reencontrarnos con el pasado y descartar todo aquello que nos trajo el: vamos a tropicalizar el revenue management o ¿Para qué vamos a estandarizar procesos si aquí lo que funciona es otra cosa?

Es cierto que Viasa dio ganancias y escuetos dividendos durante su fase privada. Pero es a los efectos lo mismo que se puede ver al analizar los reportes financieros de CANTV, una compañía que todos los años bajo la tutela del Estado, daba unas ganancias fabulosas, pero cuando estalló la crisis, ¿En qué condiciones de infraestructura se encontraba? ¿Habían invertido en tecnología para garantizar la transformación de los años ochenta? ¿Qué opinaba el venezolano de su calidad de servicio?

El problema no era que diera ganancias, ese no era el único estándar para definir el estado de salud de una corporación y cuando analizamos la realidad de lo ocurrido, nos encontramos con otra muy diferente.

La industria tiene estándares y funcionan. Uno de estos, que es el que menos entiende la alta gerencia, es que la rotación de activos es mucho más alta que en cualquier otra industria. De allí que las mejores compañías son las que mejor planifican sus flotas, su logística y cadena de suministros. Si usted es un gerente financiero, cuando usted compra un avión, mientras todo el mundo se está felicitando y brindando por el aterrizaje, usted y su equipo deben estar ya planificando la compra de la nueva tecnología.

Para ello debe usar el estándar financiero que es parte del sistema. Usted debe usar ese avión nueve horas al día, despegar las veces que el equipo lo requiere, recorrer determinados kilómetros y aplicarle al asiento, en la tarifa, los centavos que le van a permitir adquirir la nueva tecnología.

Por eso felicitarnos porque aún teníamos los DC-8 cuando estaba llegando la era de los DC-9 y DC-10 o incluso celebrar que habíamos logrado poner en línea de vuelo en 1985 un DC-8 que habíamos canibalizado cuando aterrizaban ya los superjumbos, define la misma mentalidad del que pensaba que podía competir con el SuperConstellation a la llegada de los Jets.

Por eso hay que acabar con la discusión sobre la rentabilidad de Viasa en sus primeros quince años y centrarnos, en cómo la entregaron. Repito, no era culpa de la empresa privada. Viasa fue concebida así por los políticos e instituciones del Estado, para no ser capitalizable, ni una corporación que fuera capaz de crecer por si misma.

Tres lecciones previas: 1. Las aerolíneas venezolanas no quiebran como PanAm

Probablemente al leer este título piense que no ha leído algo más idiota en su vida. ¿Acaso Viasa o Avensa no quebraron como Pan Am, TWA o Eastern Airlines?
La respuesta es no.
Una segunda lección que aprendimos fue precisamente la que nos viene del famoso proverbio chino: "el mejor momento para sembrar un árbol, fue hace veinte años" por lo tanto una aerolínea puede quebrar por lo que ocurrió hacer veinte o treinta años cuando fue sembrada. Por esta razón, las compañías no deben ser nunca analizadas a partir de un momento específico, sino a partir de su historia. Si usted desea saber cómo le va a ir a una compañía no lea únicamente los estados financieros recientes, hurgue en su pasado y remueva toda la tierra que pueda hasta el máximo de años que le permita, porque la planificación de la siembra del árbol, es la que nos puede dar exactamente la idea, de la profundidad de sus raíces o fundaciones.

A partir de allí lea todas las cartas de los presidentes una tras otra para darle idea de la escuela de pensamiento que hay detrás, analice su estabilidad, su progresión en los negocios y activos para conocer cuál es su cultura de negocios, cómo ha permeado en su estructura y es entonces cuando podremos centrarnos en el desarrollo de sus estrategias hasta llegar a sus resultados. De eso precisamente trata este libro, porque muchas veces repetimos los condicionantes sin hurgar sobre los cimientos de lo que ocurrió en realidad. Un país no se desgarra porque llegara un hombre, sino porque sus cimientos posiblemente no eran los adecuados y esto ocurre exactamente así con las empresas, Viasa no quebró a partir de los ochentas, sus raíces eran endebles y por eso desapareció.

De la misma manera, se suele soltar a la cara a los administradores públicos de los sesentas, lo malos administradores que fueron al quebrar la división internacional de Aeropostal y lo magníficos administradores que fueron los de Viasa al legar dieciséis años seguidos de ganancias. Pero ¿Fue esto real o una ficción para ocultar que fue mal planificada desde un principio? ¿Habrían presentado el mismo resultado de haber comenzado una década atrás o estaban en el mejor lugar y momento para comenzar de cero una compañía en la era del Jet? ¿Es lo mismo crear una compañía desde cero, sin pasivos ni equipos desfasados, que hacerlo en otra que tiene que sortear el uso de equipos obsoletos? ¿Fue verdaderamente exitosa su gestión o simplemente sentaron las bases para que fuera insostenible y quebrara posteriormente?

De eso se trata precisamente esta reflexión. Las aerolíneas no quiebran de un día para otro. Pueden quebrar porque hace veinte años se fundaron los elementos por los que se fue a la bancarrota más tarde y eso aplica para Viasa, Aeropostal, Avensa y muchas otras. Lo que nos lleva a una gran primera lección que aprendimos. A ser considerados con los héroes venezolanos que lo intentaron, sin tener herramientas suficientes, conocimientos técnicos y sin que existiera una industria que lo sustentara o una banca sólida.

Por eso este libro trata sobre hurgar en el pasado, precisamente en busca de las bases que la sustentaron y cuáles fueron las escuelas que nos formaron, tratando de no caer en los romanticismos de los que estamos acostumbrados los que hemos olido el queroseno aeronáutico quemarse en una rampa.

Pero lo importante de todo, es que no quebró una aerolínea, quebraron todas, porque lo que colapsó no fue la industria aeronáutica sino el mercado que la sostenía. Entonces desde un punto de vista financiero hay que entender lo siguiente, PanAm no quebró como todos conocemos en Venezuela, es decir, no quebró como Viasa o Avensa y para ello debemos entender que la estadounidense ya no era el gigantesco oligopolio de los años cuarenta y cincuenta, sino una compañía que se fue extinguiendo a partir de los sesentas hasta terminar como una pequeña compañía, en su mayoría doméstica, tratando de explotar sus nichos internacionales más productivos que fue la que todos conocimos en los años ochenta. En otras palabras, la quiebra de PanAm se dio veinte años antes de su desaparición porque fue mal sembrada y no pudo después competir más tarde en un mundo complejo, porque sus propias raíces lo impedían.

Pan American había sido formada en otros tiempos y para 1967 tenía 44 mil empleados, había crecido hasta los 147 aviones, estaba encargando los nuevos 747 dos años antes de que saliera el primero y junto con Boeing estaba apostando por el desarrollo del nuevo avión supersónico que competiría con el Concorde[22]. Pero no estaba diseñada más que como Viasa, una línea internacional punta a punta, que dependía de un sistema indirecto de feeders y sus raíces la hacían tan rígida que no estaba diseñada para el gigantesco cambio que estaba ocurriendo tanto en los países que tenían las redes de alimentación, como con la llegada del jet. Por eso a partir de 1968 llegó el colapso con ocho años ininterrumpidos de pérdidas[23], prácticamente no había crecido en pasajeros durante diez años, su factor de ocupación había descendido cinco puntos, mientras había tenido que deshacerse de casi la mitad de sus empleados.

Durante esos años de pérdidas ocurrió la primera gran transformación de PanAM, dejando de ser la línea internacional, para convertirse en un pequeño hibrido que tendía más al cabotaje doméstico en Estados Unidos, enfrentando no solo la competencia de las gigantes líneas locales, sino de pequeñas y altamente especializadas como Southwest. Por esa razón en tamaño de activos totales estaba a duras penas en el puesto diez en los Estados Unidos

---

[22] Reporte Anual de Pan Am, 1967, pags. 14, 19 y 20
[23] Reporte Anual de Pan Am, 1977, pags. 6

y era apenas un tercio del tamaño de USAir que se encontraba en la quinta posición[24]. No se encontraba entre las diez aerolíneas con más pasajeros domésticos embarcados, ya que peleaba por la posición once con Midway[25] y en su territorio internacional, American la había superado por dos millones de pasajeros embarcados y la competencia era tan dura, que de haber tenido más de dos tercios del mercado, ahora tenía el 15%[26] y se esperaba que sería superada por Continental y Delta en los siguientes cinco años.

Para esa fecha, la llegada de los superjumbos había causado estragos en su flota, ya que el ochenta por ciento de los asientos disponibles en PanAm los tenían unos pocos 747, porque la flota se había reducido vendiendo 56 aviones. Lo importante de todo esto es que el otrora gigante había vendido la mayor parte de sus rutas y aviones a distintas compañías que ahora eran más grandes que ellos, porque la industria estaba creciendo y diversificándose a pasos agigantados, por lo que, a diferencia de Venezuela, la mayoría de los empleados no tuvo que hacer una huelga frente a los tribunales, porque sus vidas y carreras continuaron en otras líneas aéreas.

Todo este relato es necesario porque nos indica que lo que vimos y vivimos no solo impactó en nuestras vidas, sino en la de los gerentes aeronáuticos que copiaron el modelo de PanAm en Viasa a partir de lo que veían. Es decir, las malas decisiones tomadas en 1961 también habían hecho los mismos estragos en la aerolínea local y por las mismas razones que las del resto de la industria creada en los años sesenta y eso hizo que fracasara no solo Viasa, sino Aeropostal.

Pero lo que no veían los planificadores venezolanos, es que la gigantesca transformación de PanAm era como un avión en barrena, al quedarse sin sus líneas feeders, el sistema completo careció de sentido y el problema se aceleró a partir de 1981 cuando vendió su

---

[24] Sum : 18990 - Total Assets (000) by UniqueCarrier by Quarter for 1990 en https://www.transtats.bts.gov/
[25] Ibidem. Air Carriers : T-100 Domestic Market (U.S. Carriers)
[26] Ibidem: ir Carriers : T-100 International Market (US Carriers Only)

cadena de 83 hoteles[27]. La aerolínea intercambiaría parte de sus aviones en 1983[28] vendería todos sus DC-10 a American Airlines en 1984 y los Tristar a la Fuerza Aérea británica. Se desharía de su archiconocida sede en Manhattan[29] y en 1985 vendió sus rutas del Pacífico a United, junto el muy apetecido espacio del aeropuerto londinense de Heathrow por 750 millones de dólares[30] que son el equivalente a dos mil setecientos millones de hoy.

Para 1989 la mayoría de los aviones de PanAm eran ya para uso doméstico, de los que dos tercios eran pequeños Boeing 727 o 737 y apenas 28 aviones los usaba para sus rutas internacionales y la inmensa mayoría de sus empleados, atendían las rutas domésticas.

1991 es el año en el que Delta Airlines compró parte de las rutas europeas y el famoso Shuttle por 1,39 billones de dólares[31] equivalentes a cinco mil millones de dólares actuales y así se desprendió del jugoso mercado internacional que era la base central

	AMERICAN AIRLINES	DELTA AIRLINES	UNITED AIRLINES	SOUTHWEST	PAN AMERICAN
INGRESOS	USD 11.550,00	USD 8.567,00	USD 10.662,00	USD 1.313,00	USD 3.561,00
WIDEBODIES	156	135	153		66
LARGE NARROWBODIES	75	84	88		0
SMALL NARROWBODIES	374	331	302	124	92
REGIONAL	62	0			0
TOTAL DE AVIONES	667	550	543	124	158
EDAD PROMEDIO	8	9,6	10	5,5	17,3

de sus operaciones quedando solo los aviones que vimos llegar a Venezuela y que nos maravillaban sin entender que había cambiado para siempre la historia de la aviación.

Pan American, de haber sido por mucho la aerolínea más grande del planeta, el sistema y la asociación más impresionante jamás creada, había quedado reducida al 12% de lo que un día fue y no podía

---

[27] https://www.washingtonpost.com/archive/business/1981/08/21/pan-am-agrees-to-sell-hotels-for-500-million/6321b579-d9e1-4bbb-8ca9-a8850add3f7d/
[28] https://www.nytimes.com/1983/10/15/business/pan-am-american-weigh-plane-swap.html
[29] https://www.chicagotribune.com/news/ct-xpm-1989-12-03-8903140826-story.html
[30] https://www.nytimes.com/1985/04/23/business/pan-am-plans-sale-of-pacific-routes-to-united-airlines.html
[31] https://www.latimes.com/archives/la-xpm-1991-08-13-mn-855-story.html

competir con las aerolíneas que ahora sistematizaban operativamente sus flotas para mercados híbridos, en el medio de un cambio tecnológico sin precedentes, donde los sistemas y algoritmos peleaban por cada centavo de ahorro. La tesis de usar un A-300 o un 747, contra aerolíneas que ahora sistematizaban el comportamiento de sus mercados y se adaptaban a estos en fracciones de minutos con flotas y cabinas hibridas, hacían que Pan Am fuera un pequeño dinosaurio incapaz de transformarse y mucho menos competir contra el ascenso de las altamente especializadas que pasarían a denominarse low-cost.

De allí a que es vital comprender, que una aerolínea es valuada por su nicho de negocios y su habilidad para competir en este contra sus principales rivales. De esta manera podemos entender que el mercado había dado de nuevo otro salto cuántico, de la era del glamour donde solo los ricos podían darse el lujo de pagar un boleto, llegó la era del jet-set donde se amplió la base de ingresos y la era del jet-set dio paso a la de los supergigantes en la que se abarató el viaje de maneras nunca antes pensadas y ahora llegaba la era de la eficiencia máxima.

Pelear determinado segmento contra Southwest, que tenía una tarifa promedio de 55,6 dólares en un solo nicho de negocios, era imposible para otra aerolínea comercial con más de seis, más grande y compleja con un promedio de 197,5 dólares por pasajero embarcado, mientras que pelear rutas latinoamericanas contra una aerolínea capaz de adaptarse a otra ruta usando A-300, Boeing 757 y 737 dependiendo de la demanda en la ruta sistematizada, era tan imposible desde el punto de vista de rentabilidad, como usar para Europa un 747 los 365 días del año, contra los nuevos 767 de la competencia.

Por eso a partir de 1975, Pan American no solo se había convertido en una aerolínea de cabotaje, sino que había optado por reducir los costos operativos al máximo colocando más pasajes de turista y sacrificando las tarifas altas para poder competir contra sus rivales. Pero en la medida en que se transformaba, cedía aviones, rutas y activos a sus competidores que ahora se quedaban con el negocio.

Por eso al momento del juicio de quiebra PanAm vendió también dieciocho aviones 747 y una operación de dos mil setecientos empleados, mientras que Delta Airlines compró el resto de los activos, las principales rutas a Europa y 45 aviones[32] de los cuales veintiocho eran los famosos Clipper, con sus pilotos y tripulaciones, personal de tierra y todo lo necesario para operar. De hecho, en el juicio que llevaron los acreedores contra Delta tras la adquisición, se conoció que esta aerolínea había llegado a un acuerdo con Pan Am para absorber a 6.900 empleados, menos "los 1.800 empleados sindicalizados que iban a ser suspendidos después de la confirmación"[33] y terminó absorbiendo finalmente a 7.800 al lograr desembarazarse de los tres poderosos sindicatos.

A esto se unieron las rutas latinoamericanas que ganó American Airlines, con la promesa de que mil empleados conservaran sus puestos de trabajo[34], de esta manera 17.500 empleados, toda la flota y los activos pasaron a manos de estas tres aerolíneas y algunas otras pequeñas, perdiéndose lamentablemente más de cinco mil empleos[35] sobre todo quienes estaban a pocos años de su retiro y en especial los que estaban sindicalizados. Pronto el gobierno se hizo parte y el fondo gubernamental de jubilaciones se haría cargo de los más de catorce mil jubilados hasta un monto de dos mil quinientos dólares[36] aunque muchos de ellos, sobre todo los mejor pagados, terminarían solo cobrando el 50% de sus sueldos de PanAm entrando permanentemente en litigio frente al gobierno[37].

---

[32] https://www.deltamuseum.org/exhibits/delta-history/family-tree/pan-am
[33] Pan Am Corp. contra Delta Air Lines, Inc., 175 B.R. 438, 482 (S.D.N.Y. 1994)
[34] https://www.baltimoresun.com/news/bs-xpm-1991-12-10-1991344002-story.html
[35] https://www.nytimes.com/1991/08/03/business/pan-am-plans-to-dismiss-5000-employees.html
[36] https://www.latimes.com/archives/la-xpm-1991-12-05-fi-1041-story.html
[37] https://www.plansponsor.com/ex-pan-am-worker-group-asks-for-favorable-pbgc-case-ruling/

Es así como debemos entender que las aerolíneas no quiebran como VIASA, solo se transforman o son absorbidas permanentemente por otras, porque la industria es una sola en perpetuo crecimiento. PanAm era un gigante capaz de embarcar a un millón entre los veinticinco millones de visitantes y turistas que se transportaban en 1950, pero entre todas las gigantes no llegaban al 25% de los que viajaban aún por mar y la industria tuvo que crecer enormemente para absorber los 278 millones al pasar los años setenta, los cerca de seiscientos en los noventa[38] y los mil cuatrocientos millones que se alcanzaron en 2019[39], hasta llegar al momento en que cada día más de dos millones de personas abordan un avión y cada seis segundos se llena uno.

En 1991 el Congreso de los Estados Unidos debatía la crisis del cese de operaciones de Eastern y PanAm advirtiendo que: "Pensamos que, de los 490.000 empleos de la industria, 40.000 perderán su trabajo"[40] y esperaban que la industria se recuperaría en 1993 y fue así, porque el mismo comité señalaría que para ese año habría 541.000 empleados[41]. Es decir, buena parte de los empleados que perdieron sus empleos tenían de nuevo oportunidad de encontrar otro en un mercado que no solo recuperó esos cuarenta mil puestos, sino que creó otros cincuenta mil. Lo mismo ocurrió en la industria de fabricación, tras el cese de operaciones de estas aerolíneas -y otras pequeñas- se habían perdido 146 aviones, pero solo United, American y Delta demás habían crecido en 446 haciendo que la

---

[38] https://www.e-unwto.org/doi/pdf/10.18111/9789284415427
[39]
[40] The Financial Condition of the Airline Industry and the Adequacy of Competition: Hearings Before the Subcommittee on Aviation of the Committee on Public Works and Transportation, House of Representatives, One Hundred Second Congress, First Session, February 5 and 6, 1991. United States. Congress. House. Committee on Public Works and Transportation. Subcommittee on Aviation. U.S. Government Printing Office, 1991. Pags. 485-86
[41] Financial Condition of the Airline Industry: Hearings Before the Subcommittee on Aviation of the Committee on Public Works and Transportation, House of Representatives, One Hundred Third Congress, First Session, February 17, 18, 24, 1993. United States, United States. Congress. House. Committee on Public Works and Transportation. Subcommittee on Aviation U.S. Government Printing Office, 1993. Pag. 21

"industria creciera en 296 aviones (8%)" Y fue así, en la década de los ochenta Boeing -y las empresas que absorbió- entregó en Norteamérica 1.649 aviones, mientras que en los noventa fueron 2.034.

De allí que debemos entender que lo que quebró en Venezuela en 1991 no solo fue VIASA. Colapsó todo un sistema económico y financiero aeronáutico incapaz de transformarse en algo mejor. Pero no solo allí están las diferencias en las quiebras.

Por eso el título del presente capítulo quiere decir que la mayoría de los 156 aviones de PanAm continuaron volando con sus tripulaciones junto al personal de tierra que los sustentaba[42], el de mantenimiento y el de las rutas internacionales que fueron adquiridas por las demás. De esta manera los imponentes 747 Clipper Constitution o Freedom junto a otros doce con nombres patrióticos continuaron volando bajo la marca United, mientras que los más de treinta modernos Airbus y sus tripulaciones pasaron a operar bajo la marca Delta, así como el personal de los dieciséis Clipper que pasaron a operar bajo la marca American Airlines.

Pero a diferencia de este fenómeno, en Venezuela quiebra tras quiebra, los miles de empleados terminaban frente a un tribunal de bancarrota desbastados por otra realidad, los pilotos no tenían donde volar, salvo empacando sus maletas para marcharse principalmente a Asia o África, los activos fueron rematados usualmente en el exterior por pocos centavos, nuestros aviones y rutas, en vez de pasar a operadores que cada vez se hacían más grandes, terminaron volando para Iberia y American Airlines y la industria se fue destruyendo hasta quedar al final, una red de minúsculos operadores con aviones cada

---

[42] Nota: Los autores no sugieren que una parte importante pudiera demandar a la compañía por sus pensiones, sueldos caídos y desmejoras de sus condiciones, como en efecto ocurrió sobre todo con personal jubilado y personal de tierra que no fue absorbido en Florida. Pero entre 1974 y 1987 unos diez mil empleados fueron cedidos a otras aerolíneas pasando de 31.909, a 21.907 de acuerdo a los respectivos reportes anuales y otros 14.672 fueron absorbidos en los últimos cinco años. Tomando en cuenta eso, cerca de 25 mil empleados, equivalentes al 80% de la plantilla de 1980 pudieron continuar con sus vidas.

vez más viejos e incapaces de invertir en una verdadera industria aeronáutica venezolana.

Por eso más allá de la nostalgia y del entusiasmo con el que hablamos de nuestra línea bandera, de la mística de sus empleados y hermosas anécdotas, Viasa fue posiblemente mal sembrada y la llevaron a una crisis financiera permanente más tarde por culpa de las escuelas gerenciales que la conformaron, la falta de unos socios reales que la capitalizaran y la escasa visión de los políticos que la sustentaron. En toda su historia apenas fue capaz de recibir directamente de la Douglas siete aviones para vuelos internacionales[43], cuatro DC-8, tres DC-10. Nos referíamos a nosotros mismos como "un país rico" pero la aerolínea de Costa de Marfil realizó exactamente la misma inversión que Venezuela, con el añadido de un 747-200. La inversión era risible en comparación ya no a la gigantesca Varig, sino Aerolíneas Argentinas que recibió en el mismo tiempo más de treinta aviones. Venezuela se decía un país rico, pero fue incapaz de invertir para su línea bandera, los montos de la AirZimbabue de Robert Mugabe.

De allí a que este libro trate de encontrar algunas respuestas entre los estados financieros y reportes anuales de nuestras aerolíneas y las de la competencia para comprender cómo fue posible que Avianca tuviera antes de la Pandemia -y operara- en sus estados financieros 196 aviones de los cuales 142 eran propios o estuvieran siendo financiados[44] mientras nosotros no tenemos nada. Estudiaremos como fue conformada en realidad Viasa, Aeropostal, Avensa y muchas otras y si en realidad sus raíces estaban profundas o es posible que la quiebra de nuestra línea bandera se diera incluso desde el día de su conformación. Confrontaremos hechos cómo el

---

[43] Recibió de también dos MD80 en 1982
[44] https://s22.q4cdn.com/896295308/files/doc_financials/2019/q4/Estados-Financieros-AVH-IFRS-Diciembre-2019.pdf

de la aerolínea de un país con el mismo PIB de Venezuela en 2012, que fue capaz de planificar la compra de dieciséis Boeing 787, que tienen un precio que oscila entre los 248 y 292 millones de dólares cada uno, mientras que nosotros no podíamos siquiera darnos el lujo de comprar algo nuevo y lo que ocurrió realmente en Venezuela, para que entre todos los operadores no tuviéramos para comprar siquiera uno y había que recurrir, como nos critican en no pocos casos, a la chatarra de los desiertos para que voláramos.

Por eso no se trata únicamente de que Viasa quebrara, sino también la forma en la que lo hizo y el contexto general de destrucción de la industria aeronáutica, pues teniendo suficientes pasajeros para llenar los vuelos a Madrid, ninguna pudo ser capaz de absorber las rutas y el personal, teniendo para colmo el negocio de rutas nacionales, que es altamente competitivo y ventajoso a la hora de ofertar los pasajes. Avensa lo único que pudo hacer fue tratar de adquirir un DC-10 de VARIG que se encontraba deshaciéndose de todos sus 747 y DC-10[45] tras veinticinco años de uso y que consiguió a un precio verdaderamente bajo, la realidad es que Avensa también estaba igual de quebrada y nunca pudo ocupar el puesto abandonado por Viasa, arrasando con las muy productivas rutas europeas.

VARIG es otro ejemplo de que en el negocio aeronáutica solo desaparecen las marcas, pero no el negocio que los sustentaba, de forma tal que a través de fusiones y adquisiciones como la ocurrida con pan American, el negocios se quintuplicó en los siguientes veinte años especializándose en líneas aéreas nacionales supergigantes altamente especializadas, que se dividieron muy inteligentemente los segmentos de mercado, unificando las flotas y dejando a el número preciso de aviones transoceánicos que necesitaban[46]. De esta manera las nuevas líneas aéreas creadas a partir del nuevo siglo se

---

[45] Basado en el estudio de Relatório Anual de 1997 hasta Relatório Anual 1999 A Busca da Excelência
[46]

transformaron en verdaderos gigantes por lo que la mayoría del personal aeronáutico no tuvo tampoco que enfrentar su destino en tribunales, para dedicarse a hacer otras cosas o emigrar.

Varig que lucía enorme con sus 86 aviones de pasajeros en su mayoría envejecidos[47], palidecería frente a una Gol con más de 140 aviones modernos, compitiendo con la del gerente brasileño que fundó JetBlue, llamada Azul con 158 aeronaves modernísimas y con una Latam en su capítulo brasileño con otras 131 aeronaves, todas estas con aviones de menos de diez años de uso.

Por eso, las líneas aéreas no quiebran, como en Venezuela.

---

[47] https://www.varig-airlines.com/ri_relanual_varig_1998.pdf

Lección 2: En Venezuela, la culpa será siempre de: "El viejo".

Hasta 1930 se habían fundado 104 aerolíneas comerciales mayores en el mundo de las que solo quedan operando dieciséis. Otras ciento ocho aerolíneas fueron creadas posteriormente de las que 57 ya no existen porque dejaron de operar. Líneas icónicas estadounidenses como PanAm, TWA, Continental, Capital, Braniff o gigantes regionales como Southern, Northwest, Western, Pacific Southwest o Eastern colapsaron o fueron fusionadas en gigantes a través de las décadas, así como muchas otras archiconocidas[48].

Es tan fácil como explicar que en 1985 existían catorce aerolíneas mayores en Estados Unidos y hoy solo quedan operando tres de esas aerolíneas (American, Delta y United)[49] de hecho incluso cambió el concepto de aerolínea mayor, pues aquellas capaces de embarcar más del 5% del mercado, son apenas cinco hoy en día.

Solo en el Reino Unido se crearon y desaparecieron 604 aerolíneas desde 1911 hasta 2019 y algunas, como en el caso de PanAm, fueron fusionadas para crear otras más modernas como fue el caso de la famosa Imperial, reunida posteriormente con BOAC para crear British Airways, razón por la que ya no podemos ver con admiración las batallas publicitarias entre estas y British Caledonian que fue producto a su vez de una fusión entre B. United y Caledonian.

Ocurre lo mismo con las 245 aerolíneas desaparecidas en Francia hasta 2019, las 202 aerolíneas que existieron en Italia o las 132 alemanas que cerraron sus puertas antes de la Pandemia incluidas las famosas Aero Lloyd o AirBerlin, así como otras 849 aerolíneas que entregaron su certificado en el resto de Europa[50].

---

[48] Como Piedmont, Republic, Frontier, Allegheny en el caso estadounidense,
[49] Si bien aerolíneas como Southwest existían, eran en realidad regionales y fueron creciendo en la medida en la que muchas otras abandonaron sus plazas.
[50] 142 en Suecia, 121 en España 105 en Noruega, 89 en Bélgica, 77 en Holanda, 70 Turquía, 66 en Dinamarca, 62 en Austria, 54 en Suiza, 36 en Portugal y 27 en Polonia.

En fin, dirigir una aerolínea es como sentarse sobre un toro salvaje en un rodeo, pues lo inmensamente difícil es sostenerse y de allí, el inmenso reto que supone gobernarlas y estar permanentemente adaptándose a las condiciones del mercado y de la competencia para poder seguir compitiendo en el rodeo aeronáutico.

Así que el gran aprendizaje es que las líneas aéreas desaparecen, quiebran, son fusionadas y las que siguen en pie están en permanente cambio, por lo que no se trata de un grave problema que una marca desaparezca con el tiempo, siempre y cuando la industria se fortalezca y crezca.

Airline	2019	% del mercado	1989	% del mercado
1 American Airlines	215.182.000,00	23,22	73.227.000,00	16,14
2 Delta Air Lines	204.000.000,00	22,01	65.729.000,00	14,49
3 United Airlines	162.443.000,00	17,53	57.550.000,00	12,68
4 Southwest Airlines	162.681.000,00	17,55	22.064.000,00	4,86
5 Alaska Airlines	46.733.000,00	5,04	5.405.000,00	1,19
6 USAir			60.059.000,00	13,24
7 NorthWest			40.899.000,00	9,01
8 Continental			35.166.000,00	7,75
9 TWA			24.166.000,00	5,33
# Eastern			21.386.000,00	4,71
# Pan American			17.503.000,00	3,86
# Midway			6.489.000,00	1,43
# Hawaiian			4.735.000,00	1,04
# Aloha			4.626.000,00	1,02
6 JetBlue Airways	42.727.694,00	4,61		
7 Spirit Airlines	34.537.000,00	3,73		
8 Frontier Airlines	21.869.000,00	2,36		
Mercado Top 5	791.039.000,00	85,36	223.975.000,00	49,37
Mercado Total	926.737.000,00		453.692.000,00	
Load Factor	85,12		63,20	
Total Ops revenue	248.001.537,00	USD	75.788.311,00	
Total Ops Expenses	225.660.072,00	-USD	77.710.047,00	
Ops Profit/ Losses USD	22.341.465,00 USD	-	-USD 1.921.736,00	
Equipo de Vuelo (USD) *1.000	212.022.360,00		38.035.009,00	
Total aviones (Mayores)	2.986,00		4.095,00	
Empleados	740.361,00		574.748,00	
Equipo en Financiamiento de Capital	7.700.452,00		8.304.312,00	
Long term debt	56.461.244,00		12.393.263,00	

Data Source: US DOT Form 41 via BTS, Schedule P12

Y esta es la realidad (cuadro superior) de 1989 hasta 2019 se sumaron casi doscientos mil empleados al sistema estadounidense, no solo se sumaron 1.109 aviones, sino que transformaron la industria a miles de aviones nuevos. Los 872 aviones en servicio de American Airlines tienen en promedio poco más de doce años igual que los 717 de Southwest y los 275 de JetBlue, los 818 de Delta poseen una vida de poco más de catorce mientras que los 775 de United alcanzan los diecisiete años de uso.

Por lo tanto, desaparecieron las aerolíneas, pero no los pasajeros que se duplicaron, el factor de carga pasó del 63 al 85%, igual que aumentaron los ingresos, incluso ajustados a la inflación[51]. Pero ahora viene lo importante, imagínese por un instante que usted es inversionista en cualquiera de estas aerolíneas entre 1999 y 2010.

	American	Delta	NorthWest	United	UsAir
2000	1.381	1.637	569	654	(53)
2001	(2.470)	(1.602)	(868)	(3.771)	(1.683)
2002	(3.330)	(1.309)	(846)	(2.837)	(1.317)
2003	(844)	(785)	(265)	(1.360)	(251)
2004	(134)	(3.308)	(505)	(854)	(378)
2005	(89)	(2.001)	(919)	(219)	-
2006	1.060	58	740	447	-
2007	965	1.096	1.104	1.037	-
2008	(1.889)	(8.314)	(5.564)	(4.438)	-
2009	(1.163)	(324)	-	(161)	-
2010	151	2.217	-	976	-
TOTAL	(6.362)	(12.635)	(6.554)	(10.526)	(3.682)

Data Source: US DOT Form 41 via BTS, Schedule P12

Imagínese entonces que luego de haber sobrevivido al año 91 que fue: "El peor año para la industria en toda su historia" y a la mitad de la década de los 90[52], con la Guerra del Golfo y las quiebras masivas, llegó la nueva década con el acto terrorista de las Torres Gemelas donde comenzó a perder quinientos millones de dólares anuales en el caso de American o más de mil en el caso de Delta o United mientras observa como desaparecen aerolíneas que se creían imposibles de quebrar y vienen en ascenso otras aerolíneas de alto performance financiero capaces de bajar el costo de sus boletos a la mitad del precio mínimo de sus tarifas.

Y justo cuando se está logrando recuperar, cuando el sistema comienza a dar utilidades, llega la crisis financiera mundial y el

---

[51] Los ingresos de 1990 representan 152.869 millones de dólares en 2019, por lo que los ingresos ajustados a inflación de diciembre 2019, aumentaron en un 62%
[52] Durante los primeros cinco años de caos y guerra las aerolíneas perdieron casi 14 mil millones de dólares, recuperándose en los siguientes cinco, con lo que la década salió en números azules por siete mil millones de dólares, lo que es una cifra exigua para las aerolíneas.

aumento del precio de combustible de 1,71 dólares a 3,056 por galón y sus acciones que un día costaron 56 dólares, se cotizan en cinco y el gobierno tiene que recurrir a un rescate en la forma de un crédito masivo contra todos sus activos como le ocurrió a American y a tantas otras.

La gran reflexión aquí no es otra que comprender que han quebrado más de dos mil líneas aéreas en la historia de Occidente, sin contar con los 174 intentos de formar líneas aéreas en Rusia, de las cuales unas cincuenta no llegaron a tener tres o cuatro años de vida y un centenar no llegaron a los seis años de operaciones o el caso de las grandes aerolíneas chinas que han sufrido los mismos cambios y fusiones durante décadas[53]. Pero nadie se pregunta con furia ¿Quién fue el culpable de esas dos mil quiebras?

Por eso el problema venezolano es tan dramático, porque los empleados no tenían muchas opciones. Los pilotos venezolanos del Orinoco 747 nunca más pudieron volar, los de DC-10 tuvieron que buscar opciones en pequeñas líneas de carga regionales o en África y en Asia, especialmente Eva Air o Philipines alejados de sus familias y la tierra que tanto amaron igual que los de A-300. La increíble cantidad de azafatas y asistentes de vuelo, educados para la altísima calidad de atención a pasajeros internacionales y que dominaban distintos idiomas, incluidos el francés, alemán o el holandés tuvieron que buscar otro trabajo o dedicarse a vuelos de cabotaje, esperando mejores días. El personal técnico altamente calificado o el del centro de entrenamiento veía como sus simuladores de vuelo jamás tendrían de nuevo alumnos.

Y así, los pilotos y personal especializado de Viasa no tuvieron la misma suerte que sus pares del resto del mundo, solo pudieron observar la debacle global porque lo que había terminado era un periodo completo de la historia en 1991, marcado por la crisis y la violencia en las calles.

---

[53] En la década del 80 la aerolínea bandera CAAC fue dividida en seis grandes aerolíneas, de las cuales tres no sobrevivieron y fueron fusionadas en otras (Northern, NorthWest y SouthWest)

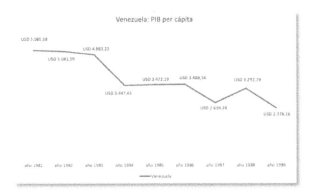

El grave problema no era solo buscar un trabajo después de una vida dedicada a eso, sino paradójicamente encontrarlo. El venezolano era 53% más pobre de lo que era en 1981 y la devaluación lo había alcanzado a tal punto que un sueldo mínimo de 1980 era equivalente a 209 dólares y para febrero de 1989 se había reducido a 103 dólares. Pero los sueldos congelados, la falta de composición variable, había hecho que el personal de vuelo o técnico ganara apenas un tercio de lo que ganaba al principio de la década y en la calle, los trabajos que les ofrecían estaban incluso por debajo de aquella cifra.

En contraposición, de acuerdo con la Oficina de Estadísticas Laborales de Estados Unidos el sueldo promedio de un capitán había ascendido de 8,100 dólares mensuales, a unos 9.456 en 1991, el de los ingenieros y segundos oficiales había alcanzado los 8 mil y el promedio de las azafatas había subido de 2.038 dólares[54] a cerca de 2.500. Siendo los pilotos de American Airlines los que lograron alcanzar la cifra promedio de 9.879 dólares para 1992 con aumentos progresivos hasta los 12.459 dólares en 1994[55].

Mientras eso ocurría los pilotos de Iberia habían logrado un aumento del 7% en 1991 y que se aumentara progresivamente al 1,5%

---

[54] Bls.gov. Earnings of employees in certificate air carriers 1987
[55] The New York Times, febrero 12. 1991. Pact at American Airlines makes pilots best paid in industry.

anual sobre la tasa de inflación, siendo acusados de ser: "los que más ganan en todo el continente con cifras de hasta 2,5 veces más que el resto"[56] aceptando en 1993 una congelación de salarios entre los 20 y 28 millones de pesetas anuales[57] lo que representaba que ganaban entre los 10 y 14 mil euros mensuales. ¿ganaban en realidad mucho más que sus pares? La respuesta es no, al menos no más que los alemanes, aunque estaban poco por encima de los franceses, cuyo máximo era de 10.671 euros mensuales[58].

De allí a que la noticia de su cierre fuera una auténtica tragedia para miles de familias porque significaba la quiebra absoluta o el destierro, un capitán que había alcanzado los 5 mil dólares, ahora había logrado a través de una huelga 2.000 dólares, que en realidad representarían unos 1.200, por la devaluación. Es decir, cerca de un 10% de lo que ganaban sus pares. Pero todo se acabó de pronto y ya no tenían a donde irse, pues los que podían ser absorbidos en el marco de una debacle general, eran muy pocos.

Pero cuando se pregunta en la industria las causas de la desaparición de Avensa o Aserca, la respuesta es casi unánime: "la culpa fue del viejo" porque él, sea Henry Lord Boulton o Simeón García supuestamente tomaban en su casa las decisiones más importantes de la compañía. O fue un anciano político que liquidó a

---

[56] Diario El Pais. Iberia pide a sus pilotos que contengan los salarios 09 Nov 1992.
[57] Ibidem. Los pilotos de Iberia aceptan la congelación salarial este año. 24 febrero 1993
[58] Henry Poupart-Lafarge, CEO de Alstom. Reaction and Transformation of Airlines in a deregulated environment: A strategy for AirFrance. Masachusets Institute of Techonology. 1994

Viasa u otro de setenta años que quiso satisfacer los caprichos de sus amigos españoles. En fin, la culpa es del viejo.

Es cierto que las principales decisiones financieras de las aerolíneas venezolanas se toman en casa del dueño, eso ha ocurrido siempre, como cierto es también que ese pensamiento de empresa familiar venezolana es muy precario. Históricamente, al desaparecer los estándares de planificación de PanAm en Avensa y ser sustituidos por las nociones de negocios familiares, el resultado fue que en Venezuela no se creó una industria moderna. Y lo explicamos con un ejemplo, de acuerdo a los estándares modernos si usted va a planificar financieramente una aerolínea tiene para ello a sus divisiones de planificación de flota. Pero en Venezuela es imposible imaginarnos que un empleado de una aerolínea ingrese a la compañía y que de inmediato sea inducido por cursos de planificación estratégica y planificación de flota de la corporación en un Learning Center, para luego durante años ser educado y enviado a Londres y a Suiza a los cursos y diplomados de Iata[59].

Nadie se puede imaginar a una aerolínea donde esa persona que acaba de regresar de Londres, le pagaran su maestría en planificación y reportara de acuerdo a los manuales y guías corporativos sobre eficiencia de costos de operaciones[60] a otros gerentes de planificación financiera igualmente formados, donde un experto en "desempeño de aeronaves"[61] junto a otro de "rentabilidad de vuelos"[62] se unen a otro especializado en "eficiencia de combustible"[63] y todos dependientes a su vez, de un director de la división de planificación del sistema de rentabilidad de flota[64] con sus equipos, le lleven la propuesta al CFO de la corporación.

---

[59] https://www.iata.org/en/training/courses/caa-planning/tcvg14/en/
[60] https://www.iata.org/en/programs/ops-infra/efficiency/
[61] https://www.linkedin.com/in/david-buckley-8499a1a3/?originalSubdomain=uk
[62] https://www.linkedin.com/in/donaldkatz
[63] https://www.linkedin.com/in/scdemoor/?originalSubdomain=be
[64] https://www.linkedin.com/in/jeffrey-eisenberg-ab44154#:~:text=Jeffrey%20Eisenberg%20%2D%20Director%20%2D%20Flight%20Profitability,FP%26A)%20%2D%20United%20Airlines%20%7C%20LinkedIn

Tampoco nos podemos imaginar que ese equipo interactúa con otros especializados en leasing, arrendamientos de capital, ingeniería financiera de flota, Networking Planning, Cadena de Suministros, junto con todos los equipos que existen para llevar las finanzas de una compañía aérea como puede haber en Avianca o LATAM y ya ni hablar de ponerse exquisitos con personal de alto calibre encargado de implementar algoritmos y diseños de programas especializados para operaciones, frecuencias y ventas.

Plantear eso en Venezuela sería cuando menos extravagante frente a unas compañías familiares que planearon las rutas de acuerdo a la tradición y que compran los aviones sin evaluar otro criterio que no sea, que la competencia lo compró también.

En las empresas familiares, no hay nadie que hiciera un curso de planificación estratégica, no existe una gerencia de planificación, ni una dirección y tampoco un vicepresidente financiero que cumpla estándares internacionales, ni siquiera existe un analista que hiciera un simple curso en la IATA, ni existen manuales, normas y procedimientos que permitan un mínimo entendimiento del mercado y sus costos.

Guste o no, ese el concepto de industria que se maneja en Venezuela y no el de los estándares de Delta -o cualquier otra aerolínea- tampoco es el de los estándares de IATA o ICAO en sus guías[65] ni las mínimas aproximaciones matemáticas existentes desde los años sesenta[66] y mucho menos la telemática de flota[67], los sistemas

---

[65] https://www.iata.org/en/training/courses/diploma_programs/airport-strategic-management-diploma/13/
[66] Supplemental Airline Fleet Planning: a Mathematical Programming Approach, Reed Heber Randall, University of California, 1969
[67] Fleet Telematics: Real-time management and planning of commercial vehicle operations, Asvin Goel, Springer Science & Business, 2007

y algoritmos[68], el uso de la "big data"[69] o cualquier fundamento moderno proporcionado por los expertos[70].

Pero esto no es la razón por la que quebró Avensa o Viasa o Aserca, pues hablamos de las consecuencias de una crisis tan profunda, como que usted encuentre un grupo de profesionales especializados en lo que hemos hablado y de universidades locales que tengan maestrías y carreras con pensum de estudios como lo que necesitaría una aerolínea moderna y, sobre todo, que la aerolínea pudiera pagar y financiarles la educación a semejantes talentos.

A diferencia del promedio estadounidense que invierte 102 dólares por empleado[71]. Las compañías regionales como Avianca invierten 44 mil dólares de promedio anual, mientras Latam invierte 42 mil dólares y COPA 55 mil en promedio por empleado. Esto sin contar las inversiones en adiestramiento que se encuentran entre los veinte y treinta millones de dólares anuales, una empresa como Aserca, habría tenido que ingresar entre 80 y 87 dólares promedio por boleto, solo para pagar a los empleados necesarios de acuerdo a los estándares de las empresas de los países vecinos.

Pero como hacerlo si el gobierno había impuesto una tarifa de ida y vuelta promedio entre los diez y los catorce dólares en 2015, la gente se quejaba porque habían subido los pasajes de avión de un dólar a diez en 2018 y pedían aplicar los precios justos cuando alcanzaron los 25 dólares en 2019 ¿cómo se puede gerenciar una aerolínea moderna cuando el pasaje promedio durante seis años equivalía a dieciséis dólares o menos?

Entonces no es culpa del viejo. Si los venezolanos quisiéramos tener una aerolínea moderna, cada avión nuevo debe ingresar un promedio de treinta millones de dólares al año, lo que

---

[68] Dynamic Fleet Management: Concepts, Systems, Algorithms & Case Studies. Vasileios S. Zeimpekis et al. Springer Science & Business Media, 2007
[69] Big Data to Improve Strategic Network Planning in Airlines, Maximilian Schosser, Springer Nature, 2019
[70] Buying the Big Jets: Fleet Planning for Airlines: Fleet Planning for Airlines de Paul Clark, Routledge, 2018
[71] Data Source: US DOT Form 41 via BTS, Schedule P6 & P10.

representa en la media de las tres compañías regionales unos 85 mil dólares diarios. Eso equivaldría a que Aserca hubiera tenido que cobrar cerca de 250 dólares por cada pasaje que es, guste o no, lo que debe costar un boleto para sostener una aerolínea en Venezuela. O que le permitieran vuelos internacionales y promediar trescientos veinte dólares, llenando la ocupación del avión en más del 80%. Sin embargo, no todo es tan fácil, porque el colapso económico es de tal magnitud que no es lo mismo cobrar ese promedio con un PIB per cápita de Chile, Panamá o Colombia, que el venezolano. Por lo que de hacerlo, los aviones se quedarían en tierra.

Abrir un reporte anual como el del 2014 de Aserca es encontrarnos con las consecuencias, no las causas. Una compañía que nos habla de que modernizaron su flota con nueve aviones MD-83[72], de los cuales siete tienen un promedio de 25 años nos indica la realidad del problema de la industria local.

ASERCA	FLOTA	AVIANCA	FLOTA
MD-83	7	AIRBUS A318	10
		AIRBUS A319	27
		AIRBUS A320	68
		AIRBUS A321	15
		AIRBUS A330	10
		EMBRAER 190	10
		AIRBUS A330F	6
		AIRBUS A300F	5
		BOEING 787-8	13
		BOEING 767F	2
		ATR 42	2
Total aeronaves	7		168
PROPIOS	2		144
ARRENDAMIENTO OP.	7		24
VALOR RESIDUAL ESTIMADO O VALOR EN LIBRO	USD 29,40		USD 5.978,00
PASAJEROS (INGRESOS USD)			USD 4.064,00

Aun habiendo tenido una economía igual o superior que la colombiana entre 1999 y 2012, los empresarios aeronáuticos colombianos podían endeudarse con la banca internacional por cerca de cuatro mil millones de dólares y contar con equipos por un valor de casi seis mil millones, negociar con grandes empresas de Leasing Financiero y contar con 144 aviones modernos, mientras los venezolanos en una supuesta economía igual, solo podían ir a los desiertos, que eran depósitos de chatarras y aviones sin vida útil financiera a buscar modelos con algún tiempo de vuelo. Los empresarios colombianos podían negociar directamente con Airbus 120 aviones y planificar su

---

[72] Reporte Annual 2014. Pág. 20

reposición financiera en un flujo permanente de quince años, como también podían negociar con BOC Aviation para operar doce Airbus A320neo más modernos en arrendamiento operativo[73].

Si los empresarios colombianos querían desarrollar el mercado brasileño, podían negociar directamente con Sinergy Group el financiamiento de 62 nuevos aviones Airbus A320neo y que el presidente de esta corporación, Alex Bialer, exclamara orgulloso que aquello: "permitirá a Avianca Brasil dar un salto importante hacia el crecimiento y la modernización de su flota de manera rentable y sostenible, al tiempo que mejora la experiencia de los pasajeros"[74]

Pero esto tampoco es culpa "del viejo". No hay manera de conseguir expertos bilingües con maestría en planificación de flota, ni mucho menos, desarrolladores de software y algoritmos de redes de flotas y cadenas de suministros, porque ni existen ni hay como pagarles, de la misma manera que hay que verlo en el contexto preciso de un país completamente alejado del mundo aeronáutico desde mediados de los años ochenta. No existe ningún empresario en Venezuela que pueda tocar las puertas de Airbus o de Boeing y que estas compañías estén dispuestas a arriesgarse en Venezuela y mucho menos las financiadoras importantes, simplemente porque no hay tradición financiera aeronáutica en Venezuela y porque su mercado está completamente aislado de ese mundo.

No es posible para nadie hacerlo porque en Venezuela no hay reglas de juego financieras claras y cuando no hay políticas significa que en eso consiste: La Política. De allí a que no exista manera de planificar una tarifa desde el punto de vista financiero, si es el gobierno de turno quien la define desde los años cuarenta y al ser este mundo, altamente especializado, la reputación de insostenibilidad y pérdidas permanentes de la industria venezolana nos antecede a cualquier negociación.

---

[73] https://www.airbus.com/en/newsroom/press-releases/2020-01-boc-aviation-orders-20-more-a320neo-aircraft

[74] https://www.airbus.com/en/newsroom/press-releases/2016-07-synergy-orders-62-a320neo-family-aircraft

En otras palabras, tanto Airbus, como Boeing, como Sinergy o cualquier gran corporación de arrendamiento financiero saben perfectamente que no hay manera de estrechar las manos "del viejo" porque no depende de él su propia continuidad operativa.

Lo mismo ocurre con nuestra reputación de pagadores. Si fallamos en los pagos por los DC-8 y hubo que emitir deuda para terminar de cancelarlos, si en 1977 llegamos a un acuerdo con Boeing para los DC-10 y pasamos cerca de 7 años incumpliendo los pagos, hasta que nos demandaron y tuvimos que pagarlos con una refinanciación de la deuda. Si posteriormente llegamos a un acuerdo con Airbus a través de la arrendadora financiera de Citicorp y volvimos a fallar en los pagos, hasta que hubo que emitir papeles de deuda para poder pagarles, nuestra reputación financiera con los grandes armadores y financieras aeronáuticas nos antecede.

Por otra parte, están los cambios de planes directamente asociados con la política. Si Avensa había logrado financiar un DC-9-30, lo más lógico era permitirle la compra y no que el político de turno obligara a cederle el contrato financiero a Aeropostal para que la privada no tuviera ventajas. Todo, para luego fallar en varios pagos y perder toda posibilidad de volver a tocar las puertas.

De allí a que, visto el despelote de un país sin reglas de juego claras y cuya política consiste en que no haya políticas, ni siquiera Embraer se le ocurre tener una relación con la industria aeronáutica de Venezuela.

En otras palabras, el estándar gerencial de la industria venezolana es el mismo de 1929, volar hasta que lo impidan las condiciones y así, basados en una experiencia que a su vez es enseñada por quienes llevaron a la bancarrota a las compañías, gobernar lo que se pueda. Por eso ni siquiera importa que esa experiencia llevara a la quiebra a Avensa, Aeropostal o Aserca porque lo que importa no es crear una verdadera industria, sino simplemente permanecer a bordo hasta el final, que es usualmente cuando ya los dueños, exhaustos y sin entender porque han llegado a esa situación, no pueden meter mano en sus bolsillos para que la operación continue dando pérdidas.

Lo peor es que los estándares están allí y son gratis. La industria es necesaria porque una empresa puede colapsar, pero los millones de pasajeros siguen necesitando llegar a su destino. En el caso de Iata por ejemplo existe un "Grupo de Trabajo de Contabilidad de la Industria"[75] del cual parten las guías de contabilidad[76] y los empleados recurren a sus cursos para implementar los estándares de la industria[77], anualmente hay convenciones para que los gerentes de contabilidad estén al día con las nuevas prácticas que son las que hacen viable esa industria, pero en el caso venezolano no hay quien participara en alguno, tampoco hay manuales que sigan esos estándares y a las familias les importa poco o nada que existan porque no les puede importar. Los jefes de tarifas no han hecho cursos en Iata, ni de planificación y mucho menos existe un sistema de planificación estratégica de flota y rentabilidad de flota, porque son impracticables en una Venezuela donde la política aeronáutica, es que no exista política.

Esto ocurre exactamente igual que con las finanzas que están estandarizadas y que las siguen absolutamente todas las empresas en el mundo, desde la gigantesca Delta, hasta Etiopía o Kenya, pero no en el caso de las familias venezolanas, que consideran su modelo autóctono y familiar como una industria, sin importar que Venezuela sea un cementerio de aerolíneas por esa misma razón y en vez de un estándar de planificación estratégica es sustituido por la intuición del dueño, que más bien está basada en la coyuntura del momento económico y político.

La otra consecuencia de la empresa familiar venezolana, es que no crea alta gerencia industrial, porque eso se reserva al propio entorno familiar y de los socios, entonces ocurre una brecha gigantesca entre los decisores y los gerentes medios de la corporación

---

[75] https://www.iata.org/en/programs/workgroups/industry-accounting-working-group/
[76] https://www.iata.org/en/publications/accounting-guidelines/
[77] https://www.iata.org/en/training/subject-areas/finance-accounting-courses/

que están relegados al área operativa media y que se suman también al criterio de que la culpa la tiene el viejo porque siempre se enteran de últimos del estado real financiero de la compañía y del cierre o la entrega de certificado.

Por eso el comentario de que "la culpa la tuvo el viejo" tiene una característica intrínseca especial, pues demuestra que, en la mayoría de los casos, no hay alta gerencia sino simples operadores de las decisiones del propietario y en consecuencia nadie parece tener la culpa de las quiebras y así los gerentes pasan de una minúscula compañía a otra y en vez de aprender de los errores de los "viejos anteriores" y enfrentar las deficiencias políticas con estándares, replican en las compañías los mismos errores del pasado.

Nadie enfrenta al dueño para explicarle que no debe planificar una flota de acuerdo a sus antojos, una coyuntura o una ganga, porque nadie está en capacidad de hacerlo, por lo que todos siguen los deseos de la familia, que usualmente desea convertirse en el nuevo Henry Lord Boulton y en sustituir el puesto que tenía Avensa sin comprender que terminarán exactamente en su mismo destino, que no es otro que la quiebra porque entre todos, hay que presionar para que se cree una política aeronáutica real.

Aunque de nuevo, el viejo no tenga la culpa, porque la escuela de supervivencia sigue intacta desde 1929 y los revolucionarios de 1945 impusieron un modelo que aún está ejecutándose, los de 1961 pretendieran profundizarlo, los del 74 creyeran que el modelo de aplastar la iniciativa privada a fuerza de un barril de petróleo ficticio fuera el nuevo ideal nacional y los de 1999 siguen empleando el mismo modelo hasta que llegue su fin. Uno que siempre termina, con los grandes monopolios extranjeros dirigiendo los destinos aéreos de la nación.

Cuando "el viejo", es en realidad "el héroe".

Los venezolanos hemos sido, desde al menos la última década del siglo XIX, programados culturalmente para aborrecer a "los amos del valle", a los empresarios y en especial a los banqueros. En fin, ellos nunca se ganaron su puesto gracias a su audacia, arrojo y arduo trabajo, sino que merecen ser sacrificados en la hoguera de una redistribución de la riqueza mental permanente. Por eso no tenemos ni la menor idea de quienes fueron los padres fundadores de Venezuela, ni sus vicisitudes para crear una nación de la nada. No tenemos ni la menor idea de quien fue el primer Simón Bolívar, "el viejo" que llegó a la jungla, sin más bienes que sus intenciones y un papel que le acreditaba alguna tierra selvática y con machete forjó el destino de Caracas. Por eso no tiene algún valor para los venezolanos, como no lo tiene el segundo Bolívar que labró las tierras con sus propias manos, ni el tercero y el cuarto que hicieron crear una riqueza de la mismísima selva, hasta llegar al que nos dio la libertad arriesgando y perdiendo cinco generaciones de trabajo y todos sus bienes de fortuna.

Para colmo de males y frente al desconocimiento histórico sobre quienes se esforzaron, llegaron a principios del siglo pasado los políticos comunistas, quienes reescribirían toda nuestra historia y los pocos que dejaron el pellejo trabajando, luego de sobrevivir al genocidio de las guerras por el botín, terminaron pasando a la historia como lo mencionó Rómulo Betancourt en su Plan de Barranquilla, como: "la casta explotadora (..) la burguesía colonial" quienes ejercen "la tiranía activa y doméstica" y que en "alianza tácita de los explotadores extranjeros con los explotadores criollos" dominan toda la economía de Venezuela y por lo tanto deben desaparecer de la faz de la tierra y sobre todo, de los registros históricos.

Es esta la razón por la que se puede criticar constructivamente lo acaecido en toda nuestra incipiente industria, pero siempre poniéndose en los zapatos de quienes la dirigieron y comprendiendo los factores exógenos que influyeron en las decisiones. Hay que viajar al atelier de Pierre-George Latécoère en el momento en que Alemania bombardea París con su gigantesco cañón con proyectiles del tamaño de un jugador de básquetbol, que tiene que viajar y ser disparado a bordo de un tren especial. Y es allí donde ningún cálculo financiero del armador luce prometedor, hasta el punto que sus primeros expertos dan como resultado unas pérdidas enormes y luego de ensamblar a otro equipo de técnicos financieros, sus estudios y análisis: "Confirman la opinión de los especialistas, nuestra idea es irrealizable" y entonces el hombre exclama que entonces: "Solo nos queda una cosa por hacer: realizarla"[78].

Y este es el gran aprendizaje de todo. Por cada línea aérea que usted ve hoy surcando los cielos, cerca de catorce han quebrado, cesado operaciones o la idea fue tan inviable, que se pintaron los aviones y nunca volaron porque las líneas aéreas son caos financiero controlado. Cada asiento, cada ruta y frecuencia tienen un propósito financiero y es medido por centavos, cada empleado es medido en cuanto a su eficiencia y el control financiero se mide por cada milla volada y asiento ocupado.

Cuando usted vuele en una aerolínea como American Airlines, Delta o United, lo hace a bordo de una deuda de largo plazo tan increíble que representa más que la deuda externa de toda Venezuela[79] y esto solo con bancos y empresas financieras aeronáuticas, pues la cifra es superior con las pesadas deudas de pensiones y beneficios de retiro de los empleados y todo esto, habiendo perdido billones, de manera consolidada durante los últimos veinte años[80].

En otras palabras, Paul Vachet, Jean Mermoz y Gastón Chenú, así como tantos otros fueron grandes héroes capaces de arriesgar sus vidas por aquello que amaron, pero hay que verle la cara al heroísmo de Pierre-George Latécoère, cuando sus cálculos le dan pérdidas, llama a unos expertos y llegan a la conclusión de que la idea

---

[78] L'aviation et son impact sur le temps et l'espace. Faria Dominique. Edition Les Manuscrits. 2019
[79] La deuda a largo plazo y obligaciones de arrendamiento de capital y operativo, menos vencimientos corrientes de American a diciembre 2021 es de $36,93, billones, la de Delta es 32,19 y la de UAL es de 35,73 billones de dólares, para un total de 104,48 billones de dólares, mientras que Venezuela a 2018 debía 89 billones a valor de mercado antes del colapso y cese de pagos (BCV).
[80] No se trata de que un año o dos puedan ganar y otros perder. American por ejemplo ha ganado en diez años y perdido en once desde 2000, las tres aerolíneas obtuvieron ganancias consolidadas incluso sumando las pérdidas en la pandemia durante la última década. Pero desde el 2000 hasta 2021, la suma es negativa.

es imposible y un segundo grupo de técnicos financieros le confirma sus peores temores y aun así arriesgó diez millones de francos para llevarla a cabo. Se puede ser héroe al ser pionero a bordo de los aviones, pero imagínese que hoy alguien intente una idea y ponga de su bolsillo el equivalente a 555 millones de dólares, cuando todos los expertos le explican que los va a perder.

Ahora, nuevamente póngase en los zapatos de Latécoère que se encuentra en Marruecos luego de perder un tercio de sus aviones entre los que han caído o están demasiado deteriorados y las voces de los especialistas no lo dejan dormir porque ha quebrado y se han perdido los quinientos millones de dólares propios -y de sus socios- así que tiene que buscar otros quinientos más, despedir a otro tercio de pilotos y desmontar muchas operaciones para poder cruzar al continente americano.

Pero es aquí, justo en este preciso trayecto, que viene la parte más costosa e irrealizable. Cuando luego de haber perdido una fortuna es necesario ordenar la construcción de cuatro barcos y arrendar otros dos más de la Marina de Guerra francesa para poder apoyar el traslado de los aviones en su cruce por el océano[81].

En otras palabras, se necesita mucho coraje y arrojo para volar un avión de madera sobre el océano, pero no se queda atrás el que arriesgó mil millones de dólares aun sabiendo que tenía informes técnicos que decían que los perdería. Por eso tras disipar el equivalente a otros seiscientos millones de dólares de la actualidad, tuvo que ceder el testigo al siguiente héroe financiero de esta historia que permitiría al venezolano, volar comercialmente.

---

[81] En la foto una recreación del Aeropostale I que, junto con el II, III y VI fueron los puentes necesarios junto con otros dos buques militares más. El número III se hundió en 1932 por culpa de un ciclón y los otros tres fueron renombrados AirFrance I, II y IV tras la quiebra de Aeropostale.

Es muy fácil hablar de que Marcel Bouilloux-Lafont era un banquero sin escrúpulos, porque para la mayoría de las personas sería una redundancia. Los banqueros ya de por sí generan recelo y mucho más, si estos quebraron sus bancos y emprendimientos. Pero la familia Bouilloux-Lafont eran bastante más que banqueros ya que se habían hecho millonarios a partir de los últimos años del siglo XVIII gracias al comercio con América y la tradición, a través de las generaciones, terminó como era la usanza en un banco creado en 1855 para tales fines. Es decir, los tres hermanos Marcel, Maurice y Gabrielle no solo nacieron y crecieron siendo industriales y banqueros, sino que Marcel estudió derecho internacional para seguir dedicándose a los negocios de lo que ya en 1875, cuando tenía unos cuatro años, se llamaba el Grupo Bouilloux.

Pero este grupo amplió su fortuna en el transporte y la energía, al tener desde 1894 la concesión para ferrocarriles desde Toulouse a distintos puntos del sur de Francia y desde 1901 la concesión para distintos tranvías[82] y en especial su obra prima que era el Tranvía de Versalles à Saint-Gyr-l'École desde 1896[83].

Esta compañía se iría ampliando a distintos ramales los siguientes años, cuando ganaron también la concesión en Italia del ferrocarril de Nápoles y Piedimonte d'Alife, pasando por Aversa, Santa María di Capua y Capouc[84] así como ampliar su red de tranvías. Es importante comprender que todas estas compañías, tenían un segundo objeto, es decir la Sociedad Versallesca de tranvías eléctricos y las de Paris y suburbios, junto con las de trenes, eran también "sociedades de distribución de energía" porque era así en aquellos días donde la energía eléctrica no solo aportaba la fuerza motriz, sino que viajaba a través de las rutas de los tranvías y trenes.

De allí a que la consecuencia lógica fue, que una vez que tenían las redes de distribución y ventas, en 1907 invirtieran cinco millones y medios de francos para implementar motores hidroeléctricos en la zona de Hautes-Alpes y comenzar a generar electricidad, así como otras inversiones gigantes como la de cuarenta

---

[82] Compagnie des chemins de fer du Sud-Ouest Société Anonyme Réglementée established 1897/04-01
[83] Société anonyme formée suivant statuts déposés le 8 novembre 1895
[84] Compagnie des chemins de fer du Midi de l'Italie, Société a été approuvée pur décision ministérielle du 12 juin 1906

y cuatro millones de francos para la: "Explotación de aplicaciones de energía eléctrica en todas sus formas, principalmente en los suburbios de París y en los departamentos de Seine-et-Oise y Seine-et-Marne"[85] y la siguiente entre 1910 y 1912 fueron enormes obras hidroeléctricas, financiadas a través del mercado de valores, como por ejemplo Forces Motrices de la Selune[86].

Para 1911 el grupo empresarial creó con cincuenta y cinco millones de francos algo mucho tan grande y rentable como un banco, llamado la: "Sociedad Central de Bancos de Provincia" que no fue otra cosa que la agrupación de más de trescientos bancos provinciales pequeños y medianos centralizados a través de un mecanismo de compensación. Los pequeños bancos se beneficiaban porque juntos podían invertir en grandes proyectos contra la banca parisina y europea, mientras que los empresarios, al administrar semejante caudal de recursos no solo se beneficiaban de esas inversiones, sino que lograban quedarse a su vez, con un 15 o el 20% de las ganancias de las inversiones.

En este caso Marcel Bouilloux-Lafont era uno de los propietarios hasta de la sede que estaba dividida en el banco y la sede del sindicato de bancos provinciales, a través de su compañía inmobiliaria que estaba localizada en lo que hoy sería la segunda entrada del Hotel Ritz de París. Y esto junto con su banco principal y un gigantesco banco de inversiones llamado Caisse Commerciale et Industrielle de Paris, los convertiría en una de las familias más ricas de Francia.

De allí a que, si habían invertido unos trescientos millones de francos en los proyectos originales, para 1920 el emporio había casi triplicado su valor de mercado y su influencia en la política era sin lugar a dudas muy poderosa. Pero había además un negocio como ninguno otro, entre la última década del siglo anterior y los primeros veinte años del siglo XX, la fiebre europea por las rentables inversiones en América equivalía a la fiebre del oro.

---

[85] Sud-Lumiere. Société anonyme française, constituée le 11 mai 1907, pour une durée de 99 ans,
[86] Société anonyme française fondée en 1913 pour une durée de 99 ans

 Por eso los Bouilloux-Lafont estaban en el lugar y el momento correcto para tener un banco de inversiones, el control de la Bolsa de Valores de París y el control de la Sociedad Franco-Americana de negocios y habían añadido a sus grupo, decenas de compañías que se cotizaban en bolsa, desde Tabaco con la famosa Compagnie Générale des Tabacs (imag. Sup.) convertida en un monopolio, hasta puertos y buques de transporte.

Era pues un negocio redondo, el grupo invertía 5 millones de francos en crearla y a través de la Bolsa los franceses obtenían 50 millones de dólares en explotar una compañía de Brasil o Argentina y la rentabilidad era sencillamente increíble porque podían obtener una renta cinco puntos, superior a cualquiera en Europa y avalada por los gobiernos americanos respectivos, así como ganar el 20% de los dividendos solo por ser los administradores.

Para darnos una idea solo el monopolio de la CGT pasó de ingresar por ventas de 5.940.000 fr. en 1919 a 71.500.000 en 1920, dejando un beneficio bruto de 15.000.440 francos[87], por lo que el grupo Bouilloux-Lafont triplicó su inversión a través de la capitalización y ganó cerca de cuatro millones de francos líquidos en apenas un par de años. Es decir, recuperó el 80% de su inversión en ganancias y obtuvo 15 millones de francos en capital y esa fue solo una, de las treinta compañías que crearon para explotar Brasil.

La consecuencia de quince años de explotación de negocios desde el siglo anterior, había hecho necesario crear en 1907 el famoso banco Crédit Foncier du Brasil et de l'Amérique du Sud y su par en Argentina el Crédit Foncier Mutual, llamado también Banco del Hogar Argentino.

---

[87] www.entreprises-coloniales.fr

A partir de allí, los tres principales bancos franceses en Brasil serían de una manera u otra propiedad del grupo Bouilloux-Lafont[88] y se crearía el emporio al adquirir el Banco Hipotecario do Brasil y conformarían con el gobierno, el Banco de Crédito Hipotecario y Agrícola del Estado de Bahía.

Es así como una cosa llevó a la otra pero de manera inversa, es decir, si en París todo había comenzado con el comercio y los ferrocarriles, en Brasil comenzó a la inversa y el siguiente paso fue la construcción de la inmensa red de vías de trenes, donde ganaron la concesión por 99 años de 1.500 kilómetros de vías a través de la Société des chemins de fer Gobiernos Federales del Este de Brasil, compañía que fue lanzada en la Bolsa de Valores de Paris a través de su banco de inversiones Caisse Commerciale et Industriel de Paris y los títulos no tardaron en ser comprados ni un día.

El imperio creado hasta la llegada de Pierre George Latécoère involucraba una red de ferrocarriles, bancos, puertos, empresas de administración de puertos y barcos que, junto con los monopolios de empresas comerciales de materiales y commodities agroindustriales generaban un verdadero imperio. En otras palabras, todo pasaba a través de las manos del grupo Bouilloux-Lafont, desde el crédito agroindustrial, el transporte, el manejo, la exportación hasta la venta en buena parte de Europa de los productos brasileños lo que significa que hoy estaría sin lugar a dudas en la revista Forbes, entre las diez familias billonarias del mundo.

Y hay que ponerse en los zapatos de cada héroe.

Hablar de David Rockefeller o de Marcel Bouilloux-Lafont en Latinoamérica equivale a nombrar al demonio mismo, porque equivalen al monstruo más temido del comunismo, los billonarios capitalistas. Como explicaba Rómulo Betancourt justo en el momento en que se creaba Aeropostale en Venezuela, los industriales deben -en su criterio- ser percibidos como "la casta explotadora (..) la burguesía colonial" quienes ejercen "la tiranía activa y doméstica"[89]

---

[88] la Caisse Commerciale et Industriel, la Société centrale de banque de provincia y el Crédit Foncier du Brasil
[89] Plan de Barranquilla, 1931, Rómulo Betancourt.

que debe desaparecer de la faz de la tierra para que los desposeídos dirijan su destino, pero en el caso de los primeros, cuando se asocian con los billonarios transnacionales se convierten en el más enconado enemigo de las nuevas ideas comunistas que debían imperar en America Latina.

Por lo tanto, no existe posibilidad alguna de sacarle algo bueno a las transnacionales, ni a los ricos, ni a los banqueros. Todos son perversos y nadie apostó ni un grano de arena en la construcción de los países de los que valga la aclaratoria, se enamoraron del potencial. Y ese es el problema principal en el tercer mundo, de acuerdo al censo de 1920 no había nada en Venezuela más que miseria, dos tercios de la población no sabía leer ni escribir, las dos únicas universidades contaban con unos pocos estudiantes de derecho, filosofía y medicina principalmente y estaban cerradas o impartían clases de forma inconstante.

Pero sobre todo era un país inmensamente pobre y arrasado por más de cien años de una constante guerra civil. ¿Qué tenían intereses económicos? Por supuesto, pero ya Rockefeller era billonario antes de pisar Venezuela, como lo era Marcel Bouilloux-Lafont, no eran un grupo de aventureros que se hicieron billonarios gracias a la explotación de las indias y mucho menos eran explotadores del hombre, porque en Venezuela nadie era explotado porque no era siquiera posible explotarlos, la vasta mayoría de la población vivía en las selvas del trueque de sus pequeños fundos, el ganado igualmente enfermo y famélico pastaba al aire libre sin conocer lo que era la alimentación y ni siquiera habían ingenieros, ni mano de obra calificada, para ser explotados.

Para los pocos obreros y personal administrativo que recibieron la enseñanza y los salarios petroleros estadounidenses, fue una verdadera bendición salir del rancho de bahareque, acudir a las escuelas de la Creole y ser atendidos en las nuevas clínicas por doctores y enfermeras extranjeras. Por lo tanto, más allá de la propaganda, apenas eran cinco mil, de los seiscientos mil desempleados que vivían de la nada porque la Creole traía a sus propios explotados en barco desde Indiana o Texas. Pero el mayor susto para los comunistas era lo que podía suceder cuando esos cinco mil empleados fueran educados en algo completamente desconocido, el capitalismo.

La Creole invirtió 50 millones de dólares de la época en financiar casas para esos empleados y ahora ellos salían de las chozas insalubres a hogares con comodidades estadounidenses. Los profesores recibieron un financiamiento de 5 millones de dólares y ahora recibían cursos, incluso en universidades de estados unidos para mejorar las condiciones y los hijos de los empleados ya no asistían a clases en escuelas de techo de palma de un solo profesor que enseñaban primeras letras, sino que podían asistir incluso a nuevas escuelas modernas de preescolar a bachillerato y, además, aprendían inglés.

El sistema era obviamente nefasto para cualquiera que quisiera competir con las cinco escuelas de la Menegrande, con un sistema que escogía a los alumnos más destacados y de inmediato eran becados a una escuela binacional como la de Amuay, con profesores estadounidenses y después, a la Universidad Católica, cuya nueva sede de ingeniería había sido financiada por la Creole.

Era a los efectos, como despertar de una pesadilla, ahora quienes vivían en ese entorno sentían el progreso, los hijos de los empleados en vez de correr por la selva como sus padres, se alistaban en los Boys Scouts y asistían al YMCA a hacer deportes y recibir formación cívica. En consecuencia, la Creole y la Mene Grande, así como muchas otras como la United, cuya totalidad de empleados recibieron créditos para sus casas, eran un verdadero monstruo de mil cabezas para los comunistas.

¿Cómo explicarles a los trabajadores que eran explotados, cuándo en realidad habían sido rescatados de la selva, tras generaciones enteras perdidas? ¿Cómo convencerlos de que aquello era el mismo infierno, cuando sus padres o abuelos habían muerto en la selva por mordedura de serpientes o mal de Chagas y ahora eran atendidos en cuatro hospitales de la Creole por doctores estadounidenses y una red de ambulatorios con lo último de la tecnología de la época?

Por eso la Creole era considerada como "la escuela de adoctrinamiento" porque el problema no era los pocos que habían entrado a aquel sistema, sino las decenas de miles que se agolpaban tratando de conseguir un empleo allí y ser explotados, es decir ser salvados. Por eso los comunistas necesitaban con urgencia quitarse a las transnacionales de encima cuanto antes, sin importar las consecuencias y de allí es que hay que ponerse en los zapatos de los involucrados porque se encontraron de frente, con la política.

No hacía mucha falta viajar miles de millas náuticas a Brasil. El mundo en 1920 ardía en llamas por la revolución bolchevique y la guerra civil en Rusia, mientras la primera guerra mundial había dejado a Francia en mal estado. Pero no eran solo los rusos, si para el año 20 había ganado abrumadoramente la centro derecha francesa, y el segundo lugar le correspondió a un socialismo que denunció al bolchevismo[90], cuatro años más tarde ya era la izquierda radical la que amenazaba con cambiar la situación obteniendo un 36% de los votos y eso aumentó a casi el 42% en 1931 en votos de la izquierda socialista[91].

La familia Bouilloux-Lafont, como todas las familias francesas no era ajena a la política ya que Maurice, el hermano y banquero había sido electo senador desde 1914 por el partido de centro y la familia estaba en el centro del debate, con los comunistas permanentemente en pie de guerra contra ellos. Pero Marcel hizo lo propio en un ambiente que era mucho más complejo y esto se le imputa como uno de sus errores más graves, aunque nuevamente poniéndose en los zapatos del banquero, no le quedaba otro remedio que participar de la política en Brasil.

Cuando Pierre George Latécoère llegó a Brasil con su empresa nuevamente quebrada y el banquero le dijo que no se arriesgaría a ese negocio, simplemente mintió porque tenía un secreto que no era otro que su imperio se estaba desmoronando, la primera razón era que tras la guerra mundial los franceses habían dejado de invertir -en grande- en América del Sur y el negocio bancario ya no era el mismo, porque su economía se había visto comprometida y porque las ganancias habían descendido tremendamente, pero sobre todo, la liquidez.

---

[90] Gustave Delory del Partido Socialista, sacó el 8,78% de los sufragios indirectos.
[91] la Izquierda de Pierre Marraud sacó 37,40%, el republicano socialista 1,46, el socialista 1,24% y el comunistas el 1,23%

Lo primero que hay que comprender es el término: banquero. En Francia existía la gran banca tradicional como el Banco de París (actualmente BNP Paribas) desde 1869, el Crédit Lyonnais desde 1893, el más grande de la época que era Société Générale con más de mil sucursales, sin desdeñar a los famosos Rothschild cuyo negocio, si bien era más fuerte en otros países[92], tenían también su banco en Francia, después en menor medida venían las asociaciones y sindicatos de pequeños bancos provinciales, donde el grupo Bouilloux-Lafont tenía intereses y después las sociedades de capital de riesgo en la que se desarrollaron compañías como Credit Foncier do Brasil, Credit Mutual de Argentina, o Credit Foncier D´Afrique, que como su mismo nombre indica, eran una mezcla de casas de bolsa, con instituciones de crédito financiero a empresarios.

¿Cómo funcionaban? Existían varias formas. Si usted por ejemplo era empresario del café, podía recurrir a estas empresas y pedir un crédito, la sociedad generaba los bonos físicos donde cualquiera podía invertir desde cinco centavos hasta 500 francos dependiendo de lo masivas que fueran las inversiones. Otra vía era que las sociedades crearan los proyectos, es decir, para financiar a uno o más industriales se creaba un proyecto general de mediano plazo como podía ser el café o la madera y los inversionistas acudían a comprar el bono y el banco de inversión repartía el crédito de acuerdo al proyecto. Y el siguiente era para los inversionistas de capital, es decir aquellos que querían ser parte de la compañía.

Si esto ocurría en Francia, en el país del proyecto el banco de inversiones podía captar fondos para manejarlos a través de los bancos de Paris, o los inversionistas de ese país podían invertir en proyectos en otros países incluido Francia, es decir, un brasileño podía tener su bono al portador de los trenes de Francia o un argentino podía tener cupones de la construcción del canal de Suez o de la explotación de cualquier proyecto a través del Credit Foncier de Egipto o Francia así como en inversiones conjuntas de otros fondos internacionales británicos o estadounidenses que podían ampliar la base de inversionistas.

---

[92] Tanto en su capital como intereses, se podría decir que apuntaban la banca al imperio austrohúngaro, Alemania y principalmente Gran Bretaña. Por lo que el negocio francés, si bien no era despreciable, no competía con los grandes bancos.

Vamos a dar un ejemplo. Usted quiere crear una línea aérea en Venezuela y estipula que usted necesita 500 millones de dólares para iniciar las operaciones con cuatro aviones. Entonces la institución genera el proyecto y reparte el riesgo entre cien mil inversionistas de cinco dólares o diez mil de cincuenta, con cupones de pago al 8% a determinados años o plazos como fue el caso del ferrocarril argentino (Izq. Abajo).

O pueden agruparse varias sociedades de riesgo y hacerlo entre Inglaterra y Francia para hacer lo propio en Egipto (izq. Arriba). De esta manera usted podía acudir a la taquilla de la sociedad, aportar el dinero y llevarse los títulos que podían ser de inversión o incluso usted podía ser socio del proyecto y apostar por la capitalización de la aerolínea a futuro.

Estos títulos eran un maravilloso plan de inversión porque eran físicos y tenían en la parte de abajo los pequeños cupones removibles, que podían ser entre diez y veinticinco, que es la razón por la que aún llamamos cupones, a los vencimientos de plazos de inversión. Por lo tanto, usted podía invertir en una casa de crédito financiero en Brasil, 20 libras o 500 francos en construir un tren en Egipto como el egipcio podía invertir en trenes de Argentina y mientras mejores contactos y convenios tenían las Sociedades de Crédito Financiero, más oportunidades de inversión tenía usted. Por lo que existían libros de inversión donde usted, de acuerdo a los acuerdos Inter compañía, podía revisar todo lo que se hacía en el mundo.

Por lo tanto, para precisar, el grupo Bouilloux-Lafont en Brasil eran banqueros de inversión de capital de riesgo, especializados en dos ramos: Negocios de emprendimiento de transporte (ferrocarriles) y comercio de commodities.

Y una vez que entendemos qué tipo de banqueros eran, ahora es necesario precisar el riesgo que corrían.

Credit Foncier do Brasil	
Balance al 31 de diciembre de 1910	
Activo	**Francos**
Cuota de amortización. Sobre obligaciones serie A	FRF 6.200.000,00
Préstamos sin hipoteca y empresa los estados y municipios	FRF 9.929.924,00
Préstamos./div. del Tesoro Federal y sobre bonos estatales y municipales	FRF 2.511.073,00
Préstamos sin warrants y bienes	FRF 907.158,00
Bonos a plazo	FRF 10.000.000,00
Valores en cartera	FRF 919.568,00
Depósitos bancarios en Francia	FRF 1.519.749,00
Depósitos en bancos del exterior	FRF 24.724.928,00
Cuota de cupones obligatorios.	FRF 880.212,00
	FRF 57.592.612,00
Pasivo	
Bonos Serie A 5%	FRF 37.500.000,00
Cuentas corrientes de acreedores	FRF 8.809.473,00
Cuentas de acreedores estatales y municipales	FRF 2.708.036,00
Varios acreedores	FRF 599.099,00
Bonos por pagar cupones	FRF 880.212,00
Prima de reembolso de préstamos a est. y municipal	FRF 520.323,00
Intereses sobre préstamos (1911)	FRF 97.561,00
	FRF 51.114.704,00

Si tomamos en cuenta sus estados financieros en un año normal como 1910 (foto izq.) pudiéramos precisar que se trataba de un banco considerable, equivalente a unos 400 millones de dólares actuales en captación de fondos de los cuales dos tercios eran destinados a estas empresas de inversión, pero otro 15% estaba destinado a préstamos sin colateral usualmente a los mismos empresarios. Esto se hacía a través de la compleja estructura de bancos extranjeros que eran también propiedad del grupo y solo el 3% se encontraba bajo el resguardo de los bancos franceses. En palabras sencillas, más del 80% de los fondos estaban invertidos sin más colateral que la del emprendimiento, lo que suponía un riesgo tremendo a la hora de que ocurriera un colapso global como la que había ocurrido de 1893 al 97 y otro que estaba por sobrevenir.

Si la crisis de 1893 había tenido como origen la especulación en Argentina, ahora sobrevendría el pánico de los mercados en 1914, que se originó con la Primera Guerra Mundial y terminó en 1918 con otro pánico europeo, el de la Pandemia de la Gripe Española, que arrasó Europa. Por lo tanto, el año de 1920 comenzó con tres grandes transformaciones, el reordenamiento geopolítico mundial, el advenimiento del comunismo y un nuevo orden económico producto de la industrialización acelerada, pues el resultado de la segunda revolución industrial y los años de 1914 al 29, estarían signados por el advenimiento de automóvil, el avión, las telecomunicaciones y las líneas de producción industrial.

En otras palabras, de 1920 a 1929 comenzarían los grandes proyectos de inversión en otras áreas donde ni Argentina, ni Brasil podían competir y fue la última década de las naciones que habían apostado por los productos agrícolas, siendo enterradas para siempre muchas de éstas.

Para darle un ejemplo, imagínese que su asesor financiero en 1920 le ofrece un bono de inversión en el comercio de la madera o el café brasileño, mientras otro le ofrece uno de aviación, automóviles telecomunicaciones o industria. He aquí el ejemplo perfecto, en 1903  cuando Henry Ford quiso crear su compañía, no encontró nadie que creyera en semejante invento a tal punto que intentó levantar 150 mil dólares y fracasó dos veces. No fue hasta ese año en que un empresario del carbón, lo apoyó y tuvo que convencer a sus amigos empresarios de apostar por semejante emprendimiento. Cuando Henry Ford intentó mostrar dos coches model A en Inglaterra, como bien dijo en su autobiografía: "los periódicos se negaron a publicar la noticia"[93] en 1906 apenas vendían unos mil quinientos autos y para el año siguiente descendieron a la mitad, porque los autos se incendiaban en las carreteras[94], pero para 1920 la historia había cambiado junto con el mundo cuando sobrepasaron el millón de autos vendidos y habían hecho bajar los precios de 950 dólares a 355[95].

Solo planteemos el gigantesco cambio en el transporte que ocurrió en esas décadas y sus profundos impactos sociales junto con la evolución del teléfono, la aparición de la televisión, la tostadora o la aspiradora, el tractor (y el tanque), el acero inoxidable y todo lo que dio origen a la tercera revolución industrial.

---

[93] My Life and Work, Henry Ford, The Floating Press, 2009. Pag. 111
[94] Ibidem. Pag. 89
[95] Ibidem. Pags. 208-209

Imagínennos ahora que su asesor le plantea la modernidad de algunas inversiones en petróleo porque ahora son 25 millones de coches los que circulan por las calles y otro le vuelve a ofrecer el café, los trenes, azúcar y el ganado brasileño.

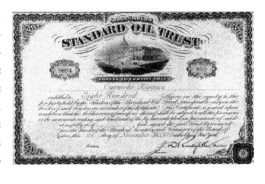

Bouilloux-Lafont ya no se encontraba en el mejor lugar, ni en el mejor momento ya que Brasil importaba realmente poco porque tras la guerra, no había mayor apetito por las inversiones y la situación social y política tampoco permitía que fueran rentables. De allí a que la mayoría de los ingresos comenzaran a mermar paulatinamente durante esa década hasta que llegó el colapso de 1929.

Pero la aviación comercial representaba el negocio del siglo. Además, Aeropostale había llegado a la puerta de todas sus empresas de Toulouse hasta África o America y era el futuro.

Y en la realidad política de estos héroes.

Por eso es interesante colocarse en los zapatos del banquero, porque buena parte de su influencia provenía en realidad de la política brasileña heredada del siglo pasada y que se denominó "Café con Leche" en la que los industriales del café de del Estado de Sao Paulo, se alineaban con los ganaderos y de industria lactaria de Minas Gerais, pues hasta la década del 10 más del 50% de la renta brasileña provenía de las exportaciones del café y dos tercios estaban en los commodities agroindustriales. De allí a que eran estos grupos de cafeteros y ganaderos, en dos estados los que decidían quien sería el presidente de Brasil a tal punto que los primeros cinco, fueron todos de la élite de Sao Paulo.

Otro punto importante es que los empresarios mineros que también estaban en Minas Gerais (hierro) y Rio Grande en el sur (Carbón) eran participantes de segundo grado de los gobiernos del sector agroindustrial y ahora en 1.920 el poder económico de estos estaba creciendo al ser arrastrados por la evolución industrial, mientras que el del sector agrícola estaba siendo mermado.

Por lo tanto, el banquero estaba políticamente en el peor de los lugares posibles, el estallido de la revolución comunista y su influencia en Brasil lo ponía entre los más aborrecidos, llevaba veinticinco años siendo el banquero de los empresarios café con leche y además se gestaba una revolución para sacarlos del poder, por lo que a Bouilloux-Lafont no le quedaba más remedio que apostar por sus clientes o morir con las botas puestas.

Por eso le dijo a Latécoère que podía solucionar muchos asuntos, pues el presidente Washington Luis era también su amigo personal y quien autorizó buena parte de los negocios, así como el de Aeropostal. Sin embargo, al mismo tiempo el banquero estaba cometiendo el último, de una cadena de errores forzados[96] que le costaría nada menos que su imperio.

Uno de sus grandes adversarios, además de los comunistas era un joven ministro de hacienda llamado Getulio Vargas, quien deploraba algunas jugadas del banquero para haberse quedado con varios puertos y, además, ser el acreedor principal de una pesada deuda anclada al oro que hacía imposible destrabar unas concesiones que lucían perpetuas. La realidad parecía indicar que, además, pertenecía al grupo de políticos y empresarios que odiaba al banquero y contaba también el apoyo de los socialistas que lo odiaban aún más. Razón por la que durante años la enemistad se convirtió en una verdadera obsesión para Bouilloux-Lafont y el destino simplemente dejó de sonreírle cuando de pronto, su némesis se presentó a unas elecciones para ser presidente de Brasil.

Para el banquero, no habría un mañana. Cuando su amigo Washington Luis, a nombre de los grandes empresarios, anunció la candidatura de del industrial millonario Júlio Prestes hizo todo lo posible para impedir que ganara Vargas y cuando lo logró, no sabía que Getulio Vargas, estaba envuelto en una conspiración con militares, los comunistas y sectores industriales ahora poderosos, que querían la cabeza del banquero, junto con la de quienes habían encabezado la modalidad del "Café com leite" en un país tan

---

[96] El error forzado es simplemente una decisión mala que no puede dejar de tomarse y conduce a un error.

polarizado por la actividad comunista, que incluso se asesinaban en el propio congreso los seguidores de uno y otro bando.

Por eso le dijo a Latécoère que podía solucionar muchos asuntos, pues el presidente Washington Luis era también su amigo personal y quien autorizó buena parte de los negocios así como el de Aeropostal, mientras Getulio Vargas, estaba envuelto en una conspiración con militares que querían la cabeza del banquero, junto con la de quienes habían encabezado la modalidad del "Café com leite" en un país tan polarizado por la actividad comunista, que incluso se asesinaban en el propio congreso los seguidores de uno y otro bando.

De allí al secreto del banquero. Luego de pasar cuarenta años en el comercio del café y los commodities agropecuarios en declive y de los anticuados ferrocarriles como estrategia de inversión. Aeropostale representaba la vuelta al ruedo en ese nuevo mundo de inversiones. De allí a que se hiciera con las acciones de Aeropostale y se entregara en cuerpo y alma a una compañía que no era otra cosa que su tabla de salvación.

Solo que Latécoère había llegado demasiado tarde.

A Marcel Bouilloux le había picado un famoso gusanito llamado aviación y se entusiasmó de tal manera que abandonó todos los demás proyectos mientras todo su imperio colapsaba. Se hizo piloto (foto der.) y viajó en todas las rutas, sin importar que la crisis del 29 había arrasado a su vez con el modelo político imperante.

Para Bouilloux-Lafont no había mañana. Sus aviones surcaban los cielos mientras sus antiguos clientes quemaban 78 millones de sacos de café que ya no tenían destino porque nadie los compraba. Pero a su vez, el precio del café había descendido al 10%

de su valor en apenas un año y todas las compañías creadas, simplemente quebraron. Al hacerlo, los trenes que ya de por si tenían unas finanzas comprometidas y debían ser subvencionados, no tenían que transportar y casi todas las acciones de aquellas compañías terminaron valiendo el peso del papel.

Aeropostale, era lo único que podía salvar al banquero y de allí a que el embajador francés en Brasil escribiera al Ministerio de Exteriores que sencillamente había abandonado sus compañías por Aeropostale: "...el señor Lafont fue desordenado en la conducción de sus asuntos, dedicó días y noches a estudiar nuevos casos, pero descuidó al mismo tiempo los que existían hasta el punto de dejar a los agentes que los dirigían sin instrucción durante meses y sin contestar las cartas de sus directores, haciéndoles las preguntas más graves"[97].

Para un grupo de altos gerentes y André, su hijo, acostumbrados a no tomar decisiones de ningún tipo sin consultar a su todopoderoso jefe, simplemente significó cruzarse de brazos a la espera de alguna señal, literalmente desde el aire, pero no eran órdenes sino más bien señales de que el nuevo negocio podía ser viable, porque la realidad es que el margen de maniobras era demasiado pequeño. De un día a otro el valor de los bonos Serie A, había desaparecido junto con las compañías que los sustentaban, así como los bancos en los que estaban los depósitos.

De acuerdo al mismo embajador: "El Sr. Bouilloux-Lafont era, por su parte, un hombre de negocios muy autoritario y desorganizado, que exigía la obediencia pasiva de su personal superior". Y su equipo gerencial no conocía: "las cifras ni los gastos de su empresa. Ni siquiera estaba al tanto de una posible liquidación de esta empresa. El director de Crédit Foncier du Brasil, en Río de Janeiro, desconocía la cantidad de bonos emitidos por el banco, ni los pasivos generales de la empresa, ni las operaciones realizadas por la casa matriz y los compromisos asumidos por esta. En los negocios del puerto de Bahía, su director recibía órdenes relativas a su empresa directamente de París y firmaba giros sin comprender exactamente

---

[97] Ambassadeur français au Brésil, Lettre au ministre des Affaires étrangères, M.A.E., Paris, archives, B Amérique, banques, vol. 146, 18.03.1931.

las responsabilidades que lo comprometían directamente con esas operaciones"[98].

La mañana en la que Marcel Bouilloux-Lafont se enteró de que era su último vuelo, fue cuando al aterrizar un día lo estaban esperando los militares, que requisaron su nuevo amor y última esperanza mientras su hijo era enjuiciado en París por lo que se conoció como el "escándalo Aeropostale". Un escándalo que pudo evitarse si la política no hubiera interferido con los negocios, pero Getulio Vargas no le daría ni la mínima oportunidad. En venganza por su intromisión política, requisaría los ferrocarriles, los puertos y todos los negocios bancarios sin retribución de algún tipo.

Mientras eso ocurría en Brasil, en Francia, el partido que encabezaba Maurice y muchos otros había entrado en declive por la radicalización de la política entre comunistas y conservadores, declarándose independientes posteriormente y los primeros se cebaron con el industrial acusándolo de lo que hizo y no hizo, expropiándole a su vez, todos sus bienes y traspasándolos a la recién creada AirFrance, incluidos los barcos y activos. Maurice fue sacado por la puerta trasera y nombrado ministro de Gobierno de Mónaco, mientras su hijo André terminó entre las rejas.

Siendo justos con el banquero, aunque no guste, sus bienes y haberes en activos fijos aún representaba lo suficiente para cancelar sus deudas y los activos de Aeropostale podían avaluarse en unos 150 millones de francos sin incluir los acuerdos comerciales derivados o el tripartito entre Imperial, Pan American y Aeropostale para explotación del Atlántico[99], mientras que las acusaciones contra él, apenas llegaban a los 164 millones, que estaba en condiciones de pagar.

Pero nadie estaba interesado en que lo hiciera porque, sobre todo y aunque no se diga, el gobierno francés necesitaba sacarse del medio a Aeropostale que iba en camino a convertirse en un gigante

---

[98] Ibidem. Banques et établissements financiers, vol. 146, 27.03.1931.

[99] Es claro que el acuerdo del Atlántico Norte firmado entre Trippe (PanAm) Humphrey (Imperial) y André en representación de su padre, era uno de los mayores logros y además era sumamente productivo para las tres aerolíneas que competirían casi como un cartel. Está claro que PanAm se quedó con la mejor tajada y cada aerolínea europea con un cuarto del negocio, pero ese cuarto representaba una cifra fabulosa además de ser el antecesor de los convenios que durarían más de sesenta años en instaurarse, además de ser un seguro para evitar la competencia de otras aerolíneas.

De allí a que, por razones distintas, celebraron los comunistas, los socialistas y los golpistas cuando desmembraron el imperio de Bouilloux-Lafont de forma completamente gratuita y tomado por los distintos estados sin compensación alguna.

Para los comunistas en ambos países fue el mismísimo demonio, para parte de los políticos emergentes brasileños el enemigo, para la junta militar un estorbo y para sus antiguos socios y clientes, el banquero que los arruinó. Fue todo esto y a su vez, nada de esto, sino el hombre y sus circunstancias. A Brasil la arruinó la modernidad, el gigantesco movimiento comunista era imposible de obviar y la crisis financiera global hizo lo propio en un programa de inversiones imposible de cambiar porque el mismo modelo lo impedía.

Latécoère llegó quebrado y gracias a eso Bouilloux-Lafont pudo tomar el mando convirtiéndose en el hombre que permitió la creación de una aerolínea venezolana. Sin él, no habría existido la aviación comercial venezolana tal como la conocimos, pues las fuerzas existentes no lo habrían permitido y Pan American habría sido la gran beneficiada. ¿hubiera sido mejor y permitido crear una compañía como Avianca? Quizás. Pero sería especular.

Bouilloux-Lafont a diferencia de Latécoère no pasará a la historia como héroe, porque para él Aeropostale era su tabla de salvación. Pero sin duda, sin el hombre y sus circunstancias, la historia habría sido otra.

Maurice murió en 1937 después de enfermar en Mónaco, mientras Marcel, como relata su nieta Guillemette de Bure: "murió en 1944, totalmente arruinado y olvidado por todos, en un pequeño hotel de Río"[100].

---

[100] Declaraciones de la nieta en el Diario Le Parisien / Mercredi 23 octobre 2013: Le créateur de l'Aéropostale a dirigé Etampes

Tercera Lección: ¿Qué quebró a Viasa?

Si ya sabemos que, en las aerolíneas privadas, la culpa siempre es del viejo, la bibliografía que toca la quiebra de Viasa está llena de responsables y culpables. Iberia, los sindicatos, los políticos de ambas naciones, sus presidentes, los funcionarios que a su antojo imponían las tarifas, junto a los tecnócratas y financieros venezolanos se reparten culpas y se recriminan por lo ocurrido. Porque siempre es bueno en Venezuela puntualizar que alguien, en especial, tiene la culpa de lo que aconteció.

Bastaría recordar que los venezolanos convertimos a un país entre las treinta mayores economías del planeta en la más pobre en términos per cápita del continente, para saber quiénes somos los responsables del colapso de Viasa y no, no se trata de un pequeño grupo ya que por los partidos que gobernaron votó la abrumadora mayoría de los venezolanos igual que en 2008 y 2012. Los mismos que quebramos los bancos hasta quedar unidades de negocios más pequeñas que una entidad de pequeños ahorristas en cualquier país, quebramos la sanidad, nuestra seguridad social y hasta empresas que se suponían imposibles de quebrar.

Pero el hecho de que siempre pensemos en quién es el responsable, y no en qué quebró a Viasa o qué factores realmente influyeron en su quiebra, ya define lo mal que seguimos estando, pues nos importa poco conocer los errores e identificar los problemas para solucionarlos y crear una aerolínea de la cual sentirnos orgullosos, porque el destino a futuro luce como el dominicano y el de muchas otras naciones en las que líneas extranjeras son los que embarcan a los pasajeros.

Debemos dejar de pensar que una aerolínea es salir a comprar aviones y volarlos, para entonces establecer los estándares de lo que de hecho es, un sistema financiero complejo, altamente sofisticado y sobre todo cambiante y, sobre todo, comenzar a explicar a Venezuela de que va eso de tener una aerolínea verdadera y no una quimera, como lo fue Viasa.

La tecnología y los cambios de mercados en eras hacen que una aero-línea tenga que estar permanentemente al día y con una capacidad extraordinaria para cambiar, porque de lo contrario una compañía creada durante una era, puede quebrar en la siguiente como fue el caso de PanAm o el de Viasa.

Por eso debemos eliminar los mitos que emergen de tanto en tanto en la historia aeronáutica como que la mano privada fue mejor que la pública -al menos hasta 1973- o que se obtuvieron ganancias durante una época y no en la otra. Y eso impidió el éxito posterior de Viasa.

PANAM 1985		
INGRESOS	USD	3.090.324,00
PASAJEROS	USD	2.675.124,00
CARGA Y CORREO	USD	258.668,00
CHARTERS Y ESPECIALES	USD	156.532,00
SISTEMA PANAM Y HOTELES	USD	384.223,00
	USD	3.474.547,00
GASTOS		
OPERATIVOS	USD	3.656.060,00
PERDIDA OPERATIVA	-USD	181.503,00
OTROS GASTOS E INTERESES	-USD	141.474,00
PERDIDAS CAMBIARIAS	-USD	11.062,00
	-USD	334.039,00
OTROS INGRESOS		
VENTA DIVISIÓN PACÍFICO	USD	340.969,00
GANANCIA O PÉRDIDA	USD	6.930,00

VIASA 1967		
INGRESOS TOTALES	Bs.S	149.417.671,71
INGRESOS OPERATIVOS	Bs.S	118.307.125,32
PASAJEROS	Bs.S	93.582.946,47
ESTADOS UNIDOS	Bs.S	69.708.350,00
EUROPA	Bs.S	19.177.414,00
RESTO DEL MUNDO	Bs.S	4.697.182,47
EXCESO DE EQUIPAJE	Bs.S	3.315.910,35
CORREO	Bs.S	4.166.887,28
CARGA	Bs.S	16.236.501,22
CHARTERS	Bs.S	1.004.880,00
OTROS INGRESOS	Bs.S	31.110.546,39
SUBVENCIONES	Bs.S	11.558.636,00
SERVICIOS	Bs.S	1.671.730,06
ALQUILER DE AVIÓN	Bs.S	17.880.180,33
GANANCIA O PÉRDIDA	Bs.S	14.332.450,20

Por supuesto que Viasa dio utilidades en ambas etapas, de hecho, su récord de utilidades fue en 1978 con cerca de 17 millones de dólares y la gran paradoja es que, sobre el papel, siempre dio "utilidad neta" hasta 1990.

Pero la realidad es mucho más difícil de discernir, pues podemos encontrar ejemplos (izquierda) en dos momentos icónicos de las finanzas de las aerolíneas PanAm y Viasa que demuestran que no todo es tan fácil de presumir. La primera comenzó a dar pérdidas continuas desde 1968 y algunos analistas sostienen que logró finalmente ganancias en 1984-85, tras veinte años de destrucción financiera. Pero al analizar con profundidad los balances y estados financieros podemos ver que esas ganancias fueron obtenidas por ventas de divisiones enteras, rutas, aviones y créditos fiscales, por lo que no hay ganancias reales.

Lo mismo ocurre en el caso de Viasa. Podemos evaluarla con gran algarabía por las ganancias del año 1967, o tomar en cuenta los créditos fiscales, subvenciones indirectas[101], servicios a terceros o incluso el alquiler de sus aviones a otras aerolíneas, así como no incluir en sus costos, aspectos vitales financieros.

De esta manera si observamos los balances contra la felicitación del presidente de Venezuela explicando que: "hasta 1963 rindió dividendos por 450 mil dólares" podemos encontrar también que en realidad la mayor parte de esos ingresos al fisco, fue por impuesto sobre la renta y cuando todos los presidentes se felicitaron hasta 1990 por sus "utilidades netas" en Viasa, hasta que la contraloría general de la república encontró que de no ser por los incentivos de exportación, Viasa en realidad era un desguazadero financiero.

Por lo tanto, es injusto exponer las fallas de una compañía contra otra en la década del 60, cuyos modelos de negocio estaban completamente en las antípodas el uno del otro. Aeropostal respondía a los intereses del Estado y sus pérdidas en billetes subvencionados y gratuitos simplemente era tremenda, por no hablar de las constantes descapitalizaciones. Pero tampoco se puede hablar de las pérdidas en la era del SuperConstellation de la división internacional de LAV, contra las ganancias en la era del jet-set de Viasa, porque si esta última hubiese iniciado cinco años atrás, las habría tenido igual.

No puede compararse una compañía nueva, sin pasivos, que otra que arrastra una pesada carga que sostener. Sin embargo, sí existen errores obligados, que se pueden estudiar a través de las decisiones de legar el pesado contrato de los Convair y sus inmensas pérdidas posteriores de capital a la empresa entre 1961 y 1965 por

---

[101] Viasa fue concebida para no tener subvenciones directas en el presupuesto del estado desde 1961, pero tuvo muchas indirectas y más en la década de los setenta.

replanificación de flota. Y explicamos que fueron errores obligados porque nuevamente hay que ponerse en los zapatos de un grupo Boulton que se había comprometido en adquirirlos y ahora el nuevo gobierno revolucionario le explicaba que no viajarían al exterior.

Entonces, volviendo a las razones de los problemas de Viasa, debemos analizar primero el origen de su quiebra y la razón principal no fue otra que su mala planificación original, no solo como empresa punto a punto internacional a imagen de PanAm, sin posibilidad de convertirse en un sistema financiero integrado, sino porque desde el principio estuvo negada toda posibilidad de capitalizarla y solo las aerolíneas de capitalización intensiva, fueron las que lograron sobrevivir hasta hoy. Por sí sola, esta razón, hubiera quebrado a Viasa en 1991.

La segunda razón, era su pobreza, a raíz de la miseria de la nación y esto permitió la compra de aeronaves iniciales que encajaron perfectamente en la nueva era del jet, pero que fueron quedándose atrás en eficiencia financiera a la hora de la llegada del cuerpo ancho y aniquilaron a Viasa en la siguiente era tecnológica. Por eso, Viasa pudo ganar dinero en los primeros años y se fue estrechando al entrar la nueva Era que la aniquilaría.

Si estos tres factores, mala planificación original, pobreza y la imposibilidad de adaptarse al cambio de eras, fueron importantes. Los dos siguientes problemas se pueden estudiar a través de tres discursos presidenciales en sus memorias en el Congreso y vamos a contrastarlas con la última memoria privada de Viasa. A partir del año 1975 en el que ya está en efervescencia la burbuja de los precios del petróleo:

"La Venezolana Internacional de Aviación transportó 470.000 pasajeros en sus operaciones"[102].

---

[102] Segundo mensaje del presidente de la República, Carlos Andrés Pérez al Congreso Nacional. Secretaría General de la Presidencia de la República, 1976 Pág. 270

"La Venezolana Internacional de Aviación (VIASA) transportó en 1981 la cantidad de 905.897 pasajeros y tuvo ingresos en el orden de los Bs. 1.479 millones"[103]

"En 1990, VIASA transportó 665.320 pasajeros, lo que significó ingresos por un monto de 9.730 millones de bolívares"[104]

Y finalmente en la memoria de Iberia (1996) se puede ver como Viasa transportó a 937.084 pasajeros y obtuvo ingresos por 229,37 millones de dólares[105].

Los funcionarios de la época, en sus memorias, se felicitaban por el espejismo de que casi duplicaron los pasajeros transportados en seis años de 1975 a 1979, pero esa felicitación sería la misma que hacerlo en la etapa de Cadivi, porque se debe tomar en cuenta que la mitad de los pasajeros fueron ficticios producto de la bonanza petrolera, los pasajes subvencionados y el control de cambios, para luego ajustarse a una realidad de poco más de seiscientos sesenta mil pasajeros y volver a tener novecientos mil una década más tarde.

Los siguientes factores importantes en la quiebra de Viasa fueron, el estancamiento económico y de pasajeros producto de la quiebra económica, la llegada de la siguiente era de los supergigantes, que hizo que el pasaje bajara un 27,35% en relación a 1975 y al combinarse ambas, a Viasa se la estaba devorando la inflación, pues tenía que sostener una aerolínea que había crecido en rutas, personal y 85% más de costos, con un 40% menos de ingresos ajustados la inflación.

Para ejemplificarlo los 236 millones de 1979 representan en realidad, más de quinientos millones de dólares de 1996. Por lo tanto, lo que en realidad tenemos, es que Viasa no solo se estancó en pasajeros, sino que financieramente durante veinte años, terminó

---

[103] Segundo mensaje del presidente de la República, Luis Herrera Campins al Congreso Nacional. Secretaría General de la Presidencia de la República, 1982 Pág. 302
[104] Carlos Andrés Pérez. Segundo mensaje al Congreso de la República. Pág. 132
[105] Memoria de Iberia 1996. Págs. 68 y 70

ingresando en términos de paridad, menos de la mitad del dinero de 1979.

Como gerente de una compañía en la que necesita más dólares que otra cosa, imagínese entonces que recibe los mismos ingresos año tras año, pero en 1980 la inflación en Estados Unidos fue casi del 14% y eso se lo cobraban en el mantenimiento de los aviones y todo lo que necesitaba, al año siguiente la inflación fue del diez por ciento en dólares y así hasta 1996, momento en el que le ingresaba el mismo monto, pero cada dólar que le ingresaba valía en realidad 0,48 centavos a la hora de pagar los servicios del aeropuerto, hoteles comidas, las estaciones, los repuestos, consumibles y el mantenimiento, y por eso ahora tenía que gastar 2,2 dólares porque le había subido absolutamente todo a más del doble.

El tercer gran problema de Viasa, fue el mismo de las siguientes generaciones, el Mal Holandés. La burbuja sobredimensionó rutas, frecuencias y toques, adaptándose la flota a la burbuja y no al mercado real. La burbuja ficticia de los precios de petróleo junto al control de cambio había aumentado el flujo de viajeros gratis que habían colmado los centros comerciales de Miami, para comprar con dólares subvencionados desde ropa hasta aparatos de televisión.

Un famoso político mexicano acuñaría la frase que era muy conocida en el vulgo de las tiendas de Estados Unidos: "los dependientes de algunas de ellas conocían a los nuevos ricos como los "indios tabaratos" y los días de fiesta nacionales se preparaban a recibir la invasión de los "tabaratos" que casi vaciaban anaqueles y aparadores", mientras los venezolanos se reían con programas de televisión y bandas musicales famosas se despedían de la fantasía ocurrida al terminar el control de cambios. Después del sueño llegaría la pesadilla y los mismos que ya no podían viajar saltaron a las calles a llevarse televisores y aparatos electrodomésticos rompiendo las vidrieras de los centros comerciales, mientras los menos favorecidos lo hacían en carnicerías y panaderías.

La realidad es que al acabar del control de cambios llamado Recadi, que regalaba 4.500 dólares a los viajeros con cientos de miles de pasajeros ficticios, las líneas aéreas que habían aumentado sus asientos para acomodar la falsa demanda, ahora viajaban prácticamente vacíos. Mientras eso ocurría en el vecino país, Avianca arrastraba problemas de imagen serios desde 1983 luego del accidente del famoso 747 que cubría la ruta de Madrid, en el 88 ocurrió otra tragedia en Cúcuta y al año siguiente, el atentado con bombas por parte de Pablo Escobar, mientras la aviación colombiana sufría por los aviones quemados por los guerrilleros. El año 1990 lo recibiría con el accidente del 707 en Long Island y aún así, recibiría de manos de la Boeing dos 767 nuevos en el mismo año que su competidora Zuliana de Aviación se lanzaba a mitad de precio con destartalados aviones sacados del desierto y los empresarios venezolanos vieron maravillados que podían iniciar una nueva era en la aviación.

A ese fenómeno de pésima planificación global, estuvo además muy influenciada por el cuarto elemento, la política de poder suave de la Gran Venezuela del presidente Carlos Andrés Pérez que viajaba gratis en los aviones DC-10 y lugar que visitaba, era lugar donde ordenaba la apertura de la ruta, fuera o no viable.

Entonces, esos siguientes aspectos fueron importantísimos a la hora de hablar de la quiebra de Viasa, como lo fueron también la llegada de los sistemas integrados ultraeficientes

COSTO DEL SISTEMA POR ASIENTO				
ERAS TECNOLÓGICAS	AÑOS APROXIMADOS*	COSTO POR ASIENTO AJUSTADO A DIC. 2019		LOAD FACTOR
ERA PIONERA	1931-1940	USD	4.552,00	
ERA DEL GLAMOUR	1941-1950	USD	3.005,00	59,80
ERA DE LA TURBO CONSTELACIÓN	1951-1960	USD	2.043,00	65,20
ERA DEL JET-SET	1961-1970	USD	1.723,00	62,23
ERA DEL CUERPO ANCHO	1970-1980	USD	1.423,00	59,70
ERA DE LOS SUPERGIGANTES	1980-1990	USD	897,00	63,90
ERA DE LOS SISTEMAS DE EFICIENCIA	1990-2000	USD	671,00	70,76
ERA DE LA INTEGRACIÓN	2000-2010	USD	596,00	81,91
ERA DE LA ULTRAEFICIENCIA	2010-2019	USD	587,00	85,54
ERA DE LOS METAGIGANTES	2020-			
POSIBLE ERA DEL VUELO SUPERSÓNICO BARATO	2030			
*Los años son referenciales, algunas eras comienzan o terminan dentro de otras eras.				

y la versatilidad de flota a finales de los ochentas y que transformarían la industria en materia operativa y financiera radicalmente.

Por esta razón es importante entender el fenómeno de las eras que hemos explicado en otras publicaciones[106], pues cada una supone no solo un cambio tecnológico, sino el impacto de ese cambio en las finanzas y el mercado de las aerolíneas a tal punto (cuadro izquierdo) que puede suponer el fin de una aerolínea por sí solo, si esta no puede adaptarse permanentemente a dichos saltos.

Por ejemplo, la Era de la Turbo Constelación, estuvo caracterizada por un salto cuántico con la llegada del SuperConstellation, el Bristol Britania y el DC-7 entre 1950 y 1958, fecha en las que cerraron las líneas de producción. Pero para aquellas que aún volaban en los estrechos y lentos C-54 y DC-3 representó no solo un problema de competencia, sino financiero porque abarataron los costos en un 30% y para las aerolíneas más pobres, como era el caso de las latinoamericanas, justo cuando lograron adaptarse a la nueva Era, les llegó la otra del Jet.

Esto es importante de explicar, porque antes de la era del Jet-Set, es decir hasta mediados de los cincuenta, es cierto que existían pasajes más baratos, pero no fue hasta que una aerolínea llamada Capital estableció el *servicio coach*[107] para vuelos domésticos a finales de los cuarentas[108] y PanAm en los internacionales[109], cuando las aerolíneas separaron las tarifas en aviones diseñados para el servicio y después dividieron las cabinas a partir de 1952 cuando emergieron

---

[106] The Kelleher Way, Airlines Standards & the rise of ultra-high-efficiency airlines. Luis Rivases, Ricardo Toro. Ed. Forrest 2021
[107] El origen más aceptado es el francés a partir de carroza o coche. Se trataba de los servicios diarios de transporte público a partir del siglo XVI y que posteriormente pasó al ferrocarril. "El servicio de coche o de carroza" era pues para el ciudadano común que se transportaba de un punto a otro a diferencia de los carruajes privados de las élites.
[108] Se tiene como fecha del servicio Coach el 4 de noviembre de 1948, con una tarifa reducida de $44,10 a $29,60 sin servicio de comida y un solo asistente de cabina. "Antes de la inauguración del servicio de coach de Capital, ninguna de las aerolíneas certificadas proveía un servicio comparable (..) Capital es la pionera en este campo experimental" reza el informe de la Junta Aeronáutica Volumen 11, diciembre de 1949, pág. 315
[109] Las rutas pioneras furon Nueva York-Chicago y NYC-Pittsburg de Capital, la primera transcontinental de TWA al año siguiente, mientras que la primera internacional de PanAm fue Nueva York-San Juan, que al año siguiente se extendió a Trinidad, Río de Janeiro y Buenos Aires

las clases turista y económica con la aceptación de IATA para los viajes trasatlánticos.

Es interesante porque para esa fecha, prácticamente más del noventa por ciento de los ingresos provenían de los pasajeros de primera y única clase, mientras que el resto solo proveía el 8%. Pero dos años más tarde, en 1954 la "clase turista" de PanAm reportaba ya el 51% de los ingresos, lo que representó una verdadera revolución, tres años más tarde triplicaba los ingresos de los antiguos viajeros y para 1958 apareció la "clase económica"[110]

En una década se habían duplicado los ingresos de las compañías de manera tal que las clases turista y económica aportaban cuatro veces más ingresos que la clase de siempre y así llegó la década del jet. De 1961 a 1971 Pan American pasó de embarcar 3,8 millones de pasajeros a 11,3 millones y de cerca de quinientos millones de dólares en equipos aeronáuticos a triplicar ese capital. Mientras que el patrimonio pasó de ciento cuarenta[111] a cerca de cuatrocientos millones de dólares[112]. Adicionalmente, de ese año hasta 1968 habían ganado cerca de cinco mil millones de dólares de hoy con un promedio de seiscientos millones de dólares al año que fueron al bolsillo de sus accionistas[113], teniendo los siguientes tres años de pérdidas.

Las grandes aerolíneas habían pasado de un promedio de 30 pasajeros por vuelo a principios de los cincuentas, a 49 a finales de la década, diez años más tarde un promedio de 62 y llegaron a los noventa y nueve embarcados por vuelo en 1971[114].

---

[110] Pan American World Airways. Annual report for 1958. Pag. 6
[111] 483.800.000 en equipos de vuelo y 140.700.000 en patrimonio. Pan American World Airways Records. Annual report for 1961. Pag. 4
[112] 1.522.600.000 y 444.000.000 respectivamente. Pan American World Airways Records. Annual report for 1971. Pag. 3
[113] De los estados financieros ajustados a inflación en 2021: USD 26.200.000,00, USD 45.000.000,00, USD 79.000.000,00, USD 37.300.000,00, USD 47.000.000,00, USD 132.000.000,00, USD 115.000.000,00, USD 49.200.000,00
[114] Pan Am reportes de 1951, 1957, 1961, 1971. Five Years comparative Statistics.

A SAS le había ido mucho mejor porque tuvo diez años de ganancias progresivas, triplicando su patrimonio y cuadruplicando la inversión en equipos de vuelo[115]. A Iberia le fue extraordinariamente en la década, quintuplicando el número de pasajeros transportados y "a pesar de la competencia organizada mediante el pool con KLM y Viasa y con Avianca que disfrutaba cupos en la cuarta y quinta libertad en San Juan de Puerto Rico y Caracas" pasó a "contar con el 62 por 100" aumentándolo desde el 53% en la participación de un mercado de altísimo rendimiento.

Para las que se sumaron rápida e inteligentemente a la era del jet-set, era como haber encontrado petróleo y quienes se prepararon para la llegada del Jumbo sería, al menos hasta 1981 la edad de oro. De allí a que Viasa obtuviera muy buenos resultados en la primera década, pero su planificación original impidió que pudiera adaptarse a las eras siguientes.

En nuestro vecino país explicaban que lo que estaba por ocurrió era: "de suma importancia y gravedad (..) para analizar fríamente el problema partimos, no tanto de conjeturas, sino de hechos irrefutables. Las principales compañías que operan internacionalmente han colocado pedidos de aviones a propulsión a chorro (..) queda la incógnita en cuanto a la fecha que han de iniciar sus operaciones (..) pero se presenta un dilema ineludible. O Avianca renueva dentro de un tiempo prudencial su equipo internacional o desaparece"[116].

Por lo tanto, lo importante aquí fue el impacto en los ingresos en los costos de operación y del sistema financiero que estaba cambiando. Para 1990 el sistema financiero había pasado del glamour del todo primera clase, al jet set que trajo la famosa tarifa Y, al superjumbo que multiplicó las clases y ahora se encontraba en una etapa de alta eficacia. Ahora Viasa competía con un DC-10 o un

---

[115] La inversión aeronáutica pasó de 437,9 millones de coronas, a 1.489 millones
[116] Reporte Anual de Avianca 1957. Pag. 7

Airbus, contra un sistema altamente sofisticado y adaptativo de planificación financiera de flota.

Entonces si usted se encontraba en 1990 en la rampa veía a los estadounidenses llegar con un nuevo Boeing 757, pero el sistema de alta eficiencia hacía que el avión partiera de Raleigh con el 72% de ocupación a Miami, de allí partía a Caracas, regresaba con el 77% de ocupación y volaba de Miami a Chicago con el 66% de ocupación. Ese avión Boeing 757 había sido planificado bajo demanda y se cruzaba con un A-300 cuando esta aumentaba, que llegaba a Miami desde Houston y repetía el mismo ciclo financiero del más pequeño.

Todo un sistema que promediaba anualmente el 68,7% de ocupación, nueve horas de vuelo, cuatro o cinco despegues y que permitía transportar al año a 220.000 pasajeros por avión, con un costo operativo menor, mientras Viasa lograba la mitad con un costo de operación mayor. Por lo tanto, no se trataba de cuántos pilotos había por avión en Viasa, como era el ataque mordaz de los detractores de la aerolínea, o de que los sindicatos estaban colapsando a Viasa cuando habían aceptado lo impensable, sino cuantos centavos por asiento, por kilómetro recorrido podía ingresar a caja Viasa, en los tiempos de la alta eficiencia y lamentablemente ingresaba la mitad que la competencia.

Como lo demuestra la última memoria de Viasa, el promedio de la red internacional en 1996 era de 12,97 centavos de dólar por kilómetro para que una línea aérea pudiera competir, mientras Viasa apenas podía ingresar 6,4 centavos[117].

Viasa quebró por la misma razón y en el mismo momento que PanAm, porque fueron planificadas en otras épocas y para otras épocas. De hecho, Viasa fue creada a imagen y semejanza de la primera y a ambas le fue imposible adaptarse a los nuevos tiempos. Muy posiblemente en el futuro comprendamos, que el problema radicó en la visión política que la creó, que nadie le dio importancia

---

[117] Memoria de Iberia. 1996 pág. 70

al sistema aeronáutico de Venezuela y a nadie le importó planificarlo en función al mercado. Le tenemos mucho cariño a Viasa, pero quizás no debió existir tal y como fue concebida.

Viasa fue sin lugar a duda una increíble escuela operativa, de mantenimiento, de servicios, una escuela maravillosa para sus pilotos, oficiales y tripulaciones o para las operaciones de rampa, pero hablar de escuela aeronáutica y gerencia administrativa y financiera real antes o después de 1975 sería sin lugar a duda, un despropósito.

Porque una de las cosas que quebró a Viasa, fue el divorcio general entre la planificación financiera, administrativa y las operaciones o el servicio en los aviones y aeropuertos. Así que solo tendremos un sistema aeronáutico cuando la misma devoción sindical y gremial, empuje también su construcción. Cuando los venezolanos exijamos a las aerolíneas, transparencia en su ejecución, memorias integrales, reportes anuales de performance, gobierno corporativo y cumplimiento de estándares internacionales y los gobiernos entiendan que no puede existir controles en empresas que necesitan alta flexibilidad para competir.

Esa es la única manera de salir de los desiertos y dejar de comprar chatarras para que volemos.

Si tenemos esos siete elementos principales, como bases para determinar la quiebra de Viasa y su descapitalización permanente, otra más es quizás más importante que todas las anteriores. Como hemos dicho, el hecho de que no exista una política aeronáutica desde siempre, es una política en sí misma, porque el caos tiene un propósito. Si las subvenciones masivas desde finales de los años 30 ya ponían a las aerolíneas en otro terreno, la vía de control de las aerolíneas, a partir de 1959 que pretendía arrodillar a los empresarios privados fue suicida, porque arrasaría tanto con el privado, como con la empresa pública y más cuando el modelo cuasi soviético aeronáutico se estableció radicalmente en 1975.

Subvenciones, precios congelados durante años, intervención directa o indirecta y que el gobierno de turno tuviera el control del mercado aeronáutico a discreción, bajo los parámetros de una política paternalista, hacía imposible el desarrollo de cualquier aerolínea moderna y entonces los empresarios, tan temprano como 1979 comenzaron a involucionar sus empresas hasta llegar, literalmente, a buscar chatarra en los desiertos.

Por eso es heroico ser empresario en Latinoamérica y especialmente en Venezuela, pues la famosa frase del presidente Luis Herrera Campins de ser un país de "empresas lánguidas y empresarios prósperos"[118] o de ricos con empresas quebradas como pasó a la historia, tiene dos versiones como todo buen cuento. Porque vista la política profundamente anticapitalista, primero en 1945 y después de forma soterrada desde 1959, los empresarios se convirtieron simplemente en supervivientes en una mina y esto conviene explicarlo.

Warren Buffet, uno de los hombres más ricos del planeta, vivió en una casa alquilada por 175 dólares mensuales que luego compró por 31.500 dólares, siendo vendida para comprar la casa en la que vive hoy en día modestamente en un suburbio de Nebraska y conduce el mismo auto desde 2014 siendo su fortuna, el doble del PIB de Venezuela. Mark Zuckerberg de Facebook tiene un desarrollo inmobiliario en Palo Alto y distintas propiedades, pero vive en una propiedad mucho más barata que cualquier empresario importante venezolano que viviera en el Country Club, además de conducir el mismo, un modelo de auto económico. Alice Walton vive en el rancho que compró hace décadas y conduce una pickup Ford desde hace catorce años.

Si bien Amancio Ortega del imperio Zara (Inditex) tiene una compañía inmobiliaria de inversiones billonarias, vive en su

---

[118] Acusa Luis Herrera, Lusinchi fracasó. Luis Herrera Campíns, Alfredo Peña. Editorial Ateneo de Caracas, 1987

apartamento frente a la playa en la Coruña y toma café en los bares adyacentes donde la gente lo puede saludar. Solo al retirarse parcialmente, se dio el lujo de comprarse lo que se denominó un "capricho" que fue su primer yate, a la edad de 67 años y cuando ya aparecía en la revista Forbes como uno de los hombres más ricos del planeta y he aquí lo importante, su primer yate costó seis millones de dólares y se puede ver incluso en cualquiera de los muelles de Venezuela, por ricos que no tienen ni por asomo, el uno por ciento de su fortuna.

Esto es importante porque refleja esa contradicción en las palabras de Luis Herrera Campins, rico es el tenista Rafael Nadal que, con un patrimonio de unos doscientos millones de dólares, se compró un yate del mismo precio que el primero de Amancio Ortega. Solo que al primero le cuesta un cuatro por ciento de su fortuna comprarlo y operarlo, mientras al segundo le costó 0,06%. Pero éste es billonario no porque tenga en su cuenta corriente e inversiones billones de dólares como Rafael Nadal, sino porque su empresa tiene una capitalización de mercado que lo hace ser billonario.

Por lo tanto, es la empresa la que importa. Los venezolanos eran ricos como lo puede ser el tenista o Leonel Messi, no porque les permitieran ser empresarios, sino porque les permitían bajo estricta supervisión política, explotar mercados controlados. Por eso solo podían ser verdaderos millonarios, quienes no estaban en esos mercados, que eran los bancos y las empresas de licores y cigarrillos. En otras palabras, frente a un ánimo político anticapitalista y con alto componente socialista desde la muerte de Gómez en los años treinta, en Venezuela existían hombres de negocios, pero no empresarios, porque no había manera de que la empresa existiera, en los términos liberales.

No había política aeronáutica porque esa era la política. El control autoritario del mercado sin reglas del juego claro, permitía la discrecionalidad de la autoridad de turno que congelaba una tarifa durante años sin importar la inflación en dólares y eso solo tenía un propósito, el control total sobre el empresario y el mercado. Pero si el gobierno congelaba las tarifas desde 1981 hasta 1987, por ejemplo, cada dólar que ingresaba al empresario, a Viasa o Aeropostal podía pagar 68 centavos de 1981 por lo que cada mantenimiento mayor, cada repuesto y cada servicio en dólares en los aeropuertos internacionales, costaba un 30% más.

Así fue como la planeación política global, fue la octava responsable de la quiebra de Viasa.

Pero había algo más, el cambio de tecnología aeronáutica presupone siempre un gran problema para las aerolíneas de países con mercados pobres, pues el costo de reemplazo es mucho mayor al de la inflación, es decir, un DC-10-30 que podía comprarse en 26 millones de dólares (sin repuestos y partes) su nuevo reemplazo costaba como mínimo 80 y repito, usted tenía el mismo ingreso mientras el grueso de sus gastos se habían duplicado y el corazón financiero, cuando menos triplicado.

Y si la planeación política global, fue una mayor responsable, llegaría también en los setentas, la política caribe y la viveza criolla.

Frente a la realidad de una descapitalización asombrosa, debemos comprender, que como teníamos una aerolínea que aterrizaba también en Fumiccino, con el 68% del ingreso de hace dieciséis años debíamos enfrentar tasas, impuestos y tarifas aeroportuarias y gastos de suministros y servicios que se habían incrementado en 160%, en Barajas 140% y en el Charles de Gaulle casi duplicado. Por lo tanto, si teníamos un Airbus que necesitaba repararse, repuestos, un mantenimiento mayor o una nueva turbina, ahora nos costaría 2,3 veces y no teníamos como afrontar esos montos.

Como aterrizábamos en el Charles de Gaulle o en el JFK, los funcionarios de turno se aplaudían nuevamente la jugada caribe, la viveza criolla de que por ser un país petrolero le podía dar el combustible barato a su línea aérea para competir. Para después tener que gastar más en abogados cuando nos aplicaban los impuestos al combustible en Italia y Francia por intentar competir deslealmente.

Frente a esta realidad exógena, en esa mentalidad de economía endógena, enfrentábamos el mayor problema, el estancamiento. De 1979 a 1996 nuestra economía creció en promedio 1,28% anual[119] mientras que el crecimiento anual de la población fue del 2,4%[120] en otras palabras ahora cada dólar tenía que repartirse en dos, lo que a cada venezolano le tocaba como porción de su economía en 1979, ahora le tocaban 50 centavos y eso ocurría con los barriles de petróleo, que ahora también tocaban muchos menos a cada venezolano. Por lo tanto, el empobrecimiento del mercado fue general.

Y la décima razón de su quiebra fue la implosión del modelo económico socialista progresivo en 1982, constituido desde al menos 1936 que colapsa y termina en las mismas fechas que todos los modelos socialistas aplicados. Puertas adentro y partir de 1983, los gerentes aeronáuticos comienzan a crecerle los enanos en el circo[121] porque su sistema de reservas comienza a ser golpeado por las pérdidas cambiarias. Si un pasajero pagó su boleto en enero a 4,3 bolívares al cambio por cada dólar, al momento en que la cuenta por cobrar se ejecutó de la agencia de viajes a la aerolínea, había perdido casi la mitad del dinero. Si bien los dos años siguientes más o menos logró un equilibrio, a partir de 1986 su planificación presupuestaria sufriría el embate de la devaluación y de la inflación constantes y sin que se le permitiera ajustar las tarifas por lo que tenían que enfrentar los ajustes y escalas salariales entre el quince y el treinta por ciento todos los años y que, en buena parte, absorbían los empleados en sus

---

[119] https://datos.bancomundial.org/indicator/NY.GDP.MKTP.KD.ZG?locations=VE
[120] https://datos.bancomundial.org/indicator/SP.POP.GROW?locations=VE
[121] Se trata de un dicho español, cuyo origen se cree que surgió en Andalucía que evoca la mala suerte de aquel que compra un circo y le crecen los enanos. La famosa cantante española Lola Flores lo usó en su autobiografía.

salarios y calidad de vida, porque todo se pagaba con devaluación y dinero impreso sin sustento.

Pero además fue progresivo, si en 1994 y 95 la inflación había sido del 60%, en 1996 llegaría al 100%. Con un promedio del 44% de inflación anual y una devaluación catastrófica, los ahorristas perdieron prácticamente todo su dinero en los bancos y el Estado Socialista simplemente colapsó.

La undécima razón de la quiebra, fueron los controles de cambio, pero ya no desde la perspectiva del mal holandés, sino en términos eminentemente contables. Revisar las cuentas de Viasa en los respectivos controles durante diez años es una tarea verdaderamente titánica. Desde 1983 hasta 1996, apenas en cinco años el cambio no estuvo controlado[122] y la consecuencia es que los estados financieros se distorsionaron reportando con un bolívar tan ficticio, como los pasajeros que habían viajado subvencionados. Un problema que sería recurrente durante más de quince años a partir de 2003.

El drama contable era tremendo. La publicidad de Viasa decía: "Vuele a Miami desde 99 dólares" pero el venezolano pagaba a un precio en bolívares devaluados cada mes, mientras la compañía reportaba en el bolívar oficial por lo que una parte se contabilizaba a 4,3 bolívares, otra a 7,5 bolívares y otra a 12 terminando en una distorsión verdaderamente monstruosa porque no reflejaba la realidad.

---

[122] De 1983 a 1989 a través de Recadi y de 1994 a 1996 por la Junta de Administración Cambiaria o JAC-OTAC

La doceava razón de la quiebra de Viasa, fue la gigantesca crisis económica internacional, la crisis de la deuda regional que imposibilitaba seguir subvencionando compañías gravemente deficitarias junto con la crisis aeronáutica producto de la Guerra del Golfo. Viasa no quebró sola  (imagen derecha), Aeroméxico había entrado en bancarrota en 1988 y fue sustituida por Aerovías de México, Aerolíneas Argentinas la acompañaba y en 1992 también estaba quebrada Avianca que enfrentó un enorme proceso de transformación, AeroPerú fue cedida a la compañía de operaciones de Mexicana en 1993 y desaparecería en 1999. Lloyd Aéreo Boliviana quebró y fue vendida a la brasilera VASP, para desaparecer después. Mientras PLUNA, la aerolínea uruguaya sería vendida, para luego desaparecer. VARIG estaba en barrena financiera, fue reestructurada y finalmente desapareció, como también la famosísima Serviços Aéreos Cruzeiro do Sul creada por los alemanes en 1927 como Syndicato Condor, pero lo mismo que ocurrió a Viasa, le ocurriría a VASP que sería privatizada, para luego no sobrevivir a la llegada del nuevo siglo. En esos años firmaron su capítulo 11 casi todas las aerolíneas que desaparecerían más tarde, representando el final de toda una gran historia. Visto en contexto, Viasa cayó con el resto de gigantes históricos regionales y mundiales.

Y quienes no fueron culpables.

Una vez que sabemos qué quebró Viasa, debemos continuar con quienes no quebraron a la línea aérea, es decir sus sindicatos, pilotos y empleados. Una aerolínea, por hablar de las conocidas y bien manejadas como Delta Airlines tiene gastos en promedio de un 25%

de sus ingresos en salarios y beneficios relacionados[123] mientras que el promedio de American Airlines es de 27%[124].

En los estados con más estado de bienestar europeos, entendidos a diferencia de Venezuela, como un socialismo liberal eficiente como Scandinavian (Noriega, Dinamarca y Bélgica), el promedio es del 26%, mientras el promedio de los holandeses en KLM es de 28%[125].

Disculpe amigo lector que no le explique en un cuadro que le pudiera ser más útil, o que lo abrumemos con tantos números, pero ¿No se da cuenta que es la misma cifra que las estadounidenses?

Pues es también el mismo gasto de AirFrance o de Lufthansa[126] y sí, como ya lo sospecha, podemos encontrar también que es un promedio similar al de Iberia y British Airways[127]. No importa si usted gerencia la aerolínea de Qatar[128], se encuentra en las oficinas de Nairobi en Kenya Airways[129] o en Tokio con JAL[130] no podrá escapar de gastar más del 20% en promedio de África -porque son muy venezolanos- y 26% promedio en Estados Unidos y Europa.

Esto se denomina: estándar financiero ¿quiere que le adelante un secreto de las aerolíneas Low Cost que nunca pierden un centavo? No se lo diga a nadie, pero su gente es tan lo primero, que Southwest invierte cerca del 33% de sus ingresos en ellos[131].

Como usted bien lo ha intuido, se trata de un estándar de la industria, como lo es también el gasto en mantenimiento que tiene su

---

[123] https://d18rn0p25nwr6d.cloudfront.net/CIK-0000027904/5fcae838-aa00-4be0-95dd-1824e4f97799.pdf
[124] https://americanairlines.gcs-web.com/static-files/ceb67596-d59a-41e3-ad0c-b5556dd43b4a
[125] https://www.klm.com/travel/nl_nl/images/KLM-Jaarverslag-2019_tcm541-1063986.pdf
[126] https://investor-relations.lufthansagroup.com/en/publications/financial-reports.html#cid12308
[127] https://www.cnmv.es/AUDITA/2019/18371_en.pdf
[128] https://www.qatarairways.com/content/dam/documents/annual-reports/2021/QR-Consolidated-FS-31-March-2021-EN.pdf
[129] https://www.kenya-airways.com/uploadedFiles/Content/About_Us/Investor_Information/KQ%202017%20Annual%20Report_Website%2031Aug.pdf
[130] https://www.jal.com/en/investor/library/finance/pdf/fy2019report_en0331.pdf
[131] https://otp.tools.investis.com/clients/us/southwest/SEC/sec-show.aspx?FilingId=13192522&Cik=0000092380&Type=PDF&hasPdf=1

porcentaje, el de combustible, los gastos administrativos, los de depreciación y amortización, capital y todo lo relativo a la administración de una aerolínea. En otras palabras, no importa si lo tiene que gerenciar en rupias o yenes, dólares o euros, dinares, libras o bolívares, los gastos son más o menos los mismos en todas partes y los componentes en dólares y euros, los mismos en pesos que en bolívares que debe convertir para pagar por el funcionamiento de una aerolínea internacional.

Por lo tanto, usted debe cobrar en el pasaje los centavos por kilómetro necesarios para cada cosa. Cada avión debe salir con determinado factor de carga, debe volar determinadas horas, efectuar determinadas frecuencias y despegues diarios, para que cada tarifa y asiento en sumatoria, le den a usted lo suficiente para pagar el porcentaje estandarizado del ingreso a los empleados, al mantenimiento, la administración, ventas y servicios, pagar sus deudas e incluso, aprovisionar lo necesario para adquirir la nueva tecnología.

Cada asiento por kilómetro, debe tener estipulados las perdidas cambiarias de la estación a la que usted destina el avión, el fondo de cobertura por si acaso aumentan los costos de combustible, provisiones por cambios en la economía local de las estaciones, en fin, un intrincado proceso financiero que le permiten a un director financiero, saber que puede garantizar la operación no solo en el momento, sino a futuro.

Y a partir de allí la estrategia que usted defina para atacar el nicho de mercado. Cada asiento por kilómetro debe contar con los centavos para aportes de capital, deuda de largo plazo, adquisición y expansión de flota, distribución de dividendos, provisiones de corto plazo para compensar los costos de la competencia, en fin, cada centavo cuenta.

Lo que exigían los pilotos y sindicatos de Viasa no estaba fuera de estándar, aportar cinco mil dólares promedio para los capitanes y los porcentajes al primer y segundo oficial, más los sueldos de cabina y tierra, estaban incluso dentro del estándar pues representaba un 25,91% de los supuestos ingresos. Pero en realidad Viasa no tenía esos dólares porque solo tenía bolívares que se devaluaban

Pero Viasa solo podía pagar unos mil dólares en promedio a los capitanes y de allí podemos suponer lo que ocurría aguas abajo. Para 1986 Viasa, producto de las devaluaciones, pagaba a un capitán con 23 años de experiencia el equivalente a 1.200 dólares[132] y había dejado de pagar viáticos durante todo ese año, simplemente porque no los tenía.

El problema de Viasa no eran sus gastos, ni era el exceso de personal, aunque esto pudiera depurarse y mejorarse. Es la visión que tiene el venezolano del déficit, que siempre lo ve como un problema de gastos y no de ingresos. Viasa no tenía los suficientes ingresos para operar una aerolínea, ni para que esta creciera y se transformara. De hecho, no tenía ingresos para estandarizar su modelo y hacerlo competitivo, porque el propio modelo estaba completamente errado desde su concepción. De allí a que los estándares del 99% de las aerolíneas funcionan. Si el ingreso por asiento disponible-kilometro es inferior al costo de tu asiento disponible por kilómetro, la situación es deficitaria y esto quiere decir que no es coyuntural sino sistémica, si pedían un préstamo se lo comería el flujo de caja negativo, si se acometía una inversión, le ocurriría lo mismo

Y esto es algo que se debe comprender a la hora de aportar culpas porque es más importante el qué que el quién. Para poner al lector en perspectiva de como evolucionó la década en materia financiera del transporte aéreo, el índice de productividad del mejor avión de hélice de Viasa era de 57 millones de asientos por kilómetro ofrecidos al año (ASM/Year) mientras que la competencia con un

---

[132] Crisanto Garmendia, Presidente del Sindicato de Pilotos de Vías Internacionales Aéreas (Viasa)

solo 707 podía ofrecer 288 millones[133]. De esta manera, para 1996 Viasa ingresaba por asiento/kilometro la mitad de lo que ingresaba a Iberia.

Pero ahora imaginemos ahora que debíamos comprar de inmediato la nueva tecnología cuando llegó la era del Jumbo que multiplicó esa cifra y de haberlo logrado, como en efecto se intentó, llegaría la era de la alta eficiencia que más tarde pasaría a la historia como Low-cost y ultra low-cost, que para el venezolano usualmente significa tarifa baja, pero que no tiene nada que ver con eso, sino con hacer funcionar el activo a su tope de producción. Esto hizo a su vez que bajaran los precios de los pasajes y se ampliara a millones el acceso a las clases medias que ahora podían pagar los pasajes y posteriormente llegarían las tarifas de sastrería, ajustadas a las necesidades de cada quien.

Pero esa era de la eficiencia financiera, no solo vino acompañado de la versatilidad de flota y las nuevas tecnologías, sino con mecanismos a partir de 1988 que no eran otros que el espíritu oligopólico de PanAmerican Airways, pero sofisticado y con esteroides con las alianzas de AirFrance, Lufthansa, LAE y SAS para crear el gigante programa de reservas global Amadeus con IBM para competir contra el sistema SABRE que había pasado de ser un centro de reservas propio de American Airlines, para saltar a una compañía billonaria de distribución global de reservas.

Y finalmente la otra razón de peso fue que Viasa se vio en el medio de una batalla entre la competencia asimétrica y la competencia desleal, de la que hablaremos en capítulos venideros.

---

[133] Basados en el Súper Constellation de 89 asientos x 335 mph x 2.000 horas de vuelo-año y el 707 de 160 asientos x 600 mph x 3.000 horas-año.

Una última reflexión a manera de respuestas.

Hace poco tiempo un banquero nos preguntó ¿cuándo dejaríamos de buscar "chatarras en los desiertos". La respuesta podría haber sido, lo haremos cuando la banca venezolana nos preste seiscientos millones de dólares a largo plazo para comprar cinco aviones directamente en la Boeing.

No es que nos parezca irrespetuoso el comentario o que se preocupen por la calidad del servicio que dan nuestras aerolíneas, pero se debe ver como un espejo de la realidad nacional. Las aerolíneas son a los efectos, un reflejo de lo que es su mercado, sus bancos y su bolsa de valores. Si nosotros pidiéramos esos seiscientos millones de dólares al banquero simplemente se reiría en nuestra cara, porque posiblemente tendría que pedírselo a toda la Asociación Bancaria y las risas serían aún más escandalosas porque quizás represente más, que todo el dinero que tiene toda la banca.

Nuestras aerolíneas son el reflejo del país como Avianca lo es de Colombia. Ya nos gustaría colocar en nuestras notas de los estados financieros que: "Durante 2018, el Grupo obtuvo préstamos para financiar la compra de un avión A320, dos A321, dos A330 y uno B787". o "Durante 2017, el Grupo obtuvo préstamos para financiar la compra de diez aeronaves A318, un B787, un A320, dos A320neo y refinanciar un A319 y dos A320" como aparece en los estados financieros de Avianca[134]. En fin, en apenas dos años, Avianca le prestaron más de seiscientos millones de dólares para los dos 787, setecientos millones para los A320 y quinientos millones para los A330 para un total cercano a los dos mil millones de dólares, con los refinanciamientos.

Bastaría solo con esa cifra para entender que en Venezuela nunca en su historia ha existido una compañía privada que tuviera

---

[134] Memoria Anual 2018, pág.85

una capacidad de endeudamiento como Avianca que tiene una deuda financiera de largo plazo de 4.983 millones de dólares[135].

Ya nos gustaría a muchos crear fondos de cobertura en bolsa, para garantizar el aumento de sueldo a los pilotos a futuro o apalancarnos para adquirir productos de compra venta de aeronaves. Acuerdos de arrendamiento con venta garantizada a través de productos financieros o incluso porque no, reportar en la bolsa de valores de Brasil o Nueva York.

Por eso hay mucho camino por recorrer y lo obvio, lo más importante, es que debemos comenzar a recorrerlo. Para ello debemos reconocer las limitaciones que tuvimos y empezar a transitar el camino para abandonar los atavismos que muchas veces son mentales.

Debemos reconocer que Paul Vachet fue tan heroico como el hijo de Juan Vicente Gómez, Guillermo Pacanins o Gustavo Machado. También que los venezolanos le debemos mucho a quienes intentaron crear algo, desde la nada, sin bancos, sin industria sin escuela administrativa y financiera.

Si queremos hacer resurgir de sus cenizas a la industria aeronáutica, debemos comenzar a planificar su futuro y dejar el heroísmo atrás, porque eso solo conlleva a la improvisación, a la mala planificación y a la misma derrota del pasado. Debemos alejarnos cuanto antes de la jugada Caribe, de la improvisación temeraria y del más famoso aún "así no se hacen las cosas en Venezuela". De allí que esta serie de libros tratara de ubicar las escuelas administrativas que sentaron las bases de lo que hoy tenemos.

La respuesta es no. No debemos seguir haciendo las cosas así, nuestras escuelas no funcionaron. Nuestro modelo de supervivencia no debe ser el de Vachet y Chenu. Nuestros administradores no deben seguir siendo verdaderos "Indiana Jones de la aviación", ni

---

[135] Avianca. Estados Financieros Auditados. Notas a los Estados Financieros Consolidados Condensados Interinos (En miles de USD) pág. 50

nuestros planificadores deben ser Juancho Gómez o funcionarios bien intencionados de Cordiplan.

Para ello, debemos dejar de echar las culpas al pasado, a los gerentes que hicieron lo posible, a los sindicatos, pilotos y dueños de compañías que lo intentaron todo, en un país que no tenía mucho y que vivía en revolución permanente con reglas del juego cambiantes. Debemos celebrar la existencia de los esposos Vachet, que heroicamente decidieron quedarse en las junglas sin saber si sobreviviría su negocio. Debemos celebrar a los Boulton, como también a los Ramiz. Reconocerle a unos jovencísimos Jorge Añez o a Simeón García, que sin saber mucho de que iba todo, compraron compañías de papel de taxis aeronáuticos o helicópteros mosquito de fumigación y formaron escuelas contra todo pronóstico. Escuelas que aún siguen en pie, volando por cuenta propia o en otra aerolínea cuya columna vertebral, manuales y procesos son regidos por Aserca o Santa Bárbara y sus altos gerentes.

Y de ellos, precisamente, hablaremos en el próximo capítulo.

Capitulo II

DE LAS AEROLÍNEAS A
LAS EMPRESAS DE EXPLOTACIÓN DE AERONAVES.

La Anti-industria venezolana

El C-47 del capitán Schaefers explotó en el aire por una ráfaga de metralla que hizo incendiar los tanques de combustible. Toda la tripulación, junto a los veintiún paracaidistas que se disponían a saltar sobre Francia en el día D, fallecería en segundos sin siquiera saber lo que había ocurrido. Esa noche cientos de aviones DC-3[136] volaban en formación en "V" ahora convertidos en aviones militares apodados "trenes del aire", llevando como carga a los primeros paracaidistas que saltarían sorprendiendo a los germanos.

Pero a su vez y por estar tan separados de los que venían detrás, convertía a los siguientes aviones en un mejor blanco para la artillería antiaérea alemana. Eso es lo que había ocurrido con estos pilotos que ahora habían superado el banco de nubes que los ocultaba y ahora se enfrentaban a las furiosas las ráfagas del fuego alemán. Al lado izquierdo de Shaefers que era el líder de vuelo, el capitán Hamblin no tuvo tampoco tiempo de observar lo ocurrido con su amigo porque sería impactado de lleno y derribado pocos segundos después, matando también a todos sus pasajeros[137]. Los restos quedaron tan esparcidos en los bosques que uno de sus motores sería descubierto cuarenta años más tarde[138].

Del lado derecho en la formación, el capitán Jess Harrison, que había visto lo ocurrido[139] a su camarada: "en llamas, bajo mi línea de horizonte"[140], maniobró para impedir sufrir igual destino, haciendo que sus paracaidistas no pudieran llegar al lugar del salto, pero en un acto de valentía que le haría merecedor de una medalla, giró ciento ochenta grados y volvió a intentarlo una vez más, regresando a sobrevolar la artillería pesada alemana que ahora disparaba fuego incansablemente.

---

[136] http://www.6juin1944.com/assaut/aeropus/en_page.php?page=s13
[137] https://francecrashes39-45.net/page_fiche_av.php?id=2088
[138] https://www.aerosteles.net/steleen-picauville-c47_42_100819
[139] https://www.americanairmuseum.com/person/245873
[140] http://www.6juin1944.com/eagles.html

Harrison fue también impactado en su segunda pasada y cuando abrió las puertas y dio la luz verde para el salto, una ráfaga mató al primer paracaidista en la puerta, mientras que, al segundo en línea para saltar, el soldado Dan Castona: "una bala le cortó el talón de la bota, viajó hasta la pantorrilla de la pierna del pantalón y salió sin herirlo, mientras flotaba hacia abajo" y al aterrizar posteriormente se dio cuenta que su avión había recibido sesenta y siete impactos aquella madrugada[141].

Skytrain o tren del aire era en realidad un buen sobrenombre, porque al tener que bajar la velocidad casi a un tercio para garantizar el salto de los paracaidistas y que no sufrieran lesiones[142] e ir uno detrás de otro aquella madrugada de luna llena previa al desembarco de Normandía, parecían un interminable ferrocarril. Así que de la misma manera que los vagones de un tren, a los sorprendidos alemanes les importó realmente poco dejar pasar a los primeros, para apuntar cada vez con mayor precisión a los que vendrían detrás e ir afinando aún más su puntería y eso fue lo que sintió el capitán Edward Frome a bordo de su C-47 que parecía estar detenido en el aire mientras saltaban sus paracaidistas y cuyo serial 42-92071, haría historia en Latinoamérica muchos años más tarde.

Nadie lo sabía, pero aquella primera oleada parecía más bien una misión suicida. De los cerca de siete mil paracaidistas que saltaron de primeros aquella madrugada, cuatro mil setecientos morirían, serían heridos o desaparecidos en acción y nada de lo que habían aprendido funcionaría para calmar los nervios de ser recibidos a cañonazos por el ejército alemán. Ni siquiera funcionaron las famosas "Bennies", las píldoras de Bencedrina que formaban parte de su aditamento y que estaban en el "manual de piloto"[143], que les suministraban para aumentar artificialmente la adrenalina y evitar la fatiga. Solo a los británicos se le habían entregado veintidós millones

---

[141] http://www.101airborneww2.com/troopcarrier3.html
[142] edical Dept., U.S. Army, Surgery in World War II: Orthopedic Surgery in the Zone of Interior. United States. Army Medical Service. 1970. Pág. 185
[143] Pilot's Information File. United States. Army Air Forces War Department. 1945. Pag. 17

de dosis de anfetaminas y aquello era poco, en comparación a las drogas suministradas a los estadounidenses. Pero ninguno de los médicos y científicos que hablaban del bienestar que producían habían estado alguna vez frente a un furioso soldado alemán.

Cómo bien dijo Winston Churchill: "la primera víctima de una guerra es la verdad" y los científicos explicaban que la milagrosa píldora de anfetaminas creaba casi a un superpiloto y no generaba adicción[144] aspecto que tras la guerra cambió radicalmente cuando los mismos médicos militares que lo prescribían, se dieron cuenta que: "creaba hábito y en su ausencia, produce un efecto depresivo similar al de los barbitúricos" retirándolo rápidamente del mercado[145]. Pero las "Bennies" funcionaban si se abusaba de estas, una dosis al comenzar la misión y otra al regresar, aseguraban al piloto perfecto, sin importar que no lograra dormir después durante una semana, sobre todo, si al regresar lo esperaba otra misión.

Las drogas también tenían un efecto poco estudiado, los pilotos con dosis de super adrenalina en su sistema, ahora se arriesgaban más, volaban más bajo y lento siendo mejores blancos para la artillería, pero sin duda también ayudaban a eliminar de la mente el posible destino de los derribados. En una guerra tan masiva y cruel, y con medio millón de soldados muertos, heridos o desaparecidos esparcidos por kilómetros y en unas pocas semanas, tendrían mucha suerte si algún campesino los encontraba y daba cristiana sepultura.

El destino de los heridos era igualmente cruel, por lo que muchos simplemente morirían desangrados sin que alguien siquiera los encontrara y todos sabían que a menos que se tratara de un oficial de alto rango, encontrarse con una escuadra alemana significaba la muerte segura. Aquel era el mismo destino en las playas, cuyos miles de cadáveres simplemente eran arrastrados a las dunas de arena por sus compañeros, para evitar ser pisados por los tanques y retardaran

---

[144] The Air Surgeon's Bulletin, Volúmenes 1-2. Aero Medical Laboratory, Engineering Division, Air Technical Service Command, Wright Field, 1944. Pag. 22
[145]

el desembarco o para impedir que los que desembarcaban después, observaran con horror aquella carnicería.

Volviendo a la batalla, la primera oleada no fue tan compleja en el aire como la verdadera masacre que ocurrió en tierra. Dieciséis kilómetros enteros cubiertos de artillería antiaérea hicieron que los pilotos se dispersaran y todas las tropas de asalto cayeran a kilómetros de distancia de sus objetivos, mientras que la artillería se perdió por completo. Y eso fue lo que vio el teniente Frome aquella madrugada a bordo de su C-47, cuando iba un poco más atrás en la formación mientras su avión también era impactado por las balas. Frente a él habían caído tres de sus colegas y a su derecha observó como el teniente Seymor Malenkoff también fue impactado y ardió en llamas, dando la orden de saltar tratando de estabilizarlo para que las tropas estuvieran a salvo a costa de su propia vida.

"Tenemos el mejor Cuerpo Aéreo del mundo, sin excepción" escribiría uno de los paracaidistas más tarde convertido en escritor. "He visto a pilotos mantener sus deshechos aviones en curso, mientras los soldados se retiraban para luego morir entre los restos en llamas"[146].

Pero lo verdaderamente difícil era el recorrido de vuelta. No solo porque algunos regresaban con muertos y heridos en la cabina que fueron impactados o murieron por el fuego imposibilitándoles el salto, sino porque sabían que tenían que regresar al mismo infierno no una, sino varias veces y de allí la necesidad de la siguiente dosis de anfetaminas y no en pocas ocasiones la sobredosis que los hacía arriesgarse más. Harrison y su avión aterrizaron a salvo con 67 impactos y charcos de sangre en su interior, su C-47 tenía pintada en la nariz a una mujer cuyo apodo era "la virgen urgida", pero su avión no duraría más que un par de meses antes de que volviera a ser impactado e incendiado en el aire, para que ese capitán nunca más

---

[146] Curraheel: A Screaming Eagle at Normandy, the story of Able Company of 506th Parachute Infantry Regiment de Donald R. Burgett. Presidio Press, 1999. Pag. 191

pudiera volver a volar por sus severas quemaduras[147] mientras que el avión una vez más fue reparado, sufriría nuevamente un accidente.

Al teniente Frome con su "Skytrain" le tocarían todas las misiones posteriores, porque nada más aterrizar luego de aquel infierno, lo volvieron a colocar en pocas horas en línea de vuelo para la última misión del día[148] y ahora debía arrastrar consigo a un planeador que lo hacía todavía más lento, nada que no pudiera realizarse sin dormir gracias a una o varias "Bennies" adicionales que le impedían pensar en sus colegas muertos, pues en sus siguientes dos misiones serían derribados otros cuarenta y tres aviones, de los más de novecientos de carga que no sobrevivirían a la guerra en su teatro de operaciones[149].

El C-47 del capitán Frome sobrevivió toda la guerra, siendo reparado constantemente. Aquello fue un verdadero milagro a pesar de que solo ese año se perdieron más de setecientos aviones como el suyo y habiendo participado desde la primera misión (Albany) hasta la última. Quiso el destino que su Skytrain fuera posteriormente vendido por la Corporación de Reconstrucción Financiera, la empresa dedicada a vender todo el material sobrante de la guerra para ayudar a reconstruir Europa, a la Compañía Real Holandesa de Aviación, operada por la famosa KLM en las Antillas para sus vuelos de Caracas y Maracaibo a las islas de Aruba y Curacao, con rutas posteriores a Santo Domingo y la Habana, hasta que cumplió catorce años de servicio y fue adquirido a mitad de los años cincuenta por un precio famélico, por una aerolínea de carga colombiana con el objetivo de transportar flores.

El veterano avión 42-92071, ahora rebautizado como el HK-337 navegaría un par de años con "Aerovías Colombianas" o "ARCA como carguero, pero es precisamente este avión, junto a otros dos

---

[147] Allied Aircraft Losses, (June 5/6–June 7/8, 1944) en https://www.docdroid.net/OVgb0gC/allied-aircraft-losses-5a8-junio-del-libro-d-day-the-air-and-sea-invasion-of-normandy-in-photos-pdf
[148] http://www.6juin1944.com/assaut/aeropus/en_page.php?page=s33
[149] En detalle se pueden estudiar en United States Air Force Statistical Digest World War IIhttps://apps.dtic.mil/dtic/tr/fulltext/u2/a542518.pdf

veteranos de la Segunda Guerra Mundial, el que marca un hito en la aviación latinoamericana y que impacta hasta hoy en el debate gerencial aeronáutico latinoamericano sobre competencia leal, cuando el dueño de "Aerovías Colombianas" toma una decisión, entrada la nueva década de los sesenta, de ofertar el servicio de transporte de pasajeros, en aviones antiguos de carga a una fracción del costo de las aerolíneas tradicionales.

De pronto los pasajeros recibieron con algarabía la noticia de que un viaje en avión de Bogotá a Cúcuta costaría apenas 42 pesos[150], en un mercado altamente competitivo donde todas las líneas aéreas competían con SuperConstellation, incluida la venezolana Aeropostal que ofertaba el vuelo Bogotá-Nueva York, con escala en Caracas, ciudad que podía "visitar a la ida o la vuelta"[151] mientras que RAS, antes de fusionarse con Avianca competía con precios menores e incluso a pérdida para consolidarse en el mercado de Miami.

No era en ningún momento tiempos buenos para las aerolíneas, porque los paquetes de Pan American para las familias junto a su enorme monopolio de aeropuertos y hoteles junto a Avianca y el de KLM en el Caribe se constituyó en una verdadera guerra encarnizada para obtener el volumen de pasajeros necesarios en una industria que estaba permanentemente en números rojos. Y ese fue precisamente el debate que llegó a la opinión pública y que aún perdura hasta hoy en Latinoamérica pero que no despertó ningún interés en Venezuela y algunas partes del continente.

¿Puede un empresario competir con una inversión famélica, aviones arcaicos, adquiridos a precios risibles en los desiertos y deshuesaderos de aviones, contra aerolíneas que tienen que comprarlos directamente en la Boeing o en Airbus? ¿Puede un empresario sin invertir mucho en el negocio y con un par de aviones destartalados, sin mucho personal, ofertar tickets baratos contra compañías que tienen que invertir miles de millones de dólares y

---

[150] Diario el Tiempo, 5 de octubre de 1959 pág., quinta
[151] Ibídem. Pág. Novena.

sostener una industria con decenas de miles de empleos? Ese fue precisamente el debate que surgió en Colombia tras la prohibición a la aerolínea Arca, por parte de la autoridad aeronáutica y que fue rechazada en buena medida por el público en general y que hasta hoy es señalada de manera negativa en las publicaciones como producto de: "presiones de Avianca, Lloyd y Taxader"[152].

Pero el tema de la competencia desleal es poco entendido hoy en Latinoamérica y mucho menos en Venezuela, frente al poderoso argumento socialista de los supuestos derechos de un viajero a un ticket más barato. Al pasajero en los países en vías de desarrollo poco o nada le importa que una aerolínea sea sustentable, sea moderna o esté mantenida en condiciones óptimas, si existe alguien dispuesto a ofrecerle un asiento por debajo del precio y mucho menos le importa la creación de una industria y de los puestos de trabajo que genere, si el avión lo lleva más barato a gastarse el cupo en dólares igualmente regalados por el estado a DisneyWorld o a un mall en la Florida.

Sin embargo, la respuesta al debate no es tan fácil. Porque en aquellas épocas no había carreteras, ni un transporte público como el de hoy, mientras se podría interpretar que la aviación era principalmente para los ricos ya que, en Venezuela, por ejemplo, un pasaje costaba el equivalente a ciento cincuenta dólares de hoy un vuelo en C-47 de Caracas a las playas de Higuerote[153] y ochocientos de Caracas a Trinidad[154], mientras que un vuelo a Europa podía salir como el de la primera clase hoy. Pero visto en aquella época el asunto era distinto, porque ese pasaje a Higuerote costaba un tercio del

---

[152] https://volavi.co/aviacion/historia/aerovias-colombianas-arca
[153] La publicidad se puede ver en https://www.facebook.com/groups/543700615713855/search/?q=presidente%20esposa
[154] El costo era de 256 bolívares que a 3,3 bolivares al cambio y proyectado a la inflación es equivalente a 816$, la publicidad se puede ver en http://1.bp.blogspot.com/-CRgOHCGfkzc/Uh2GLt5ywfI/AAAAAAAABNw/vHrXjxEY4U4/s1600/AV+LAV+viso+prensa+con+DC3+a+¦os+50.jpg

sueldo mensual promedio de un obrero[155] y el vuelo a Trinidad un cuarto del sueldo promedio venezolano[156]. Por lo tanto, sería tan junto como sostener que el venezolano gana hoy en promedio tres mil quinientos dólares y el pasaje a Miami le costara un cuarto de su sueldo.

Esto también es, aunque en menor proporción lo que ocurría en Colombia donde el sueldo promedio equivalía a 1.125 dólares y el de los empleados privados cerca de 1.500 dólares[157] por lo que un pasaje equivalía a un tercio o un cuarenta por ciento de su sueldo mensual.

Por otra parte, los vuelos transoceánicos de la época estaban destinados para aquellos que lo necesitaban por trabajo, para los europeos más acomodados que emigraban a América, así como también para los ricos. Pero era una época muy distinta donde aún el transporte marítimo de los trasatlánticos dominaba el mercado de pasajeros de emigración, pues no había comenzado la era de los cruceros de placer y los Superconstellations llevaban un promedio de apenas 32 pasajeros a bordo[158], entendiendo que tampoco tenían las frecuencias como hoy, pues salían una o dos veces a la semana.

En otras palabras, los obreros no volarían ni que les regalaran los pasajes porque carecía de sentido y las clases medias vivían relativamente cómodas sin necesidad de conocer una Europa desbastada por la guerra civil española o la segunda Guerra Mundial, Miami era aún en su mayoría pantanos y Nueva York estaba reservado principalmente para las pocas élites latinoamericanas que la visitaban.

---

[155] 15 bolivares diarios o 454 mensuales. En https://bibliofep.fundacionempresaspolar.org/_custom/static/cronologia_hv/zoom/s20-2/1952-25.html
[156] 1.065 bolivares en Venezuela Up-to-date. Embassy of Venezuela, 1954. Pág. 22
[157] Factores colombianos: Quick Colombian facts. Instituto Colombiano de Opinión Pública., 1953. Pág. 66
[158] Un analisis de los 155 accidentes sufridos (18% de la flota) permiten establecer la cantidad de pasajeros en cada vuelo y los promedios por década.

Por lo tanto, no había verdaderas razones sociales para abaratar los costes y la respuesta es no. En ninguna parte del mundo permiten que una pequeña línea aérea con aviones arcaicos oferte asientos a precios ridículamente bajos, salvo en algunos países donde estos permisos son concedidos para la explotación de rutas secundarias donde no pueden competir con aquellos que hacen inversiones mayores en la industria. Avianca que va directamente a la Boeing a comprar un 767 por doscientos millones de dólares[159], no sin antes suscribir un financiamiento con un banco estadounidense no puede competir con otro que compre el mismo avión, pero con veinte años de uso por unos pocos millones, y sin siquiera pintarlo de los colores de la nueva aerolínea y con inversión mínima, oferte sus pasajes a mitad de precio o incluso a una fracción.

Pueden ocurrir casos como el de Plus Ultra. La aerolínea de capital venezolana, compitiendo desde Madrid con Iberia y AirEuropa en sus rutas a Bogotá, Caracas o Lima. Pero si se hace un estudio real de tarifas promedio, se verá que en no pocas oportunidades volar por Iberia o AirEuropa es ligeramente más barato que hacerlo por la que tiene aviones más viejos. Esto se debe a que las normativas financieras europeas protegen a la industria y por eso un empresario local, no puede ir a un desierto a poner a volar un 767 de veinte años, ni siquiera quitarle los colores de la forma anterior y ofertar el vuelo a un precio irrisorio, solo porque el avión le costó cinco millones de dólares.

AirEuropa comenzó la renovación de su flota en 2015, comprando directamente a la Boeing catorce dreamliners 787, con una inversión de tres mil millones de euros[160], mientras todos sabemos que Iberia ha reportado muchos años de pérdidas, mientras que el promedio de vida de su flota de ultramar es de seis años. Por lo tanto, al estar en el severo régimen financiero europeo, no tener permiso para competir en ese mercado, carecer de vuelos de cabotaje

---

[159] https://www.boeing.com/company/about-bca/#/prices
[160] https://www.reuters.com/article/oesbs-air-europa-boeing-idESKBN0KO1O920150115

que le compensen las pérdidas, sino estar restringida al mercado latinoamericano donde compite contra todos a precios parecidos, Plus Ultra paradójicamente tiene todas las de perder.

Solo en Venezuela y algunas islas del Caribe se permite aún esa práctica, como es el caso de los tours operadores que arriendan un par de aviones para competir por la ruta de Miami y al no tener inversión alguna en los países, la autoridad le permite ofertar sus pasajes más baratos, frente a la atónita mirada de quienes tienen diez aviones y miles de empleados que mantener.

Un ejemplo lo podemos encontrar si hacemos una reserva para un vuelo Santo Domingo a Miami en la nueva aerolínea SkyCana, operada por AirCentury[161] donde el vuelo, con una tarifa similar[162], sale por el mismo precio o incluso superior al de American Airlines[163]. Esta aerolínea puede ofertar asientos con aviones entre los dieciocho y veintiún años de uso, pero no puede ofertar a una fracción del precio, entre otras cosas, porque los costos de operación, concesionaria y combustible ya no son los de un C-47 que aterrizaba en las pistas de tierra.

Esto no debe confundirse jamás con las líneas de bajo costo, que están obligadas también a hacer las gigantes inversiones, carecen de vuelos transoceánicos y funcionan en segmentos predeterminados en los que también compiten las otras empresas con sus tarifas mínimas. Empresas como RyanAir tienen flotas homologadas de cientos de Boeing 737 que compró nuevos y hoy tras quince años, está acometiendo una inversión de veintidós mil millones de dólares para la total renovación a partir de 2021. Esto mismo ocurre con

---

[161] https://es.flightaware.com/live/flight/CEY435
[162] https://bookings.aircentury.com/dsuite/ibe/SearchResult.aspx?lan=ES&rte=SDQMIA|RT&__ctx=-1|A72D4570DD63D4B299A456224133B066077D6B85#
[163] https://www.aa.com/booking/flights/choose-flights/your-trip-summary?refundableUpsell=true&selectedFareId=cGEql466v2BTUAwlzp0N1C001&bookingPathStateId=1644499931746-688&selectedSliceId=S4NZ0MlAL9T2hcIW&productName=UpsellMainCabinFlexible%7Crefundable%20module&productRevenue=0.00&productUnits=1&productUpsellPrice=500.00&productPricedifference=59.00

JetBlue y el resto de las líneas aéreas de costos bajos. Compiten lealmente en su segmento, pero no puede venir un empresario, comprar los aviones con veinticinco años de uso por un par de millones cada uno y ponerlos a volar contra JetBlue a mitad de precio, porque las leyes simplemente no lo permiten.

Volviendo al pasado, había que situarse en los aeropuertos de Bogotá o Maiquetía de la época en los que Pan American llegaba con un avión Superconstellation, junto con Airfrance, KLM o los famosos "La Pinta, la Niña y la Santa María" de Iberia[164]. En ese escenario Avianca o Línea Aeropostal de Venezuela tuvieron que recurrir a la compra urgente de estos aviones que auguraban una transformación total en la década y así poder competir por los pasajeros en materia de confort y tiempo de vuelo.

Pero esa inversión necesitaba una amortización y una depreciación muy fuertes, así como un proceso de capitalización extraordinario. Necesitaban también del pago de intereses a los bancos prestamistas, mayores gastos por arrendamiento, los costos de aterrizaje por el peso de las aeronaves, grandes tripulaciones que debían pernoctar en los lugares de destino y en hoteles de cinco estrellas, costos de atención al cliente y amenidades para competir en lujo y diferenciación. Por supuesto que una minúscula compañía con un par de DC-3 con 28 pasajeros en clase económica[165] podía cumplir el trayecto Bogotá-Cúcuta a menos de un tercio del costo que lo podía hacer Avianca, pero el precio real de ese ticket no suponía otra cosa, que la quiebra de toda una industria aeronáutica.

Eso es algo que se desconoce por completo en una Venezuela en la que un viaje a Disney gratis es percibido como un derecho constitucional. Pero el costo de un pasaje está referido precisamente al pago de la depreciación y amortización de un avión en quince años, más la inversión de los catorce mil empleados de Avianca y a la

---

[164] https://www.iberia.com/es/flota/aviones-historicos/Lockheed_L-1049_Super_Constellation/
[165] https://www.boeing.com/history/products/dc-3.page

operación general de cerca de ciento cincuenta aparatos modernos y su mantenimiento, el ticket lleva también implícito el costo de los arrendamientos financieros de aeronaves y de miles de millones de dólares en préstamos, así como los costos proyectados para adquirir anualmente las naves de reemplazo para sostener una flota permanentemente joven y moderna. En otras palabras, con una parte de su boleto, usted también está comprando el futuro de la aerolínea.

Y ese pequeñísimo detalle, entre otros, contribuyó a la quiebra de toda la industria aeronáutica venezolana y de la mayoría de las de Latinoamérica y el Caribe.

Esto era precisamente lo que pasó cuando la pequeña Arca, que ofrecía a los colombianos aquel pasaje que equivalía a un regalo, con aviones sin pintar o aún con la pintura de su antiguo propietario y con veinticinco sillas plegables, quería competir con las aerolíneas que llegaron al primer año de los sesentas habiendo invertido en los SuperConstellation y recibieron con sorpresa la aparición del primer avión de reacción, el Comet, que no fue muy popular debido a sus problemas técnicos, pero luego aparecería nada menos que el 707 de Pan Am con un vuelo Nueva York-Caracas que marcaría el fin de los aviones de hélice para los vuelos internacionales junto al famoso DC-8.

De pronto las líneas aéreas colombianas y venezolanas que habían, con los escasos recursos, invertido en los aviones de hélice capaces de volar a Europa más rápido y que creyeron representaban a la modernidad, vieron con estupor que había acabado toda una era. ¿Cómo competir contra las otras aerolíneas con un avión que necesitaba quince horas de vuelo y tres paradas para combustible, cuando ahora un solo avión podía hacerlo directamente y en siete horas?

Pero el problema era aún mayor, el Superconstellation de las aerolíneas locales tenían una capacidad entre los 40 y los 99 asientos[166], mientras que el nuevo DC-8 ofrecía capacidad entre los 144 y 189 asientos por lo que, en 1961, las tres carabelas de Iberia fueron sustituidos por El Greco, Goya y Velásquez que ahora compartían puerta en Maiquetía y Bogotá con los aviones recién comprados por las competidoras junto a los ya obsoletos de las flotas latinoamericanas.

El cambio de tecnologías tuvo un impacto económico terrible en una Latinoamérica siempre a la saga por motivos económicos, porque ahora un solo avión de la competencia podía, en un solo día, llevar diez veces más pasajeros en menor tiempo que los casi nuevos, pero obsoletos aviones de hélice. En comparación los Constellation de Aeropostal que solo tenían unos pocos años de uso y con apenas cincuenta y cuatro asientos, debían competir en rapidez, contra aviones de reacción que ofertaban tres veces más asientos. Financieramente no había tiempo que perder porque las pérdidas en los balances serían aún más terribles o en otras palabras, la ruina total se hacía cada vez más posible si no se efectuaban tales inversiones y Avianca se vio en la necesidad de adquirir los cinco 707, mientras que la recién creada VIASA tuvo que adquirir directamente a la Douglas cuatro aviones DC-8.

Aeropostal había perdido su primer Constellation en 1956 en un terrible accidente en Nueva Jersey[167], unos meses más tarde perdería el segundo contra la sierra montañosa de Caracas[168] y otro más unos años más tarde contra la sierra de Perijá[169] en una década verdaderamente nefasta para la compañía donde perdió siete aviones C-47, entre estos el 42-100829 que había también participado en la invasión de Normandía, siendo parte de la primera oleada minutos antes que las del capitán Frome.

---

[166] En realidad, promediaban los cincuenta asientos, posteriormente con la llegada de los gigantes aviones a reacción fueron remodelados para alcanzar los noventa puestos.
[167] https://aviation-safety.net/database/record.php?id=19560620-0
[168] https://aviation-safety.net/database/record.php?id=19561127-0
[169] https://aviation-safety.net/database/record.php?id=19581014-0

Pero para darnos una idea del problema financiero, Aeropostal adquirió el último SuperConstellation que fue recibido el 21 de agosto de 1957 directamente del fabricante en Burbank[170] y fue bautizado apenas tres meses antes de que Pan American estrenara su primer 707[171]. Por eso en una Colombia o Venezuela acostumbradas a pequeños aviones de hélice y un mínimo espacio para los SuperConstellation, apodaron al nuevo avión DC-8 "El Coloso" por la cantidad de pasajeros que era capaz de transportar, amenazando las precarias finanzas de las aerolíneas que no habían comenzado siquiera la transición mientras que ahora, pequeñas aerolíneas sin ninguna inversión importante y rescatando aviones de los deshuesaderos, amenazaban aún más a la industria aeronáutica, pretendiendo llevar a los pasajeros a una fracción del valor.

El problema es que no solo había cambiado la tecnología, sino que había comenzado la era del transporte masivo. Los SuperConstellation estaban diseñados para el confort de los más acomodados, que eran los únicos que podían darse el lujo de pagar los cerca de quinientos dólares que costaba el viaje, equivalentes a unos seis mil dólares de hoy ya que la industria aún no se había

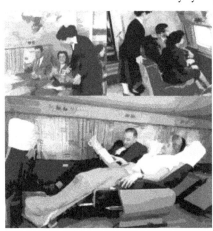

transformado de la era del glamour de los viajes trasatlánticos.

Embarcarse en uno de los aviones de VARIG significaba un lujo impresionante con sus 48 asientos de primera clase y una sala comedor y de fumadores de doce asientos giratorios. Posteriormente se trans-formaron con 38 asientos

---

[170] La foto se puede ver en https://twitter.com/GFdeVenezuela/status/1150143821621202944
[171] En esta foto se puede contemplar el bautizo en Venezuela. https://www.facebook.com/photo/?fbid=3192479270796609&set=gm.2977521825665043

de primera, diez giratorios en la sala y 15 asientos para las nuevas tarifas de clase turista. Mientras que abordar el Super-Constellation de AirFrance era entrar en un lujo extremo, con cabinas con camas y salones de fumadores, mientras que el de KLM era el equivalente a un avión solo de primera clase.

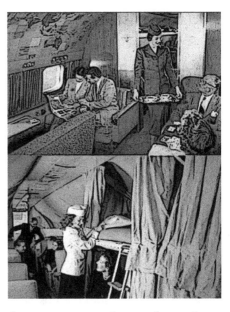

Por eso la entrada del DC-8 y el 707 no solo rompió el esquema del tiempo de viaje, sino la manera en que ese tiempo acortaba la necesidad de camas y lujos para soportar las extenuantes horas de vuelo, y toques y despegues en varios aeropuertos con lo que se disminuyeron los costes comenzando la era del Jet-set donde al abaratarse los tickets, la clase media comenzaría a viajar y conocer el mundo.

Pero esa transición duró muy poco cuando, cuando la modernidad nuevamente haría de las suyas en apenas una década en la que el DC-8 comenzaría a ser reemplazado por tecnologías y capacidades muy superiores. De hecho, la línea de producción estaba prácticamente cerrada ya en 1970 cuando apenas se recibieron media docena de órdenes y solo tres en los Estados Unidos, mientras al 707 tampoco le fue mucho mejor al pasar de década, pues apenas se ordenarían cien aparatos y el ochenta por ciento de estos, antes de 1975 hasta cerrar definitivamente.

De nuevo la aviación latinoamericana y en especial la colombiana y venezolana cuyas economías estaban agotadas, habían visto llegar el final de otra era con la llegada de los aviones de cuerpo ancho, haciendo su aparición el famoso jumbo 747 que tenía una capacidad máxima de 550 pasajeros, el DC-10 con 380 o el Lockheed Tristar, también con más de trescientos pasajeros, mientras los rusos replicaron con el Ilyushin Il-86 y hacía su aparición el archifamoso A-300 de la recién creada Airbus en Europa.

En otras palabras, ahora en Maiquetía los nuevos aviones extranjeros empequeñecían al recién adquirido "Coloso", duplicando a su vez la capacidad de pasajeros y costando cada vez menos en mantenimiento y los gastos. La tecnología era tan impresionante que, pesando casi el doble, un gigantesco 747 podía ir más rápido y mucho más lejos que su antecesor, por no hablar de la aparición del Concorde que en 1974 hacía sus pruebas en Lima, Bogotá y Caracas, siendo esta la única ciudad junto a Rio de Janeiro, en la que operaría el famoso avión supersónico a partir de 1976, todos los viernes en la tarde, cubriendo la ruta Caracas París, en menos de seis horas.

De la era del Glamour, a la del Jet-Set apenas transcurrieron unos pocos años hasta llegar el fenómeno de la masificación de pasajeros con los superaviones, que además ahora ofrecían proyectar películas de estreno mientras viajaba[172] y apenas dos años más tarde con los famosos audífonos a un precio que fue abaratándose anualmente, en la medida en la que los super gigantes aviones se llenaban.

¿Cómo enfrentar nuevamente la modernidad y su impacto en la demanda de los pasajeros? Bastaba ver al aeropuerto de Maiquetía en los primeros años de la década del ochenta para entender el impresionante impacto del gigantesco 747 de PanAmerican, al lado del Concorde de AirFrance[173]. ¿Cómo enfrentar nuevamente una inversión equivalente a cientos de millones de hoy, cuando aún los anteriores y obsoletos aviones no habían sido amortizados?

Mucho se ha hablado de las quiebras de las aerolíneas locales, pero poco de los verdaderos efectos del impacto de las nuevas tecnologías y el inmenso costo para poder competir contra las

---

[172] TWA fue la primera en 1961, seguida de PanAmerican, Delta y el resto de las estadounidenses, haciendo que las quejas a IATA fueran tremendas. Los audífonos famosos fueron patentados en 1963. Tomado de White, John Norman. "A History of Inflight Entertainment" disponible en https://www.academia.edu/5023683/A_History_of_INFLIGHT_ENTERTAINMENT
[173] https://www.airliners.net/photo/Pan-American-World-Airways-Pan-Am/Boeing-747-121/26096/L

gigantescas aerolíneas que estaban emergiendo y que prácticamente debían deshacerse de los aviones recién comprados y que quedaban absolutamente obsoletos.

Ese fue un gran aprendizaje para las líneas aéreas locales. Cada quince años se sustituye por completo la tecnología anterior, llevando al límite a las finanzas aeronáuticas[174] y aunque algunas líneas de ensamblaje pueden llegar incluso a los 21 años, se debe tomar en cuenta que, del primer avión al último, hay diversos desarrollos que hacen que el avión sea completamente diferente[175] a su versión original. Esta es la razón por la que las aerolíneas deprecian sus aviones completamente en un periodo de quince años, para poder adquirir las nuevas tecnologías, pues de no hacerlo sencillamente no podrán competir en costes y perderán el mercado.

Es de esta manera que, en su ticket, cuando usted lo compra en una industria funcional -no en Venezuela-, está implícito en la tarifa ese costo que le permitirá a usted contar siempre con un avión nuevo cada quince años o a veces con un máximo de veinte. Pero para las aerolíneas que hacen lo contrario como algunas latinoamericanas, es decir, las que van a los desiertos a buscar aviones obsoletos ya depreciados por una fracción del valor original y lo usan para competir deslealmente contra los que hacen sus grandes inversiones, significa la quiebra inmediata de toda una industria y la pérdida de decenas de miles de puestos de trabajo.

En otras palabras, una industria que tiene que acudir a las chatarrerías, no es una industria, sino una chatarrería.

A muchos nos encanta la parte romántica relativa a los pioneros del vuelo, las hazañas de las tripulaciones y el estreno de los nuevos aviones, pero desde una perspectiva financiera la realidad es

---

[174] Usualmente el plazo de construcción de los aviones dura quince años, hasta que ocurre un salto cualitativo en la tecnología. El 707 pudo ser extendido, igual que el DC-10 por sus pedidos militares. Mientras que el DC-8 duró apenas 13 años. Un periodo de tiempo parecido al del DC-9 que perduró quince en las líneas de ensamblaje, antes del salto cualitativo del MD-80.
[175] El MD-80 es un caso perfecto para explicarlo.

que Viasa adquirió por un precio escandaloso dos de los escasos aviones que produjo la Convair, que además eran sumamente caros de operar por milla en comparación con los nuevos 707 y DC-8, bautizándolos, para colmo, siete meses antes de que la constructora decidiera cerrar su producción condenando al avión a la depreciación acelerada, no solo por la falta de repuestos, sino porque General Electric apenas había vendido un centenar de esos motores, perdiendo seiscientos millones de dólares[176].

Por eso hablar de una buena o mala gerencia, solo por si dio o no ganancias, es complejo. Porque los venezolanos debemos aprender que se puede perder dinero, capitalizando la empresa y se puede ganar dinero mientras la empresa siempre permanece lánguida y al borde de la insostenibilidad. La riqueza de una compañía no se encuentra en sus ganancias, sino en su capital y valor de mercado.

DELTA AIRLINES (EN MILLONES DE USD)		AÑO 2000		AÑO 2010	
PERDIDAS DÉCADA		-USD	23.132,00	SIETE AÑOS	%
INGRESOS OPERATIVOS	USD	13.879,00	USD	31.755,00	128,80
INGRESOS OP. (SOLO PASAJEROS)	USD	12.964,00	USD	27.258,00	110,26
EQUIPOS DE VUELO (NETO)	USD	12.232,00	USD	20.307,00	66,02
ACTIVOS TOTALES	USD	21.931,00	USD	43.188,00	96,93
PASAJEROS ABORDADOS		119.930,00		193.169,00	61,07
LOAD FACTOR		72,91		83,00	13,84
EMPLEADOS		83.952,00		79.684,00	- 5,08
FLOTA (TOTAL)		814,00		815,00	0,12
PROPIA		459,00		591,00	28,76
FINANCIAMIENTO DE CAPITAL		42,00		113,00	169,05
ARRENDAMIENTO OPERATIVO		313,00		111,00	- 64,54
INGRESO POR AVIÓN	USD	117,05	USD	138,96	18,72
INGRESO DIARIO POR AVION (MILES)	USD	320,69	USD	380,72	

Data Source: SEC 10K Filings

Volvemos a utilizar el ejemplo de Delta Airlines en la difícil primera década del siglo en la que tuvo siete años de pérdidas. Pero al final de la década la compañía había duplicado sus ingresos y activos. De la misma manera capitalizó su flota disminuyendo en dos tercios sus arrendamientos operativos, mientras aumentaba en un 61% los pasajeros abordados, pero más del 100% en sus ingresos por cada pasajero, así como pasó del 73% al 83% su factor de ocupación en una de las mayores y más inteligentes reestructuraciones de la historia de la aviación.

---

[176] Starting Something Big: The Commercial Emergence of GE Aircraft Engines, Robert V. Garvin, AIAA, 1998. Pag. 18.

Pero como hemos dicho, múltiples problemas impidieron cualquier capitalización de VIASA y la aerolínea no tenía que competir con tecnologías que habían abaratado los costos y como no era posible hacerlo, no tuvo más remedio que enviar al foso las enormes deudas del Convair para emplearse a fondo, gracias a nuevos créditos de los gobiernos para realizar la orden por cuatro DC-8 que llegaron entre 1965 y 1969, cuando ya habían sido dados de baja prematuramente los anteriores y entendiendo que el último de los nuevos aviones, que se suponían eran el reemplazo, fue recibido nuevamente dos años antes del cierre de su línea de producción, porque habían llegado las nuevas tecnologías, repitiendo el ciclo de atraso y pérdidas financieras de VIASA.

Estos pequeños detalles que ensombrecían financieramente las posibilidades de éxito de las compañías latinoamericanas, llevarían a la quiebra a aquellas incapaces de seguir el ritmo al cambio de tecnología y la falta de expertos en planificación financiera de flota, sumían a las compañías locales en pérdidas mayores que afectaban permanentemente su mercado de pasajeros. Era si se quiere, una competencia técnica desleal, pues los ejecutivos de las grandes corporaciones estadounidenses y europeas le llevaban al menos cinco años de ventaja a los demás, ya que en conjunción con los ejecutivos de la Douglas o la Boeing, no solo se enteraban y hacían seguimiento a las nuevas tecnologías como fue el caso del 707 y el DC-8, donde los estadounidenses ordenaron cientos de aviones, al menos tres años antes de que la producción comenzara, sino que en casi todas las oportunidades eran desarrollos conjuntos entre compañías como Pan Am y la Boeing[177], mientras que los latinoamericanos llegaban al avión, pocos años antes de que la línea fuera descontinuada, aspecto que también sabían los ejecutivos de las aerolíneas más grandes, años antes que sus pares latinoamericanos.

De hecho, casi todos los aviones fueron construidos entre las compañías y los armadores, muchas veces en secreto como el caso

---

[177] Reporte anual de PanAm 1977, pag. 7

del fundador de American Airlines C.R. Smith obtuviera el préstamo para ayuda a crear el famoso DC-3[178] o los derechos de "orden previa" que obtuvo TWA por los primeros Constellation[179].

Ese era el lógico privilegio de los armadores estadounidenses desde los inicios de la aviación, que para aprobar un nuevo proyecto acudían a los altos gerentes de las aerolíneas. Por eso Pan American podía estrenar un 707 seis años antes de que VIASA pudiera siquiera abordar uno o que estrenara el DC-8 "Clipper Mandarin" cinco años antes. De hecho, América Latina para 1964 apenas contaban con once aviones 707 y DC-8, de los más de seiscientos construidos para la fecha y eran paradójicamente las aerolíneas que habían sido filiales de Pan American o aún contaban con esta como socios. De hecho, la desproporción económica y de acceso a las nuevas tecnologías eran de tal magnitud, que hasta 1969, una década después de la aparición de estos nuevos modelos, solo treinta y tres aparatos formaban parte de las flotas latinoamericanas, de los más de mil trescientos aviones vendidos.

Con cinco años como mínimo de retraso y con aviones permanentemente nuevos, pero obsoletos, la tragedia financiera era un hecho en los números de las corporaciones locales. Aquello había ocurrido también con el DC-10 cuyos primeros cien aviones fueron encargados por las grandes aerolíneas al menos cinco años antes de que cualquiera latinoamericana pudiese colocar su primera orden.

VIASA estaría en situación de competir cuando recibió sus tres DC-10 a finales de 1978 y a mediados de 1979, mientras Aeropostal ordenaba también los primeros DC-9 y MD-80 a la Douglas reordenando sus deterioradas finanzas permanentemente en rojo, y sus rutas nacionales para sobrevivir[180], mientras que Avianca recurría a la compra de cuatro Boeing 727, dos 737 y un 747 en una

---

[178] Realizing the Dream of Flight. National Aeronautics and Space Administration. Government Printing Office, 2005. Pag. 94
[179] Lockheed Constellation: A History. Graham M Simons. Air World, 2021. Pags. 95-96
[180] De 1967 a 1977 Aeropostal ordenó nueve aviones DC-9 a la Douglas, mientras que en 1977 también ordenó los primeros tres MD-80. En https://www.boeing.com/commercial/

reorganización de rutas y finanzas parecida a la ocurrida con las empresas venezolanas.

No solo el cambio de tecnología que hizo nuevamente obsoleta buena parte de las flotas, sino el embargo petrolero y la subsecuente crisis del petróleo hicieron que la década de los ochenta fueran un verdadero desastre por el aumento de los precios del combustible para las aerolíneas latinoamericanas. Y fue también la época en la que no pocos operadores de líneas menores o de carga como Arca, intentaron nuevamente obtener permisos para competir con bajos precios, bajo el razonamiento de que eso ayudaba al turismo y a que la población pudiera viajar de manera mucho más económica, siendo rechazados por competencia desleal, por las distintas autoridades.

Mientras Avianca, Aeropostal y Viasa habían tenido que admitir pérdidas de capitalización intensas y tenido que adquirir las nuevas tecnologías, su competencia pretendía que le permitieran volar con aviones DC-8 de veinte años, a los que ni siquiera repintaron pues volaban indistintamente con los colores de Alitalia o Braniff.

Esa competencia iba en contra de una Avianca que ahora tenía que incorporar el costo de siete mil empleados, los nueve aviones 727 y del primer jumbo 747 en el norte de Suramérica[181] así como una terminal increíblemente moderna para los vuelos internacionales, con un sistema de reservas que contaba con el apoyo de IBM[182], mientras tenía que proyectar con los bancos la compra futura de los primeros cinco Boeing 767 y once aviones MD-83[183]. A esto hay que sumarle que la compañía aún tenía que usar los antiguos modelos 707 que eran cada vez más difíciles y costosos de operar.

---

[181] De acuerdo a la Boeing, se entregaron dos 747-200 a Aerolineas Argentinas en diciembre de 1976 y enero de 1979, meses antes de la entrega del 747 de Avianca en junio de ese año.
[182] La evolución de la aerolínea Avianca en función de la evolución de su contexto en https://revistas.ucr.ac.cr/index.php/dialogos/article/view/19631/22342
[183] https://www.eltiempo.com/archivo/documento/MAM-208827

De allí a que Viasa y las aerolíneas locales, no solo operaran en una economía en problemas y con políticas gubernamentales adversas, sino contra una competencia, si bien no desleal de las gigantes, profundamente injusta y ahora competirían también contra las pequeñas que pretendían abaratar los costos a punto de no invertir en las aerolíneas.

Por supuesto que una minúscula empresa con un par de DC-3 y un C-46, veteranos de la segunda guerra mundial y con más de veinte años de vuelo, con unos pocos pilotos e inversión podían hacer un trayecto más barato para el consumidor y generar un puente aéreo Bogotá-Cúcuta capaz de llevar quinientos pasajeros diarios por una fracción del dinero, pero eso suponía una competencia desleal para aquellos que habían invertido cientos de millones de dólares en nuevos aviones para competir con las líneas extranjeras, las nuevas tecnologías y suponía nada menos que un elemento más para llevarlos a la bancarrota.

Pero el final de los años ochenta traerían una nueva oportunidad al poco conocido dueño de ARCA, Hernando "EL Pote" Gutiérrez quien tendría un nuevo chance. Gutiérrez había sido ejecutivo de Avianca en los años cincuenta y había salido por: "desavenencias con su presidente"[184], fundando cercano a los veintiocho años[185] la aerolínea que pretendía desbancar a la mayor compañía colombiana usando aviones obsoletos y desarrolló sus negocios como pionero en el transporte de "flores, automóviles, repuestos de automóviles y caballos de Bogotá a Miami y viceversa"[186] en el veterano C-47 y algunos otros que habían sobrevivido al desembarco de Normandía o la campaña de África.

En un vuelco de la historia y al serle negadas varias peticiones en el mercado colombiano, el "Pote" Gutiérrez había también

---

[184] https://volavi.co/aviacion/historia/aerovias-colombianas-arca
[185] Nació de acuerdo a su obituario en 1928, Miami Herald on Feb. 4, 2007. En https://www.legacy.com/us/obituaries/herald/name/hernando-gutierrez-sanchez-obituary?id=13567120
[186] http://www.airlines-airliners.com/airlines/arca_colombia.html

fundado una pequeña aerolínea de carga en Venezuela que operaba desde el 20 octubre de 1989[187] e hizo la aplicación al Departamento de Transporte estadounidense en diciembre de ese mismo año[188] a la espera de la tan discutida política de cielos abiertos entre los dos vecinos países, aspecto que ocurrió finalmente en 1991[189] y eso le dio la tan ansiada oportunidad. Es de esta manera que pide a la autoridad aeronáutica venezolana el permiso para transformar a la minúscula empresa de carga, que operaba el mismo destartalado DC-8 construido en 1963, en una empresa de pasajeros naciendo así, Zuliana de Aviación.

---

[187] La historia de Zuliana de Aviación desde el punto de vista documental es confusa, algunas fuentes sostienen que fue creada en 1985, aunque no hay fuentes legales. Por lo que su historia real comienza con su primer avión, un DC-8 de 25 años de uso, el YV-460C en Octubre de 1989.
[188] Registro Federal, Vol 54, No. 242. Diciembre 19, 1989, la solicitud es del día 5
[189] https://www.eltiempo.com/archivo/documento/MAM-63216

La escuela neogranadina de Zuliana de Aviación

La resolución del Ministerio de Transporte del 24 de mayo de 1991 le dio forma a la nueva aerolínea llamada Zuliana de Aviación que operaría primero hacía Colombia, esperando que a partir del 9 de octubre se aceptaran las propuestas en la reunión bilateral, a la que Zuliana se le aprobarían 350 vuelos para 1992, año en el que sería creada la compañía en Colombia[190].

Es de esta manera que su dueño Hernando "El pote" Gutiérrez Sánchez, nacido en 1928 en Somondoco, un pequeñísimo pueblo de Boyacá, vivió muchos años en Bogotá y residía en Miami al menos desde 1985[191] en Key Biscaine, recibe finalmente el ansiado permiso de la autoridad colombiana el 10 de octubre de 1991, para que la nueva aerolínea Zuliana iniciara operaciones a partir del 4 de noviembre de ese año, permiso que fue suspendido hasta tanto la autoridad venezolana confirmara que la aerolínea cumplía con las condiciones legales pertinentes establecidos en la reunión bilateral. Sin embargo, de acuerdo al Consejo de Estado colombiano, el "Pote" Gutiérrez no quiso esperar ni unos días, publicando sus tarifas sin esperar el visto bueno de las autoridades neogranadinas[192] comenzando a operar y el asunto terminó con el avión retenido en Medellín en el vuelo inaugural Rio Negro-Maracaibo-Miami, con una tarifa que era: "cerca de la mitad del precio ordinario"[193] operando un Boeing 727 con veintidós años de uso, con combustible subsidiado en Venezuela y que terminaría haciendo historia no solo por ese suceso.

A diferencia del dueño de Arca, el de Avensa se había asociado con Avianca para explotar las rutas de Bogotá a Caracas con

---

[190] 03/julio/1992, Número de Matrícula: 0000505569, Nit: 800166540-0
[191] Miami Port Handbook, Howard Publications, 1985 pag. 45

[192] Consejo de Estado, Expediente 4257. En https://www.redjurista.com/Documents/consejo_de_estado,_seccion_primera_e._no._n4257_de_1997.aspx#/
[193] https://www.eltiempo.com/archivo/documento/MAM-199244

escala en San Cristóbal, mientras la compañía colombiana le proporcionaría los servicios e irían en partes iguales en la operación[194]. Pero al dueño colombiano de Zuliana de Aviación le interesaba poco o nada lo que ocurriese con su aerolínea en Venezuela, o si sus costos le permitirían comprar nuevos aviones o hacer la aerolínea sostenible, porque se dedicó a ofertar los vuelos más baratos posibles a los colombianos, vía Maracaibo hacia la ciudad de Miami donde ya residía[195] y era propietario de una granja de caballos de paso fino.

Allí se desató una guerra comercial nunca antes vista, porque Venezuela, que era un país socialista con intereses en todas las aerolíneas, un país que regalaba su combustible y obligaba a hacerlo con los pasajes a sus conciudadanos, había autorizado un boleto ida y vuelta de cien dólares a Medellín, cuando el precio promedio en Colombia era de mínimo 162[196] para que las aerolíneas pudieran siquiera estar en equilibrio y ahora Avianca tenía que competir no solo contra la tecnología de sus competidores internacionales, sino a mitad de precios con una aerolínea que había adquirido sus tres aviones tras la quiebra de Pan American y ser operados durante veintitantos años.

Mientras eso ocurría, desde que explotaron las finanzas nacionales con el famoso Viernes Negro, en la destartalada economía de Venezuela de 1986, habían sido aprobados cerca de cien millones de dólares para la compra de dos Airbus A-300 para VIASA con todo lo necesario para operarlos[197] y el presidente Jaime Lusinchi en su último año elogiaba el "elevado estándar de servicio" tras la compra de los aparatos por treinta millones cada uno, aunque la memoria de la Aerolínea explicara que el factor de ocupación promedio era del

---

[194] https://www.eltiempo.com/archivo/documento/MAM-126227
[195] https://www.eltiempo.com/archivo/documento/MAM-112557
[196] https://www.eltiempo.com/archivo/documento/MAM-144316
[197] Memoria y cuenta que el Ministro de Transporte y Comunicaciones presenta al Congreso Nacional. Venezuela. Ministerio de Transporte y Comunicaciones. Ministerio de Transporte y Comunicaciones, 1986- pág. 302

58% en los vuelos internacionales[198] y había tenido que devolver los aviones arrendados y afrontar pérdidas por nueve millones en su mantenimiento.

Venezuela era un estado roto. Lo que no había logrado "El Pote" Gutiérrez en su propio país, ahora era un hecho en el vecino. Nadie le hizo un mínimo estudio de solvencia, nadie le pidió un verdadero plan de negocios competitivo y ahora Viasa tenía que amortizar más de ciento cincuenta millones de dólares, Aeropostal más de cien y su operación era por lo tanto mucho más costosa que la de un competidor que compraba aviones en el desierto a precios residuales mínimos.

El problema es que el gobierno y sus políticas de no tener política, no solo permitieron que el neogranadino abriera el camino a los nuevos empresarios locales para armar las novedosas aerolíneas Frankestein, que se convertirían en el futuro de la aviación, pues ahora cualquier empresario con muy pocos recursos -y siquiera sin conocimiento- podían acudir a los desiertos y deshuesadoras de aviones para comprarlos baratos o inclusive por piezas como si fueran un mall de la Florida. Por esta razón, los aviones de Zuliana en realidad habían sido comprados por un precio risible, mientras Viasa y las demás, con aviones prácticamente con diez o doce años todavía tenían que amortizarlos y depreciarlos, así como pagar los intereses de sus deudas, estando al borde de la quiebra.

El problema de los "cielos abiertos" con dos autoridades aeronáuticas con políticas tan disimiles y con una Venezuela quebrada que poco o nada le importaba la competencia desleal, aunque sus líneas aéreas estuvieran en la quiebra permanente y a punto de desaparecer para siempre, habían causado un colapso al que se le añadió la competencia estadounidense. Avianca, que ahora por culpa de esa desleal competencia ofertaba dos pasajes por el precio de uno, recibió como contraparte de la economía de escala norteamericana lo

---

[198] Memoria y cuenta que el Ministro de Transporte y Comunicaciones presenta al Congreso Nacional. Venezuela. Ministerio de Transporte y Comunicaciones. Ministerio de Transporte y Comunicaciones, 1992- pág. 359

mismo por parte de American Airlines que ahora ampliaba su oferta con vuelos en conexión, coches alquilados y noches de hotel a precios escandalosamente bajos.[199]

La guerra de precios desatada entre los nuevos empresarios de la chatarra y ahora por la economía de escala norteamericana que ofertaba viajes a Miami por menos de cien dólares, ponía en jaque incluso a la aerolínea colombo-venezolana que había apostado por aquella ruta, mientras que American Airlines había arrasado en el mercado venezolano tras la quiebra de Pan-Am y una patética venta de su aerolínea bandera a una Iberia que no tenía como reflotarla porque estaba perdiendo 500 millones de pesetas diarias[200], perdidas iguales al siguiente año en el que vendería buena parte de sus activos incluida su sede[201], y luego de perder otros quinientos millones de dólares en 1993[202] y cerca de cuatrocientos al siguiente entró en régimen de protección frente a la Unión Europea que se negaba a reflotarla.

La guerra de precios continuó con Zuliana, cuando el "Pote" Gutiérrez decidió vender los dos aviones que fueron retenidos y con los que operaba en Colombia, a una compañía nueva llamada Isleña de Aviación que también tenían unos propietarios completamente desconocidos y que, a los pocos meses, junto a otras diecisiete aerolíneas fueron acusadas de pertenecer a un entramado de narcotráfico[203] junto a los socios de Isleña de aviación[204] mientras que los aviones de Zuliana, que habían causado el revuelo en Medellín por competencia desleal, terminarían ahora incautados por las autoridades antidrogas de Colombia.

En realidad, en Venezuela nadie sabía y tampoco importaba quien era el verdadero dueño de Zuliana de Aviación, aunque en la

---

[199] https://www.semana.com/lobos-del-aire/17780-3/
[200] Iberia pierde 500 millones al día desde el estallido de la guerra del Golfo en https://elpais.com/diario/1991/02/20/economia/667004401_850215.html
[201] https://elpais.com/diario/1992/11/05/economia/720918004_850215.html
[202] https://elpais.com/diario/1993/10/19/economia/750985206_850215.html
[203] https://www.eltiempo.com/archivo/documento/MAM-162449
[204] https://www.eltiempo.com/archivo/documento/MAM-554411

prensa venezolana se sospechaba que era propiedad de colombianos desconocidos[205]. Lo cierto es que en una Venezuela en la que los tanques habían salido a la calle para imponer un modelo como el cubano, a nadie parecía importar lo que ocurriera en los aeropuertos y mucho menos a una autoridad aeronáutica ajena a la creación de una verdadera industria aeronáutica, que ya había perdido casi todas las líneas aéreas históricas y que ahora se disponía a dejar entrar a cuanto empresario quisiera armar una aerolínea chatarra, aunque careciera por completo de conocimiento o no tuviese el dinero necesario para operarla.

Lo cierto es que las inversiones originales para Zuliana fueron hechas desde Colombia y los primeros aviones habían pertenecido a Arca y otras empresas colombianas, manejadas por una arrendadora del Zulia que hace muy difícil, sino imposible precisar el origen de aquellos fondos y se conoce que sus dueños gobernaban la aerolínea desde Miami[206] es decir, la alta gerencia tenía que volar hasta allí para recibir sus órdenes, cosa que no fue atípica en la historia posterior pues los empresarios vieron con más asombro aún, que ni era necesario ser venezolano, ni siquiera vivir en Venezuela, mientras el socialismo antiestadounidense lo único que no quería es que una empresa norteamericana comprara a las venezolanas. Pero lo importante a los efectos de este relato, es que los accionistas neogranadinos invirtieron muy poco para crear la aerolínea en comparación a las inversiones que hizo el Estado en Viasa, Aeropostal o los empresarios privados en Avensa.

Es necesario precisar que ARCA comenzó con un DC-8 adquirido en el mercado frontera africano con veintisiete años de uso y sin valor residual. Fue comprado a una compañía en quiebra llamada Liberia World Airways cuyo propietario fue varias veces investigado por tráfico de armas. Poco tiempo después de esa compra, la aerolínea cambiaría de nombre para tratar de evitar las

---

[205] Revista Zeta, Números 1082-1094. 1996. Pág. 22
[206] Se puede observar las criticas en el Facebook de los pilotos y aeromozas de Zuliana.

investigaciones, pero el propietario terminaría investigado por las Naciones Unidas por tráfico de armas y la Unión Europea prohibiría los viajes de sus aviones a ese continente[207] y si ese sería el avión de carga con el que Zuliana de Aviación emprendería su negocio, el segundo, con veintiséis años de uso, duraría muy poco al ser destruido en el Aeropuerto de Miami por el huracán Andrew y fue sustituido por otro, también comprado en Zaire, justo en el momento en el que las aerolíneas estaban siendo acusadas de contrabando de armas en el Congo.

Es importante precisar que el hecho de que esos aviones estuvieran o no dedicados al contrabando en África, no implica de alguna manera a sus dueños posteriores, simplemente se expone esa historia para comprender el tipo de mercado frontera, al que recurrieron a la compra del avión, para competir contra los DC-10 y Airbus de Viasa o la inversión de Avensa o Aeropostal.

Esto le permitió a la empresa continuar en pugna con la autoridad colombiana al menos hasta 1995, fecha en la que de acuerdo a las publicaciones: "Por poco se arma un tiroteo entre aerolíneas por la lucrativa ruta de Miami. La Aeronáutica Civil de Colombia quiere forzar a Zuliana de Aviación de Venezuela a suspender las tarifas reducidas para la ruta a Miami a fin de no agudizar la guerra de tarifas entre las aerolíneas latinoamericanas que se disputan el lucrativo mercado" ya que había bajado la tarifa a 295 dólares de Bogotá a Miami vía Maracaibo[208].

La siguiente historia de inversión es la de un auténtico despropósito, Zuliana recibió aquel primer Boeing 727 en noviembre de 1991 (YV-462C) que terminó embrollado en 1994 en el caso de tráfico de drogas con la recién creada Isleña, junto a un segundo ejemplar (YV-466C). Un tercer ejemplar hecho chatarra finalmente no fue asumido por la aerolínea y terminó explotando por los aires en la famosa película Bad Boys de Will Smith. El cuarto llegó

---

[207] Report of the Panel of Experts pursuant to paragraph 22 of Security Council resolution 1521 (2003) concerning Liberia
[208] Miami mensual, Volumen 13 Quintus Communications Group, 1995 pag. 6

prácticamente hecho un desecho a tal punto que no pudo volar más que unos meses y terminó desguazado en 1993 (YV-463C), junto con el siguiente que tampoco logró volar más de doce meses (YV-465C), en otras palabras, la inversión era tan famélica, como los destartalados aviones de los cuales solo uno logró volar de 1992 hasta su cierre por falta de certificación cuatro años más tarde[209].

Esta inversión en chatarra voladora fue cambiada por los DC-9 que operaron hasta el cese de la empresa colombiana y los primeros dos llegaron a Venezuela en 1993. Se trataba de aviones construidos en 1971 con veintidós años de uso y que habían sido propiedad de Midway que entró en cesación de pagos en 1991 y fue llevada a la quiebra, razón por la que ambos aviones estuvieron en el depósito legal durante un par de años, hasta que fueron adquiridos en subasta por Zuliana a un precio residual mínimo.

Esa fue entonces la otra razón de la quiebra de Viasa y Aeropostal. Mientras estas tenían que endeudarse para comprar los siete DC-9 de Aeropostal con doce a quince años y gran valor residual, más los nuevos MD-80 y además pagar costosos arrendamientos por otros tantos nuevos con opción a compra. Otra compañía con una inversión mínima y sin reglas de juego oficiales, competía por los asientos de Viasa, Aeropostal y Avensa con aviones cercanos a la chatarra.

Y de esto se trata la competencia leal que no es otra cosa que igualdad de condiciones. Si Viasa tiene dos pesados arrendamientos y una deuda de largo plazo financiera para su vuelo a Miami, que es el gran caballo de batalla de sus ingresos ¿Cómo va a llegar otra con chatarras sin valor a competir? La lógica es la misma que usaron en Colombia, si usted quiere competir contra Avianca vaya a la Boeing y Airbus, apalánquese contra un banco o arriende aviones con las mismas prestaciones y valor y compita contra Avianca.

Pero en Venezuela, todos aclamaron los nuevos precios de pasajes a Miami, sin importar que pronto se quedarían sin aerolíneas.

---

[209] Revista Zeta - Números 1115-1127 - Página 31

Al año siguiente, llegaron otros dos DC-9 mayores de veinte años y uno más en 1995 con veintisiete años de vida, fechas en la que el Congreso de la República negó a Aeropostal la compra de tres aviones, que tenía en arrendamiento con opción, porque estaba dando demasiadas pérdidas y Aeropostal había cesado sus pagos de una deuda de 40 millones de dólares.

De hecho, bastaría recordar cuando el presidente Carlos Andrés Pérez se felicitaba por haber invertido una cifra equivalente a mil millones de dólares en las dos aerolíneas y para ese momento la compañía no valía más que unos cien millones y tenía el equivalente a trescientos millones de hoy en pasivos.

Pero el estado de los aviones, les daba problemas continuamente. A los efectos, su primer vicepresidente de Operaciones[210] publicó en las redes que había renunciado apenas dos años del vuelo inaugural "luego de haberse caído a piñas con los colombianos" porque: "la empresa se venía hacia abajo", "Yo había paralizado la operación del YV-463C ya que tenía 83 reportes de mantenimiento en hold y la turbina 3 con 50% de potencia......Obviamente no iba a autorizar un vuelo a Miami con 92 pasajeros", pero los colombianos obligaron a que el avión despegase y después lo obligaron a volver, así que luego de diversas complicaciones explicó que: "Me regreso a mi Avensa y me largué"[211].

Esos fueron los siguientes aprendizajes de los nuevos empresarios aeronáuticos venezolanos y extranjeros, que ahora sin saber de qué se trataban las aerolíneas, se agolpaban para comprar aviones en los desguazaderos y ofertar tickets baratos a una Venezuela verdaderamente surrealista, donde dos intentos de golpe de estado terminarían por romper la espina dorsal de la precaria gobernabilidad venezolana. El aprendizaje era que no hacía falta siquiera pintar un avión, en un país en el que nadie lo pedía y bastaba con poner el nuevo nombre sobre los colores de su antigua

---

[210] Carlos Rafael Hernández Campani 11 de marzo de 2016
[211] https://www.facebook.com/groups/16331478142/search/?q=guti

propietaria, mientras que se dieron cuenta que podían "preservar" o colocar en "hold" los reportes de mantenimiento de las aeronaves por muchos meses, para no enviarlas a su mantenimiento si se carecía el dinero para ello.

Tras Zuliana de Aviación se creó JD Valenciana, una empresa que llevaría las iniciales del nombre de su propietario[212], quien venía del mercado de capitales y era propietario del Banco Barinas. La aerolínea comenzó en Venezuela en octubre de 1992 con un 727 en chárter de Miami Air, mientras adquiría otro de veinte años y arrendaba un DC-9 de veintisiete años para comenzar a operar la ruta de Valencia a Bogotá, para llevar también a los colombianos a Miami. La empresa fue creada en Colombia el 4 de marzo de 1993[213] y no duraría operando unos meses antes de ser cerrada.

Venezuela era ya un país en vías de ruina donde buena parte de los banqueros habían llevado a la quiebra sus bancos, mientras los empresarios vendían todas las empresas que podían a transnacionales. La crisis bancaria que había llevado al Banco Latino a la quiebra y arrastrado a su "relacionado" Banco Barinas[214], su posterior intervención y el enjuiciamiento de su propietario[215], hizo que la incipiente línea aérea quebrara antes de obtener los mínimos resultados.

Aquello ocurrió también con otra que pretendía llevar a pasajeros desde la Isla de Margarita a Miami en vuelos chárter, con unos desvencijados Lockheed L1011-1 Tristar arrendados[216] que nunca llegaron a volar y que habían salido diez años antes de producción, contando con veintidós años de uso. Air Margarita no llegaría siquiera a volar con un pequeño DC-9 arrendado con todo y tripulación, cercano a los treinta años y esperaba dos más para el año

---

[212] Compendio de la Revista Número, 594-599. Editora G-Nueve, 1994. Pág. 25
[213] Matricula 0000537811, NIT 800187675-6 de la fecha
[214] Banca Venezolana 3era Edición: Antecedentes, negocios y riesgo bancario, créditos documentarios, fideicomiso y mercado de capitales. Humberto Linares. Humberto Acelio Linares, 20 dic. 2010. Pág. 89
[215] http://historico.tsj.gob.ve/decisiones/spa/Mayo/00875-31507-2007-2005-4575.html
[216] Lockheed TriStar: The Most Technologically Advanced Commercial Jet of Its Time. Graham Simons, Graham M Simons. Air World, 2021. Pág. 291

siguiente[217], cuando al estallar la crisis financiera fue también declarada en bancarrota.

De acuerdo a conocedores, algunos contratos expuestos en páginas especializadas[218] y fotos: "El único avión que recibió la librea de la futura aerolínea fue el DC-9. Este fue pintado en Opa Locka, Miami y no salió de este aeropuerto. La falta de recursos económicos supuso el fin de la empresa en el año de su fundación. Todos los aviones fueron devueltos a los arrendadores, poniendo fin al breve interludio de la aerolínea"[219].

En 1994 el caos absoluto cundió en una industria que ya estaba inundada de chatarra, mientras las autoridades permitían que personas sin experiencia operaran las nuevas líneas aéreas. La línea Aeropostal acababa de ser declarada en bancarrota luego de que se estrellara uno de sus aviones de casi treinta años de uso, por "falta de supervisión del piloto, modificación de las reglas de vuelo, distracción en la cabina por terceros y la frecuencia de radio fue cambiada a una emisora comercial para colocar música"[220], un año antes de la quiebra cayó otro avión DC-9 también cercano a los treinta años en un vuelo de mantenimiento, sin que se pudieran encontrar jamás el avión ni los cuerpos de sus tripulantes y técnicos[221].

La que quizás se lleva el récord de la época fue "Air Venezuela" a quienes les autorizaron adquirir nueve aviones Convair de hélices, en su mayoría como repuestos para que operaran unos pocos, con un promedio de cuarenta y tres años de uso, que era algo que definía perfectamente el estado del arte de lo que ocurría en una Venezuela incapaz de vencer sus demonios. Uno de sus pasajeros recuerda que: "para encender los motores empujaron el avión apartándolo del embarcadero y luego lo encienden con explosiones y

---

[217] Se trataba de un segundo DC-9 y un 727 en wetlease, a International Air Leases Inc.
[218] https://steamcommunity.com/sharedfiles/filedetails/?id=2578965839
[219] http://www.airlines-airliners.de/airlines/air_margarita.htm
[220] https://aviation-safety.net/database/record.php?id=19910305-1
[221] Al año siguiente los jueces declararon "presunción de muerte" de los nueve tripulantes del avión. Expediente 8790 del juzgado Segundo de Primera Instancia en lo Civil, Mercantil, Transito y Agrario de la Circunscripción Judicial del Estado Vargas. En Maiquetía, a los veintiocho (28) días del mes de septiembre del año Dos Mil Cuatro (2004).

aquel humero.... Mientras, adentro estábamos sofocados del calor abanicándonos con las instrucciones del chaleco"[222], "otro recuerda que: "(durante el despegue) el avión se apagó en plena pista... luego volvió a la cabecera para iniciar el despegue y se volvió a apagar... luego de regreso para bajarnos todos... al bajarnos el olor a cable quemado era evidente", mientras que otro más recuerda: "Cómo el pasaje era el más económico, eran los propios autobuses con el gentío vomitando porque estos aviones se despresurizan constantemente por su data [edad]! Tomaban el pasillo aéreo Pto. Cabello-Vig (El Vigía) y entraban por el cañón del chama! 1:45' de vuelo! ¡Y al aterrizar botaba el chorrerón de aceite de los turbohélices Allison y a echar mecánica p'al vuelo de regreso! ¡Jajaja, que buenos recuerdos!"[223]

Desde una perspectiva de los entusiastas de la aviación, las peripecias de los nuevos empresarios de la aviación y los arcaicos aviones, pueden lucir románticos, mientras para otros podía constituirse como el origen de las operaciones low-cost. Pero era el gran indicador de una nefasta época en materia de industria en la que, paradójicamente, los venezolanos furibundos exigían a los Estados Unidos un razonamiento del porque los habían bajado de categoría en materia de seguridad aeronáutica, mientras los aviones en realidad no eran seguros. La precaria aerolínea duró operando apenas un par de años ofreciendo pasajes sumamente baratos, contra aquellas que tenían que invertir gigantescos recursos y necesitaban vender todos los asientos posibles, para garantizar la sostenibilidad de la precaria industria.

Pero había comenzado ya otra historia. La de una alta gerencia capaz incluso de tratar de engañar a las autoridades como lo ocurrido en una inspección en Miami por parte de la FAA que descubrieron

---

[222] Escrito por Diego Dagnino en el estupendo recuento de Gustavo Machado: "Los Convair en Venezuela, Parte 12" en https://www.facebook.com/groups/543700615713855/permalink/2062292473854654/

[223] Ibidem. Escrito por Fabián Flores Picón/

que: "el aparato no sólo carecía de uno de los equipos básicos de seguridad, sino que, con intención de engañar a los revisores, llevaba en el tablero el indicador de estar efectivamente instalados"[224] y cuando las autoridades estadounidenses amenazaron con eliminar la certificación de seguridad: "En todos los aeropuertos se aprecia el frenético movimiento de mecánicos y ejecutivos de las aerolíneas , tratando de ponerse al día con mantenimientos que tienen meses o años de atrasos" como los que hablaba el vicepresidente de operaciones de Zuliana.

Era también la historia cuando el narcotráfico y la lucha contra Pablo Escobar estaba en su máximo apogeo en Colombia y las historias de aerolíneas que llevaban toneladas de drogas se ventilaban en los periódicos o noticias de polizones como en el caso de Arca, cuando un niño logró llegar a Miami escondido en el tren de aterrizaje y "Salió como una bola de nieve" como lo explicó el empleado de la aerolínea colombiana que lo vio en Miami[225]. Pero entre 1994 y 1997 nuevamente se había instaurado un control de cambios llamado JAC-OTAC que comenzó ofertando cuatro mil dólares a mitad de precio y los pasajeros se agolparon a tal punto para volver a Miami de compras, que ese mismo año el gobierno tuvo que bajar el monto a tres mil dólares.

Para ese año ya prácticamente Arca estaba en quiebra y en diciembre de ese año la autoridad decidió intervenirla[226] y unos meses más tarde lo haría la autoridad venezolana explicando que: "Actualmente estamos haciendo una evaluación a Zuliana de Aviación que no está cumpliendo con el proceso de certificación y lamentablemente tenemos que suspenderle las operaciones", mismas fechas en la que el Consejo de Estado falló en contra de Zuliana y explicó que no debería pagarle nada a la aerolínea venezolana ya que había incumplido con las leyes colombianas.

---

[224] Zeta, Números 1095-1103, 1996. Pag. 14
[225] https://www.eltiempo.com/archivo/documento/MAM-152450
[226] https://www.eltiempo.com/archivo/documento/MAM-632659

El famoso avión del capitán Frome, valiente sobreviviente de Normandía pasó a diversas manos hasta su accidente fatal el 18 de marzo de 1999 a las cuatro y media de la tarde, siendo sus ocupantes encontrados veintitrés días más tarde en la espesura de la selva colombiana[227]. En el accidente murieron una familia de tres adultos y dos niños, así como sus jóvenes tripulantes que, como dato curioso, tenían las mismas edades que Edward Frome y su copiloto durante la famosa invasión, pero cincuenta y cinco años más tarde.

Para ese momento ya Viasa y Aeropostal habían quebrado llevando a más de seis mil trabajadores a la calle, Venezuela había sido descertificada y sus aviones no podían viajar a Estados Unidos, mientras que Avensa que ya tenía un expediente en el que le estaban por revocar la licencia[228], debía mucho dinero en Colombia[229] así como en evidente cesación de pagos[230], mientras algunos acreedores sostenían que estaba siendo desmantelada y sus bienes inmuebles transferidos entre las empresas del dueño, para ser entregada a un comité del recién nombrado gobierno de Hugo Chávez Frías.

De esta manera nueve mil trabajadores especializados terminaron buscando empleo en pequeñas empresas de desconocidos, que ahora buscaban aviones desvencijados en los desiertos con la llegada del nuevo siglo. De la misma manera la colombiana Arca y Zuliana de Aviación cerraron al mismo tiempo en 1997 sin haber podido jamás competir con una Avianca que llegaría a 2019 con veinte mil trabajadores y los aviones más modernos del Continente, compitiendo con Aero República (Wingo) con ocho aviones de doce años, Viva Air una verdadera empresa de bajo costo, con veintidós aviones con menos de dos años de uso y una regional llamada EasyFly con dieciocho aeronaves con poco menos de cinco

---

[227] Informe de accidente de aviación, Aviación Civil Comercial, transporte aéreo no regular, HK-337, Douglas dc-3/c-47 en https://reports.aviation-safety.net/1999/19990318-0_DC3_HK-337.pdf
[228] https://www.eltiempo.com/archivo/documento/MAM-939635
[229] https://www.eltiempo.com/archivo/documento/MAM-918308
[230] http://aragua.tsj.gob.ve/DECISIONES/2008/ABRIL/2126-25-21069-.HTML

años, habiéndose autorizado una nueva llamada UltraAir[231] con su primer avión[232] que espera contar con cuarenta aviones[233] lo que indica una inversión importante.

Mientras en los estados financieros de Colombia, las aerolíneas locales ingresan cerca de siete mil millones de dólares[234] y Avianca posee propiedades y activos aeronáuticos por un valor de cinco mil millones[235] que son menos de la mitad de los activos y propiedades de Latam[236], las pocas aerolíneas privadas venezolanas se encuentran cercanas al valor chatarra, con un promedio de tres aviones operativos, cada una con treinta y dos años de promedio de uso y buena parte de estos en total obsolescencia y con menos de dos años antes de que los obliguen a detenerse[237].

Estas pequeñas empresas tratan de sobrevivir con la ruta de Miami y con la ayuda del éxodo de millones de venezolanos sin poder enfrentar inversiones que les permitan sobreponerse a una condición que parece terminal.

En Zuliana de Aviación hay mucho heroísmo venezolano por parte de sus trabajadores, pilotos y personal técnico y de vuelo. Pero el Pote Gutiérrez no está dentro de los héroes antes mencionados porque su plan nunca fue desde el principio construir una aerolínea venezolana y cimentar la industria, sino crear una competencia desleal con Avianca, así como usar a Venezuela como enlace.

---

[231] https://www.larepublica.co/empresas/la-nueva-aerolinea-ultra-air-recibio-la-calificacion-como-proyecto-de-mega-inversion-3291502
[232] https://www.aviacionline.com/2021/12/ultra-air-recibio-su-primer-avion/
[233] Esta aerolínea tiene programados cuatro aviones con un promedio de once años de uso. Se pueden ver en https://www.planespotters.net/airline/Ultra-Air
[234] Solo Avianca obtuvo ingresos cercanos a los cinco mil millones de dólares en 2018 y 2019 https://d18rn0p25nwr6d.cloudfront.net/CIK-0001575969/45c91d17-301a-408c-9fc9-e319dcadc2fe.pdf
[235] Promedio de los años 2016 al 2019 en el Balance financiero disponible en: https://d18rn0p25nwr6d.cloudfront.net/CIK-0001575969/45c91d17-301a-408c-9fc9-e319dcadc2fe.pdf
[236] Doce mil millones en promedio. En https://www.latamairlinesgroup.net/static-files/335537f6-c515-4831-a886-900701519b5b
[237] La mitad de la flota está compuesta por MD-80 que solo operan en aerolineas de pasajeros en Irán y en Venezuela, serán incluidos en las regulaciones de ruido en 2023, así como su turbina será insostenible a partir de ese mismo año. A esto hay que añadir 737 de las primeras versiones que tienen en promedio cuarenta años de uso.

Competencia desleal y anti industria versus industria de bajo costo.

Los venezolanos vimos con buenos ojos que un empresario colombiano sentara el precedente de comprar arcaicos aviones de deshecho y formar nuevas aerolíneas para que compitieran por los cada vez más escasos asientos de Viasa, Aeropostal y Avensa, contra aquellas que habían tenido que invertir en miles de empleados, infraestructura y comprar aviones de primera mano o administrarlos dentro del posible cronograma de depreciación y amortización, permitiéndolo, bajo el falso argumento de la disminución de costes del boleto y en no pocos momentos, la historia las trató de pasar como "aerolíneas de bajo costo" cuando eran una competencia desleal y anti industria.

De la misma manera vimos con buenos ojos, que se emplearan todos los trucos de retrasar los mantenimientos, de abusar de las preservaciones de aviones, de detener los relojes de servicios durante meses así como comprar más chatarras en los desiertos con fines de canibalización, sin descuidar el mal servicio por el estado de la flota, los bajos sueldos o en no pocas ocasiones, la eliminación de beneficios laborales, haciéndolos pasar por estrategias financieras que no eran otra cosa que trucos administrativos para transferir el capital de esos mantenimientos, sueldos y beneficios a las cuentas de sus propietarios en la Florida, pues esas empresas no estaban diseñadas para construir capital social, ni fortalecer una industria, proteger a los empleados y diseñar aerolíneas que duraran cien años o fueran fusionándose hasta construir unas más grandes, sino simplemente como un negocio altamente rentable basado en mínima inversión máxima ganancia.

Si la autoridad permitía que volara un avión con una turbina al 50%, o que otro derramara todo su aceite de motor al aterrizar, no sin antes de tener que volar más bajo porque se despresurizaba, ¿para qué invertir un centavo en algo mejor?

Era a los efectos, un despropósito ya masivo. Los pasajeros compraban un boleto para que los nuevos empresarios compraran chatarra y parte del excedente fuera a parar a la compra de caballos de paso fino, mansiones en el extranjero y no en pocas ocasiones, durante los distintos controles de cambio, los boletos locales terminarían comprando bancos, empresas de transporte e inclusive aerolíneas en el exterior con aviones nuevos comprados directamente a la Boeing, mientras en Venezuela se entregaba el certificado y los miles de empleados en tribunales trataban de que alguien les reconociera sus derechos, sabiendo que las chatarras en el aeropuerto no valían un centavo.

En la mentalidad de parte de esos nuevos empresarios, se trataba de un negocio redondo, pues el coste del billete no iría a amortizar la inversión del avión para comprar el siguiente, ni en crecer en personal o servicios, ya que el desierto les permitía encontrar chatarra siempre barata con la cual seguir ordeñando un sistema que se los permitía, mientras las líneas banderas de Venezuela presentaban perdidas descomunales por una competencia desleal de pasajes ultra baratos y los empresarios privados que lo habían hecho bien, entendieron que no había otra forma, más que sumarse a la nueva mentalidad del todo vale.

Aeropostal que había tenido que endeudarse al extremo para comprar ocho DC-9 y dos MD-80 en la Douglas, ahora tendría que competir con seis aviones de 1954 en sus rutas principales, mientras Viasa que a duras penas podía competir con los estadounidenses tuvo que recurrir a alquilar Airbus A-300 porque el primer crédito de cien millones fue desestimado por los impagos, el segundo de sesenta millones nunca se ejecutó y aún faltaban al menos seis años para amortizar los DC-10, ahora se las vería contra aviones Tristar o incluso DC-8 mientras los venezolanos celebraban volar en prehistóricos aviones que se despresurizaban, a precios absurdamente bajos.

Pero ¿En qué se diferencia una línea aérea de bajo costo a una "anti-industria" que compite en forma desleal? La discusión sobre la necesidad de los bajos costos de los pasajes no ocurre únicamente en Latinoamérica o en países históricamente socialistas como Venezuela. De hecho, existe desde la era de los ferrocarriles a partir del siglo XIX y que fue traspasada a la industria desde el inicio de la aviación, pero no es la intención de este escrito hurgar sobre el pasado bizantino de la discusión sino del fondo de las normas que impidieron lo ocurrido en Venezuela y algunos otros países de Latinoamérica.

Para nadie es un secreto que las normas aeronáuticas locales son una copia de las estadounidenses y eso incluye las que impidieron entrar a empresas como ARCA en el mercado colombiano. Básicamente fue la misma motivación por la que la Junta de Aviación Civil estadounidense prohibiera entre 1954 y 1976 el ingreso de setenta y nueve aplicantes que no pertenecían al sector y que pretendían competir como era el caso de "World Airways" que ofrecía: "proveer de un servicio costa a costa, con una tarifa cerca de la mitad de un vuelo en clase económica" y cuya aplicación sería "rechazada los siguientes seis años"[238].

La primera barrera para proteger a la industria, lo constituyen los estudios de mercado y costos para regular la compleja actividad entre los grandes operadores y sus costos compitiendo con los pequeñas y más flexibles aerolíneas, así como con chárteres de bajo costo. Pero se trataba de competir lealmente y regular no solo la constitución de monopolios, sino de preservar el correcto desarrollo de la industria que no solo era la de transporte, sino la de construcción de aviones. En otras palabras, la industria no solo es hoy la que recibe 865 billones de dólares de acuerdo con la IATA[239], sino un número

---

[238] The Decline of Supplemental Air Carriers in the United States: Hearings Before the Subcommittee on Monopoly of the Select Committee on Small Business, United States Senate, Ninety-fourth Congress, Second Session[-Ninety-fifth Congress, First Session] ....United States. Congress. Senate. Select Committee on Small Business. Subcommittee on Monopoly. U.S. Government Printing Office, 1976. Págs. 517-518

[239] https://www.iata.org/en/iata-repository/publications/economic-reports/airline-industry-economic-performance---june-2019---data-tables/

parecido en ordenes de nuevos aviones en los libros de las constructoras[240]. En otras palabras, la industria debe crecer proporcionalmente en servicios y bienes permanentemente, es decir se potencian también desde los que venden las turbinas y repuestos, hasta los servicios en tierra y a bordo creando todo lo que la industria aeronáutica supone.

De hecho, fue la misma Junta Aeronáutica (CAB) junto con la Oficina del Contador General quienes en 1977 sentarían el primer desarrollo técnico normativo de las empresas de bajo costo ya que serían posibles las tarifas bajas y un nuevo modelo, pero únicamente basado en la eficiencia de los costos como había demostrado por primera vez una empresa estadounidense tras seis años de operaciones llamada Southwest. En otras palabras, el reporte enviado al Congreso[241], establecía que las nuevas líneas eran bienvenidas a competir en tarifas de bajo coste, mientras no desalentaran las inversiones en la industria y bajo la premisa de que solo lo podrían hacer, si compitiendo en igualdad de condiciones, eran capaces de reducir sus costos de operación.

Por primera vez se sentaban las bases para competir desde un punto de vista financiero sin afectar a nadie y serían bienvenidos siempre que comprendieran que las normas del juego no eran otras que las de unas finanzas que garantizaran que los constructores de aviones seguirían vendiendo aviones, los servicios aumentarían con la oferta y las aerolíneas podrían seguir capitalizándose a un ritmo deseable. En otras palabras, el reporte sostenía que, si un empresario quería bajar sus tarifas, debía fundamentalmente bajar sus costos siendo muchísimo más eficientes que su competencia.

---

[240] Solo Airbus tenía 478 billones de euros en su libro de ordenes para 2019 en https://www.airbus.com/sites/g/files/jlcbta136/files/2021-06/Airbus_FY2019_presentation_1.pdf

[241] Lower Airline Costs Per Passenger are Possible in the United States and Could Result in Lower Fares: Civil Aeronautics Board : Report to the Congress United States. General Accounting Office. General Accounting Office, 1977

Es así como comenzaron a surgir ya a principios de la década del setenta las líneas aéreas de bajo costo, principalmente en los países socialdemócratas europeos como Noruega o Islandia de donde surgió la pionera Icelandic[242], mientras que los legisladores británicos explicaban que era posible un viaje más barato de Londres a Nueva York, si no se daba la menor atención a bordo y todos se llevaban su comida. Lo que hizo que no pocas aerolíneas pequeñas de Estados Unidos, sobre todo dentro de los límites de un estado, dejara de ofertar comidas a bordo.

Y así a mediados de los setenta comenzaron a surgir las empresas "ultra eficientes" que es un nombre más propicio y que pasaron a la historia mundialmente como de "bajo costo" y eso es precisamente lo que ocurre en el mundo. De hecho el modelo técnico actual de lo que debe o no ser una línea así, viene de Southwest una de las pioneras estadounidenses, que tendría que pasar cinco años en tribunales para que se les dejara operar de una forma que, a los ojos del regulador, atentaba contra la sana competencia pues la idea era transportar pasajeros dentro del estado de Texas, con aviones Boeing 737 que eran mucho más grandes que los que acostumbraba el uso en ese mercado, principalmente de hélices y siendo utilizados de una manera que no se había intentado jamás en la industria, pues cada avión despegaría ocho o más veces al día en destinos cortos.

Es así cuando la Corte Suprema de Justicia lo permitió, que surgiría un nuevo modelo que revolucionaria en la historia y la primera carta de su presidente a los accionistas, explicaría que: "fue necesario levantar el capital necesario para construir la compañía (..) garantizar el financiamiento de largo plazo para adquirir nuestros equipos de vuelo y proveer el suficiente respaldo para afrontar las pérdidas operativas, en las que incurriremos en este primer periodo

---

[242] Luego fusionada para formar Icelandair.

hasta lograr las ganancias con el tráfico"[243] pérdidas que serían evidentes al solo lograr un escueto 29% en su factor de carga.

Pero no fueron al desierto a comprar aviones destartalados, comenzaron en 1971 con sus primeros cuatro aviones 737-200 comprados directamente a la Boeing, de los que tuvo que separarse de uno, siendo vendido para compensar las pérdidas y de los que terminaría encargando veintidós en su primera década y 838 aviones exactamente iguales, hasta el 2021. A esto se le añadió que eran capaces de hacer más vuelos que los demás con casi la mitad del personal y contando con menos de 200 empleados en sus primeros años. Un solo modelo de avión, un solo nicho de mercado explotado a su máxima capacidad con la máxima eficiencia, marcaron la tendencia moderna y como dijo su presidente, ese año perderían por primera y única vez en su historia durante los siguientes cuarenta y ocho años.

Desde un punto de vista financiero, los 16 dólares que cobraba en promedio Southwest en 1973, representan los mismos 57 dólares que cobraba en 1990 por inflación y los mismos 85 que cobraba en sus estados financieros en el 2000, que es la media ajustada a inflación que lo que cobraron en 2021 a cada pasajero transportado. Ese equilibro de ultra eficiencia y explotación de un nicho de mercado de acuerdo con la paridad del poder adquisitivo en su tarifa, es la que le permitió a su vez cobrar por cada avión y vuelo, lo mismo década tras década y para ello el secreto no fue otro que la ultra disciplina financiera, manteniéndola con celo durante todos esos años.

Una aerolínea no es otra cosa que un sistema de ultra eficiencia financiera y solo quiebra cuando se descontrola. Por eso la historia financiera de Southwest es verdaderamente increíble y apasionante por su nivel de disciplina financiera y capitalización permanente, un sistema que cambió para siempre a la industria porque se trató de un nuevo modelo y una nueva cultura corporativa.

---

[243] Primer reporte anual a los accionistas diciembre 1971, pag, 1

Su fundador y primer presidente-tesorero M. Lamar Muse, quien odiaba su primer nombre como el fundador de PanAm[244], era considerado como "un genio cascarrabias" por sus colegas[245] había previsto convertir a su aerolínea en una que operara dentro del estado de Texas y principalmente las rutas de Houston a Dallas y de esta última a San Antonio, pero cuando comenzaron los vuelos chárter de bajo costo y la aerolínea Braniff bajó sus tarifas en las mismas rutas a menos de 13 dólares y casi los lleva a la bancarrota, Muse cedió el poder a un verdadero genio financiero que ideó un nuevo modelo hiper rentable, que marcaría para siempre el futuro de las aerolíneas.

En su periodo inicial tal y como lo habían explicado, habían perdido 3.752.675 dólares, mientras que en el segundo la pérdida fue de más de un millón y medio de dólares y a partir de allí en 1973, cuando la industria había tenido que paralizar más de ochenta aviones por la crisis, Eastern había tenido pérdidas cuantiosas[246] y una aerolínea como American Airlines perdió 48 millones de dólares[247] y PanAm arrastraba ya perdidas consecutivas durante los cinco años anteriores[248] y no obtendría ganancias hasta dos años más tarde[249], mientras Southwest obtendría su primera ganancia gracias a ese gigantesco cambio de filosofía, a tal extremo que, para el cuarto año, la flamante aerolínea de costo reducido había aportado dos millones de dólares de ganancias, tres millones y medio al siguiente y cerca de cinco millones en 1976[250].

Al arribar al quinto año de ganancias consecutivas, su presidente bromeó en la carta a los accionistas: "¿No les aburre recibir

---

[244] EL fundador de PanAm tenía por nombre Juan en español en honor a una tía abuela que había vivido en Venezuela, mientras el primer nombre de Muse era Marion.
[245] https://www.latimes.com/archives/la-xpm-2007-feb-09-me-muse9-story.html
[246] https://www.nytimes.com/1974/01/23/archives/article-2-no-title.html
[247] https://archive.org/details/americanairlinesannualreports/americanairlines1973/page/n1/mode/2up
[248] https://www.nytimes.com/1975/02/06/archives/pan-am-loses-48million-in-quarter-pan-am-reports-48million-loss.html
[249] https://www.nytimes.com/1975/02/06/archives/pan-am-loses-48million-in-quarter-pan-am-reports-48million-loss.html
[250] https://www.southwestairlinesinvestorrelations.com/~/media/Files/S/Southwest-IR/documents/company-reports-ar/ar-1976.pdf

esta carta anualmente sobre nuestros éxitos (..) la verdad es que no tengo nada original que decirles?" la compañía se había capitalizado enormemente, el capital de trabajo era uno de los mejores de la industria, comprando en promedio dos aviones nuevos cada año hasta que la compañía había pasado de cuatro aviones a trece habiendo reemplazados "los más antiguos" que tenían menos de diez años de uso y habían aumentado un veinte por ciento las horas de utilización de sus aeronaves con un factor de ocupación que aumentó de 58 a 67% en 1978[251] mientras cada uno de los dieciocho aviones, era usado en promedio once veces al día.

Aquí radicaba otro de los grandes secretos de Southwest, la planificación intensiva y financiera de flota, logística y cadena de suministros, era completamente distinta pues respondían al modelo financiero integral de la corporación, es decir, sus vicepresidentes de operaciones no eran como se acostumbraba en la primera década del siglo pasado, pilotos veteranos, lo que no debe confundirse con las operaciones aéreas[252] sino que venían del sector del control financiero, a tal punto que si analizamos hoy al CEO de Southwest[253] a la los vicepresidentes ejecutivos de Finanzas[254] Operaciones[255] y al Comercial[256] todos comenzaron siendo contralores financieros, todos fueron vicepresidentes de planificación financiera y todos tienen mas de veinte años controlando ese sistema de ultra eficiencia administrativa.

Para 1981 año en el que cumplieron su primera década de existencia, no solo no habían tenido pérdidas anuales, sino que se habían capitalizado enormemente tras llegar a un acuerdo de compra

---

[251] https://www.southwestairlinesinvestorrelations.com/~/media/Files/S/Southwest-IR/documents/company-reports-ar/ar-1978.pdf

[252] A partir de 1963 comienza a cambiar el modelo a medida que las operaciones y las finanzas se complejizaban y era necesario controlarlas, el sistema cambio radicalmente en los ochenta. Southwest tiene un Vicepresidente Ejecutivo que es financiero al que responden cuatro vicepresidentes senior, el de Operaciones Aéreas es un piloto, Operaciones Técnicas es un ingeniero de mantenimiento, el de operaciones terrestres y provisionamiento y el de Diseño operacional que es también de finanzas.

[253] https://www.swamedia.com/pages/bob-jordan

[254] https://www.swamedia.com/pages/tammy-romo

[255] https://www.swamedia.com/pages/michael-van-de-ven

[256] https://www.swamedia.com/pages/andrew-watterson

por treinta nuevos aviones 737-200, mientras Braniff, la compañía que había pretendido sacarlos del mercado, desaparecería abrumada por el caos financiero y buena parte de las aerolíneas grandes habían reportado perdidas por el aumento del combustible[257] y PanAm volvería a perder consecutivamente todos los años hasta el famoso récord de 1983 con cerca de 500 millones de dólares[258], monto que había recibido por su cadena de hoteles Intercontinental el año anterior.

La carta del nuevo presidente de Southwest Herbert D. Kelleher a los accionistas simplemente reflejaba un éxito sin precedentes en la historia: "pasamos de 6.051 a 91.143 vuelos, nuestros pasajeros aumentaron de 108.554 a 5.976.621 y los ingresos de 2.133.000 a 213.048.000"[259] operando "veintitrés aviones con un promedio de veintiocho meses". Kelleher sería nombrado por la revista Forbes como posiblemente "el mejor CEO de los Estados Unidos" y Wall Street enloquecería con su modelo capaz de multiplicar por treinta los resultados a los accionistas[260].

Estos reportes fueron escritos cuando la industria tenía la mayor huelga de empleados aeronáuticos, y el país enfrentaba una dura recesión por los precios del combustible desde 1979 y la alta inflación, sumado a un pico de desempleo de más del diez por ciento. Sin embargo, su modelo de negocios, sus habilidades e innovaciones en la industria no solo lo llevarían a ser billonario, sino ocupar una silla como miembro de la Reserva Federal.

Y pese a que sería la etapa de la más grande crisis de entidades de ahorro y préstamo, los siguientes años ganarían lo impensable[261] así que cuando estalló la burbuja petrolera y muchas empresas

---

[257] https://www.nytimes.com/1981/01/27/business/company-news-american-airlines-twa-and-western-report-losses.html
[258] https://www.washingtonpost.com/archive/business/1983/02/04/pan-am-loses-485-million-airline-record/b2c1a0da-33a4-45fc-b18b-02eb8ffec351/
[259] https://www.southwestairlinesinvestorrelations.com/~/media/Files/S/Southwest-IR/documents/company-reports-ar/ar-1980.pdf
[260] https://archive.fortune.com/magazines/fortune/fortune_archive/1994/05/02/79246/index.htm
[261] https://www.southwestairlinesinvestorrelations.com/~/media/Files/S/Southwest-IR/documents/company-reports-ar/ar-1982.pdf

cayeron en desgracia, Southwest había aumentado casi un veinticinco por ciento sus ganancias[262] porque entre las genialidades e innovaciones habían creado fondos financieros de cobertura para amortizar el impacto de esos precios. El resto fue crear una compañía boutique diseñada y altamente enfocada en las necesidades de los viajeros de bajo costo, tarifas para los jóvenes, especialidades de fin de semana, vuelos más baratos a horas que nadie tenía siquiera pensados y cientos de ideas más, hicieron que en 1986 la compañía llegara a los cincuenta millones de dólares en ganancias[263].

Durante toda la década de los ochentas la compañía no hizo otra cosa que dar dividendos a sus accionistas hasta el año de 1991 fecha en la que habían cumplido veinte años ininterrumpidos desde que se transformaron al modelo de hiper eficiencia, superando los veinte millones de pasajeros transportados y con una flota nueva de 124 aviones. Súper eficacia significaba utilizar los aviones al límite de horas y frecuencias diarias, "con un promedio de 375 millas por vuelo de duración aproximada de una hora". De esta manera estimulaban su nicho de mercado a unos niveles nunca antes vistos colocando las tarifas "por debajo de los 57 dólares"[264]. Pero también se trataba de híper eficiencia financiera, ceración de productos, tarifas igualmente híper flexibles y diseño de rutas, frecuencias y planificación financiera de operaciones increíblemente modernas, donde los fondos de cobertura y las innovaciones administrativas darían un vuelco sorprendente a las líneas aéreas que lo incorporaran.

Para 1991 la industria estaba casi en quiebra técnica por el nuevo impacto económico y la Guerra del Golfo mientras el presidente de Southwest escribiría a sus accionistas: "Los tres años de 1990-92 representan la más grave crisis financiera de la historia de la industria de aerolíneas (..) aproximadamente el 40% del total de la

---

[262] https://www.southwestairlinesinvestorrelations.com/~/media/Files/S/Southwest-IR/documents/company-reports-ar/ar-1984.pdf
[263] https://www.southwestairlinesinvestorrelations.com/~/media/Files/S/Southwest-IR/documents/company-reports-ar/ar-1986.pdf
[264] https://www.southwestairlinesinvestorrelations.com/~/media/Files/S/Southwest-IR/documents/company-reports-ar/ar-1991.pdf

capacidad de nuestras grandes transportadoras ha cesado su operación u opera en Chapter 11" no sin antes explicar a continuación que "somos la única aerolínea que ha dado ganancias"[265], comprando ese año trece nuevos aviones e implementando un nuevo sistema llamado "más por menos" justo cuando PanAm, Eastern y Midway, así como muchas otras habían sido llevadas a la bancarrota, mientras el presidente en su carta a los accionistas explicaba: "Solo los más fuertes sobreviven" demostrando que, para afrontar los problemas de una economía en recesión, solo los costos bajos podían garantizar el milagro ocurrido.

Aquello no solo ocurría en los Estados Unidos, sin contar con la perdida de más de ochenta mil puestos de trabajo, las quiebras y fusiones, Lufthansa había tenido sus primera perdidas en dieciocho años y las tendría también al siguiente[266], AirFrance estaría en apuros desde 1989 hasta 1996[267] mientras que Iberia en España se encontraba en un caos perdiendo 500 millones de pesetas diarias[268] y continuaría así durante los siguientes tres años[269] entrando en situación de quiebra técnica, razón por la que en 1994 se abstuvieron de invertir un centavo en la recién comprada aerolínea Viasa, de Venezuela[270], que había sido adquirida por los españoles, sin que a las autoridades venezolanas les importara que los españoles estaban en insolvencia financiera pues arrastraba muchos años de pérdidas seguidas[271] mientras que en la década del ochenta solo las había dado en tres.

---

[265] https://www.southwestairlinesinvestorrelations.com/~/media/Files/S/Southwest-IR/documents/company-reports-ar/ar-1992.pdf
[266] https://www.upi.com/Archives/1993/03/18/Lufthansa-cuts-losses-in-1992/1157732430800/
[267] https://www.nytimes.com/1996/06/27/business/worldbusiness/IHT-air-france-posts-first-fullyear-operating-profit.html
[268] https://elpais.com/diario/1991/02/20/economia/667004401_850215.html
[269] https://elpais.com/diario/1993/07/02/economia/741564016_850215.html
[270] https://ipsnoticias.net/1994/11/venezuela-socios-de-iberia-se-abstienen-de-capitalizar-viasa/
[271] https://www.elmundo.es/elmundo/1997/diciembre/07/economia/iiberia.html

Al ver aquel milagro de Southwest, unos jóvenes irlandeses que operaban una compañía que daba pérdidas y era disfuncional operando aviones pequeños y disimiles que iban desde un Embraer turbohélice, hasta un bote volador de la segunda guerra, se fijaron en el modelo y cruzaron el océano para encontrarse con su creador: "fuimos a estudiarla" dijo uno de ellos, "Fue como el camino a Damasco. Era la manera para hacer que funcionara" y aquello ocurrió en una noche de bebida al estilo irlandés: "Me desmayé cerca de la media noche" dijo el joven irlandés, "y cuando me desperté cerca de las tres de la mañana allí estaba el bastardo de Kelleher sirviéndose otro bourbon y fumando"[272]. Así pasaron los días estudiándola desde la rampa, hasta el sistema de pasajeros, el check-in, la manera en la que realizaban el despacho y sobre todo, el modelo financiero: "no era ciencia de cohetes, simplemente eran obsesivos con los costos" y tomaron prestadas no solo las formulas sino incluso las tarifas, explicaría nada menos que Michael O'Leary, el hombre que replicó el modelo creando RyanAir en Europa.

A partir del cambio de modelo, la nueva compañía europea, aumentaría sus ganancias durante los siguientes nueve años de manera consecutiva y lo haría nuevamente durante la siguiente década, incluido el 2009 cuando la recesión mundial llevo a la quiebra a buena parte del sistema bancario, explicando su presidente a los accionistas que: "ha sido un año decepcionante" porque solo podía entregar 178 millones de libras de ganancia[273], una que se duplicaría al año siguiente[274] y lo volvería a duplicar al siguiente[275] sin perder un solo centavo hasta que la pandemia del Covid-19 aparcó sus 422 aviones[276]

Pero el modelo de tarifas bajas paradójicamente no tenía mucho que ver con los pasajes baratos. Se trataba de un modelo

---

[272] Michael O'Leary: A Life in Full Flight, Alan Ruddock, Penguin UK, 27 2008, kindle version
[273] https://www.ryanair.com/doc/investor/2009/Annual_report_2009_web.pdf
[274] https://www.ryanair.com/doc/investor/2010/Annual_report_2010_web.pdf
[275] https://www.ryanair.com/doc/investor/2011/Annual_Report_2011_Final.pdf
[276] https://investor.ryanair.com/wp-content/uploads/2021/08/FINAL_Ryanair-Holdings-plc-Annual-Report-FY21.pdf

sumamente complejo y altamente disciplinado así que no era tan fácil como explicar: "simplemente copiamos al maestro y lo replicamos"[277] como dijo el presidente de la nueva RyanAir. No era tan simple como "tener un solo tipo de avión, hacerlo volar al máximo y mandarlo de vuelta tan rápido como fuera posible" sino que había que ser disciplinado al máximo nivel en todos los campos operativos, pero, sobre todo, en eficiencia financiera con un control del costo de la operación increíble.

Se trataba de un crecimiento altamente controlado y estudiado financieramente hasta niveles de detalle nunca vistos. El equipo de finanzas altamente especializado, no solo estudiaba y planeaba las rutas, sino negociaba cada detalle al extremo y cambiaba para siempre la manera en la que se llevaba a cabo el negocio, dándole especial atención a todo aquello que pudiera generar más ganancias dentro de un único nicho de mercado, sin necesidad de apelar a la tarifa. Pero destacándose en donde nadie lo había hecho antes, en la capitalización intensiva, progresiva y altamente controlada que pudiera ser considerada como finanzas minimalistas, con un nicho de mercado explotado con la misma intensidad y una cadena de suministros planificada, organizada y operada con la precisión de una cirugía cerebrovascular, por no hablar de sus sistemas integrados de logística y una fiabilidad de la operación garantizada con una amortización acelerada y un cambio de flota planificada al detalle, que es en su conjunto, donde yacía y yace el secreto del "modelo Southwest" y RyanAir.

Por lo tanto, no se trata de una aerolínea que ofrezca una tarifa barata, sino de todo un sistema financiero, operativo y logístico híper-eficaz que representaba un nuevo cambio cultural, donde hay otro secreto: "son obsesivos en la construcción de valores"[278] que

---

[277] Getting to Plan B: Breaking Through to a Better Business Model, John Mullins, John W. Mullins, John Walker Mullins, Randy Komisar, Harvard Business Press, 2009. Pag. 117
[278] Built on Values: Creating an Enviable Culture that Outperforms the Competition, Ann Rhoades, John Wiley & Sons, 2011

aumentan la competitividad para arrollar con la competencia, es decir cada individuo de la corporación debía ser tan eficaz en su puesto de trabajo, como lo es una corporación donde literalmente cada centavo, hace la diferencia.

De esta manera todo rondaba también sobre la idea de una nueva filosofía de servicio altamente especializada denominada como "money-for-value brand" o una marca en la que se distingue el valor por el dinero pagado como lo dijo el creador y presidente de EasyJet al recibir el premio de emprendedor del año en Nueva York: "creo que Herb Kelleher es más un héroe allí" y se refería a su mente, al responder la pregunta de una periodista sobre como lo influyó Richard Branson[279] el dueño de Virgin Airlines: "Pensé que se estaba divirtiendo dirigiendo una aerolínea. Pero el modelo de negocio vino de Southwest" diría el hombre que creo la siguiente compañía británica de bajo costo que comenzaría con "nuestro primer avión propio" en 1996 hasta dar ganancias consecutivas los siguientes diez años y contar con 122 aviones siendo el año 2006 cuando el presidente pidió permiso a sus accionistas para adquirir y pasar a propiedad 196 aeronaves[280] un numero que rozaron incluso durante la crisis de 2008, en la que continuaron dando ganancias, mientras el resto iba a la quiebra[281] y con un récord de capitalización, tasas de retorno y ganancias en 2011 cuando alcanzaron los doscientos aviones y la meta de que el 70% fuera una flota propia[282].

EasyJet alcanzaría sus primeros veinte años de vida sin haber perdido jamás un centavo y con una mujer como su CEO, Carolyn McCall quien obtuvo un récord de capitalización y retornos nunca visto en la industria, cuadruplicando el valor de las acciones[283],

---

[279] https://www.nytimes.com/2006/01/22/travel/entrepreneur-of-the-year-stelios-hajiioannou.html
[280] https://corporate.easyjet.com/~/media/Files/E/Easyjet/pdf/investors/result-center-investor/investor_pres_annual_report_2006.pdf
[281] https://corporate.easyjet.com/~/media/Files/E/Easyjet/pdf/investors/result-center-investor/easyJet_AR09_180109.pdf
[282] https://corporate.easyjet.com/~/media/Files/E/Easyjet/pdf/investors/result-center-investor/annual-report-2011.pdf
[283] https://www.ft.com/content/985b8a82-6b05-11e7-bfeb-33fe0c5b7eaa

mientras que los siguientes años continuarían dando ganancias incluso frente al impacto del Brexit y sus 331 aviones volaban a un récord del 91% de factor de carga[284], antes de la Pandemia de Covid-19.

Ocurrió lo mismo con otro ejecutivo llamado David Neeleman quien soñaba algún día sustituir al presidente de Southwest sin saber que sería despedido por este y se marchó tras formar un acuerdo de no competitividad[285] razón por la que ayudó a crear la compañía canadiense WestJet para unos años más tarde fundar nada menos que JetBlue, llevándose a no pocos ejecutivos de Southwest y posteriormente vendió parte de sus acciones para fundar la aerolínea brasileña de bajo costo Azul. El éxito de JetBlue estuvo muy claro al romper todos los límites, llevando a sus aviones a operar 12.9 horas, usando vuelos a horas que no eran siquiera comerciales y haciendo descender sus costos a 6,43 centavos por asiento-milla, cuando la media de su competencia estaba en 9,53[286] e inclusive el de su antiguo jefe, pues Southwest tenía un costo de 7,41 centavos[287].

La estrategia de JetBlue no fue similar a la de Southwest posiblemente porque el modelo escogido busca competir también en segmentos de operaciones de las grandes corporaciones como Delta y United y por eso su composición de flotas no le permite una hiper eficacia como el resto de las low-cost, lo que la hace reportar pérdidas. El resto de la organización financiera si se lleva a cabo desde el momento de financiar sus pérdidas los primeros dos años para capturar el mercado, con disciplina estructural para manejar una filosofía de negocio que no admite errores. Pero al ser su nicho de mercado distinto y su competencia distinta, con una composición de flota que no le permite una cadena de suministros eficaz, la hizo

---

[284] https://corporate.easyjet.com/~/media/Files/E/Easyjet/pdf/investors/results-centre/2019/eas040-annual-report-2019-web.pdf
[285] https://www.inc.com/bill-murphy-jr/fired-by-southwest-airlines-fired-by-jetblue-heres-how-this-inspiring-entrepreneur-keeps-coming-back.html
[286] http://otp.investis.com/clients/us/jetblue_airways/SEC/sec-show.aspx?FilingId=2171536&Cik=0001158463&Type=PDF&hasPdf=1
[287] Estados financieros de Southwest, key figures

enfrentar pérdidas importantes de capital en 2007 y financieras en 2008 que hicieron que Neeleman fuera despedido de la compañía que fundo, justo al momento en que sus acciones habían bajado un 30%[288] por lo que había que volver a lo básico y eso les garantizó los siguientes diez años de ganancias, pero a un ritmo menos importante que el resto de las compañía de bajo costo y con unos riesgos que no son propios del modelo creado por Southwest.

Esto también le ocurre con su nueva empresa brasilera que en pocos años se ha convertido en: "la aerolínea más grande de Brasil en términos de salidas y ciudades atendidas, con 766 salidas diarias a 104 destinos, creando una red incomparable de 223 rutas sin escalas" pero su composición de flota, su modelo de capitalización y financiero es tan distinto al modelo eficiente, que dio perdidas constantes a tal punto que entre 2014[289] y 2019[290] apenas reportó ganancias un solo año y en esas condiciones, les llegó la pandemia. Y este caso es importante para reforzar la teoría de que se trata de un solo modelo de negocios, sumamente eficaz y que admite pocas variaciones.

Por lo tanto, se trata de una industria creada bajo un sistema específico que nada tiene que ver con que una aerolínea decida abaratar los costos de sus pasajes o cobrar por las maletas y los equipajes de mano como usualmente creen en algunas partes de Latinoamérica que ocurre. No se trata de ofrecer una tarifa barata para quienes quieren volar sin equipaje, sino de prescindir de un modelo obsoleto de negocio y sustituirle por uno absolutamente nuevo.

Por eso hay que volver a la hipótesis de Kelleher y otro presidente y muy amigo suyo el también billonario Bill Franke, junto a unos pocos más que crearon un nuevo sistema en los años noventa y es uno esencialmente financiero, donde las estadísticas y el hiper control administrativo de todo el sistema, bajo un modelo ultra

---

[288] https://www.reuters.com/article/us-jetblue-ceo-idUSN1040438220070510
[289] https://www.sec.gov/Archives/edgar/data/0001432364/000119312518137918/d567425d20f.htm
[290] https://www.sec.gov/Archives/edgar/data/0001432364/000119312520128789/d846546d20f.htm

planificado al detalle hacen la diferencia. Por eso Franke terminaría siendo el propietario de la firma de inversiones Indigo Partners propietaria de las también aerolíneas de bajo costo como Frontier, Jetsmart, WizzAir y parte de Volaris. Por la que todos tienen un sistema en común que se creó entre 1993 y 1997, bajo un mismo parámetro y con pocas diferencias. Se trata de una evolución de la industria hacia la hiper eficiencia, con una flexibilidad y un manejo de la capitalización corporativa nunca vista y capaz de adaptarse a todas las variables y problemas de la industria.

Volviendo a ese último año, la carta del presidente de Southwest a sus accionistas la escribió literalmente en mayúsculas: "Fue el 25.° año consecutivo de rentabilidad en una industria destacada por su vulnerabilidad a los ciclos económicos. La capacidad de nuestra gente para producir beneficios en momentos económicos malos y buenos lo ha recompensado con seguridad laboral y prosperidad creciente", sus ahora 261 aviones ya eran usados durante once horas[291], despegando literalmente once veces al día bajo el slogan, "no tardaremos ni diez minutos" en volver a despegar.

De haber pasado la barrera de los mil millones de dólares en ingresos había transcurrido otra década más quintuplicando esos números y alcanzando los sesenta millones de pasajeros transportados cuando ocurrió la debacle de las torres gemelas en la que la industria nuevamente se vendría abajo, lo que haría pensar que la ahora gigante del bajo costo tendría problemas al cumplir treinta años dando ganancias. Pero es sumamente interesante lo que hicieron, para compensar el shock de mercado bajaron aún más sus costos operativos y no perdieron dinero los siguientes dos años[292] de hecho solo cuando llegó el 2008, fecha de la más grave recesión mundial vivida desde 1929, cuando todas las aerolíneas del planeta

---

[291] https://www.southwestairlinesinvestorrelations.com/~/media/Files/S/Southwest-IR/documents/company-reports-ar/ar-1997.pdf
[292] https://www.southwestairlinesinvestorrelations.com/~/media/Files/S/Southwest-IR/documents/company-reports-ar/ar-2003.pdf

volvieron a la quiebra técnica y desaparecieron gigantes como TWA, Southwest mostró ganancias por 178 millones de dólares y cerca de cien en 2009[293].

El comunicado del presidente en 2011 fue muy simple: "Celebramos nuestro cuarenta aniversario como aerolínea de bajo costo (..) y más aún reportamos nuestro 39 año consecutivo con ganancias (..) hemos sido innovadores (..) y nuestra posición financiera está muy fuerte"[294] y así pasaron los siguientes ocho años, hasta la llegada de la Pandemia con unas ganancias extraordinarias[295] habiendo roto todos los récords existentes y aunque tuvieron que paralizar su flota de Boeing 737 Max y en 2020, el presidente de Southwest explicaría a sus accionistas que: "Nuestra notable serie de 47 años consecutivos de ganancias, un récord sin precedentes en la industria de las aerolíneas comerciales y que se remonta a nuestro primer año completo de operaciones en 1972, terminó en 2020 con una pérdida neta de $3.100 millones".

Para 2021 y al estar altamente capitalizadas, lo que hicieron fue disminuir más sus costos y aumentar más su eficacia operacional, haciendo descender más aún las tarifas y volviendo a la ruta de las ganancias[296]. Sin embargo, la mayor preocupación de Southwest no es otra que la que explicó su sexto presidente: "Incluso antes de la pandemia, la posición de bajo costo de la Compañía había sido desafiada por el crecimiento significativo de las "Transportistas de costo ultra bajo" ("ULCC"), que en algunos casos han superado la ventaja de nuestros costos con aeronaves más grandes, mayor densidad de asientos, y salarios más bajos"[297].

---

[293] https://www.southwestairlinesinvestorrelations.com/~/media/Files/S/Southwest-IR/documents/company-reports-ar/ar-2009.pdf
[294] https://www.southwestairlinesinvestorrelations.com/~/media/Files/S/Southwest-IR/documents/company-reports-ar/ar-2011.PDF
[295] https://www.southwestairlinesinvestorrelations.com/~/media/Files/S/Southwest-IR/LUV_2019_Annual%20Report.pdf
[296] https://www.southwestairlinesinvestorrelations.com/~/media/Files/S/Southwest-IR/2021-10-K.pdf
[297] https://translate.google.com/?sl=en&tl=es&text=Even%20before%20the%20pandemic%2C%20the%20Company's%20low-

En vez de crear un sistema, buena parte de los latinoamericanos y especialmente los venezolanos creen que una línea aérea trata sobre bajar los precios de los boletos aéreos, o descontar los precios de los equipajes, cuando como explica el presidente de RyanAir su obsesión consiste en preguntarse permanentemente: "cómo podríamos deshacernos de estas"[298] refiriéndose a las tarifas, siendo eficaces financiera, administrativa y operativamente a extremos nunca vistos y embarcando a millones en segmentos operativos que estimulen permanentemente su crecimiento, siendo extraordinariamente disciplinados financieramente y aprovechando todas las herramientas de los mercados y un modelo de capitalización corporativa que raya en la genialidad.

De allí a que, en 50 años, empresas com SouthWest (abajo) solo tuvieran un año de pérdidas y fue durante la Pandemia en 2020.

SOUTHWEST AIRLINES							
AÑO	GANANCIA NETA	PASAJEROS	EQ. VUELO NETO	AÑO	GANANCIA NETA	PASAJEROS	EQ. VUELO NETO
1973	USD 174,76	543,41	USD 11.979,39	1998	USD 433.431,00	52.586,40	USD 4.137.610,00
1974	USD 1.095,26	759,72	USD 15.929,15	1999	USD 474.378,00	57.500,21	USD 5.008.166,00
1975	USD 3.400,00	1.136,32	USD 27.026,73	2000	USD 625.224,00	63.678,26	USD 5.819.725,00
1976	USD 4.939,00	1.539,11	USD 40.701,36	2001	USD 511.147,00	64.446,77	USD 6.445.487,00
1977	USD 7.545,00	2.339,52	USD 77.967,18	2002	USD 240.969,00	68.886,55	USD 6.645.464,00
1978	USD 17.004,00	3.528,11	USD 118.706,02	2003	USD 442.000,00	65.673,95	USD 7.443.000,00
1979	USD 16.652,00	5.000,09	USD 150.576,00	2004	USD 313.000,00	70.902,77	USD 8.723.000,00
1980	USD 28.447,00	5.976,62	USD 194.908,00	2005	USD 484.000,00	77.693,88	USD 9.212.000,00
1981	USD 34.165,00	6.792,93	USD 258.982,00	2006	USD 499.000,00	83.814,82	USD 10.094.000,00
1982	USD 34.004,00	7.965,55	USD 377.390,00	2007	USD 645.000,00	88.713,47	USD 10.874.000,00
1983	USD 40.867,00	9.511,00	USD 430.790,00	2008	USD 178.000,00	88.529,23	USD 11.040.000,00
1984	USD 49.724,00	10.697,54	USD 580.109,00	2009	USD 99.000,00	86.310,23	USD 10.634.000,00
1985	USD 47.278,00	12.651,24	USD 881.530,00	2010	USD 459.000,00	88.191,32	USD 10.578.000,00
1986	USD 50.035,00	13.637,52	USD 925.174,00	2011	USD 178.000,00	103.973,76	USD 12.127.000,00
1987	USD 20.155,00	13.506,24	USD 858.713,00	2012	USD 421.000,00	109.346,51	USD 12.766.000,00
1988	USD 57.952,00	14.876,58	USD 1.126.474,00	2013	USD 754.000,00	108.075,98	USD 13.389.000,00
1989	USD 71.558,00	17.958,26	USD 1.204.257,00	2014	USD 1.136.000,00	110.496,91	USD 14.292.000,00
1990	USD 47.083,00	19.830,94	USD 1.310.537,00	2015	USD 2.181.000,00	118.171,21	USD 15.601.000,00
1991	USD 26.919,00	22.669,94	USD 1.494.194,00	2016	USD 2.183.000,00	124.719,77	USD 17.044.000,00
1992	USD 91.021,00	27.839,28	USD 1.784.292,00	2017	USD 3.357.000,00	130.256,19	USD 18.539.000,00
1993	USD 154.284,00	36.955,22	USD 2.141.364,00	2018	USD 2.465.000,00	134.890,24	USD 19.256.000,00
1994	USD 179.331,00	42.742,60	USD 2.823.071,00	2019	USD 2.300.000,00	134.056,00	USD 17.025.000,00
1995	USD 182.626,00	44.785,57	USD 2.779.307,00	2020	-USD 3.816.000,00	54.088,00	USD 15.831.000,00
1996	USD 207.337,00	49.621,50	USD 2.969.223,00	2021	USD 977.000,00	99.111,00	USD 14.832.000,00
1997	USD 317.772,00	50.399,96	USD 3.435.693,00	2022 2Q	USD 482.000,00	59.253,00	USD 15.594.000,00
SOURCE: ANNUAL REPORT AND SEC 10-K							

---

cost%20position%20had%20been%20challenged%20by%20the%20significant%20growth%20of%20 "Ultra-Low%20Cost%20Carriers"%20("ULCCs")%2C%20which%20in%20some%20cases%20have%20surpassed%20the%20Company's%20cost%20advantage%20with%20larger%20aircraft%2C%20increased%20seat%20density%2C%20and%20lower%20wages.&op=translate

[298] http://news.bbc.co.uk/2/hi/business/1328597.stm

Esa es la diferencia existente, entre una compañía que compite lealmente con un servicio y un sistema que permite sostener a la industria, que otro que simplemente es desleal porque lo que hace es colarse entre las rendijas de las normas y autoridades, adquirir casi gratis aviones desvencijados, pagar mal a los empleados, detener durante meses los mantenimientos de una flota que es en realidad chatarra y hacer inviable que otros deseen invertir para crear una industria sostenible.

En palabras más sencillas, existe una diferencia enorme entre Southwest y Branniff, Avianca y Arca, así como entra la visión de "el pote" Gutiérrez para Zuliana y la de Herbert Kelleher, o los fundadores de Ryanair o JetBlue. Como bien dijo el presidente de Branniff la empresa que motivó a cambiar el esquema de tarifas tratando de sacar del mercado a Southwest poco antes de la quiebra: "Creíamos que la fórmula era correcta. Desafortunadamente, tomamos una aerolínea de la década de 1950 con su estructura de costos y todo, y tratamos de convertirla en una aerolínea de la década de 1980. Simplemente no sucedió"[299]. Y eso fue lo que le ocurrió a Viasa y a PanAm, creyeron que la fórmula era la correcta manteniendo una estructura de los años cincuenta hasta agotarse y después no quedó más remedio que utilizar el modelo del "pote" Gutiérrez pensando que eso era una industria.

Por eso es necesario estudiar, a la hora de hablar de Viasa o Aeropostal, de donde vino esa estructura que terminó quebrando en Venezuela con el único objetivo de superarlo y encontrar una vía para hacer del negocio aeronáutico, una verdadera industria sostenible. Esta es la historia secreta, a través de una visión financiera y del pensamiento de los empresarios y altos gerentes de las aerolíneas, de cómo y por qué llegamos a tan fatal destino, así como aportar elementos que nos permitan llegar a mejor aeropuerto.

---

[299] https://americanarchive.org/catalog/cpb-aacip_507-t43hx16m7x

Las alas del imperialismo o el nacimiento de los estándares.

"Solo en Caracas tenemos 15.000 expatriados norteamericanos" señalaba la revista de la IBM en 1952[300], algunos años antes el Congreso de los Estados Unidos tasaba en otros quince mil, el número de estadounidenses empleados solo en Caracas, más los que vivían en los campos petroleros[301] y esto se hizo un hecho hasta que progresivamente fueron sustituidos por venezolanos, con excepción de la ingeniería y la mano de obra especializada o la alta gerencia que estaba, de acuerdo a las normas de la Creole, obligados a aprender español[302].

Pero pese a que pasó a la historia como un modelo mítico, no fueron pocos los problemas que tenían que enfrentar los expatriados en Venezuela y por eso, muchos no querían venir a trabajar. Solo fue a partir de 1939 que los empleados estadounidenses consideraron la posibilidad como buena, porque desde 1933 habían aumentado al doble el salario de los expatriados y porque desde mediados de la década de los 20, los empresarios del petróleo estaban cambiando sus preferencias y sustituyendo el petróleo mexicano, por el venezolano y las Indias Occidentales, lo que dejó a muchos expatriados sin empleo[303]. ¿Por qué se dificultaba conseguir mano de obra calificada? Por una sencilla razón: La Jungla.

Como bien lo calificó la revista Mecánica Popular en octubre de 1950[304], venir al interior de Venezuela en aquella época era llegar al "Mundo Perdido" escrito por Conan Doyle. De hecho, lo único que faltaba eran los dinosaurios.

---

[300] Think, Volúmenes 18-19, International Business Machines Corporation, 1952. Pag. 17
[301] American Petroleum Interests in Foreign Countries: Hearings Before a Special Committee Investigating Petroleum Resources, United States Senate, Seventy-ninth Congress, First Session, Pursuant to S. Res. 36 (extending S. Res. 253, 78th Congress) a Resolution Providing for an Investigation with Respect to Petroleum Resources in Relation to the National Welfare. June 27 and 28, 1945
[302] Reporte de la Creole 1957. An "explosion" Next Door: The Exciting Story of Modern Venezuela. Creole Petroleum Corporation.
[303] Desde 1926 a 1935 el cambio fue de tal magnitud que apenas quedaron importando el 3% de las cifras de 1922
[304] Vol. 94, N.º 4 ISSN 0032-4558. Publicado por Hearst Magazines

Como lo escribió la expatriada Anne Rainey Langley a National Geographic[305], quien vivió algunos años en Venezuela: "Dentro del campo tenemos nuestro propio supermercado con productos enlatados estadounidenses y los vegetales también llegan desde allí. Nuestro sistema de purificación de agua nos protege de la disentería tan extendida entre los venezolanos". Aquello era tremendo porque hasta 1961 las diarreas eran la principal causa de muerte en Venezuela y la sífilis y anemias producían más muertes que la hipertensión[306] y todos tenían prohibido salir de los campos, encargándose la Creole desde proveer energía a través de plantas eléctricas y agua corriente a través de un complejo sistema de purificación hasta el cine dos veces por semana, que llegaban a bordo de un DC-3 de la compañía.

"Pero no somos inmunes de compartir la ducha con una serpiente" decía Anne "los zapatos de mi esposo y las duchas eran los lugares favoritos para las pequeñas serpientes (..) pero mi primer encuentro con una mapanare enroscada en el closet de la ropa, fue tan escalofriante que le pedí a gritos a la cocinera (venezolana) que la matara, cosa que hizo con increíble naturalidad (..) hoy, algunos años más tarde ya he aprendido a escuchar hasta los más ligeros ruidos que producen al arrastrarse y también a entender que los escorpiones viajan en pareja", nada impresionaba más a los estadounidenses que cuando llegaban, una vez al mes, los aviones cargados de frutas y verduras, procedentes de Estados Unidos "cuando hemos vivido de comida enlatada durante semanas, contábamos los días para que llegara el avión (..) madame, madame, gritaba mi cocinera, llegaron las manzanas".

Se dice fácil, pero Venezuela era tan pobre, que la esperanza de vida en aquella época se situaba entre los 38 y los 40 años,

---

[305] Article I_ I Kept House in a Jungle. The Spell of Primeval Tropics in Venezuela, Riotous with Strange Plants, Animals and Snakes, Enthralls a Young American Woman. By Anne Rainey Langley. The National Geographic Magazine, Vol. 79, No. 1 (January 1941)
[306] Congreso venezolano de Cirugía, principales causas de muerte 1961. Págs. 245-246

esperanza que, valga aclarar, estaba arrastrada por las ciudades ya que en el campo era al menos de dos o tres años menos.

Es aquí cuando a finales de la década y el comienzo de los cuarenta, llega a Venezuela la influencia de Rockefeller. Para los comunistas era el mismísimo demonio, para los liberales el hombre que modernizó a Venezuela y para algunos biógrafos un Misionario Capitalista con un alto sentido de filantropía. Poniéndose en los zapatos de Rockefeller, le había pasado lo mismo que a Bouilloux Lafont, el avance de los comunistas en México, aunado a la escasa competitividad a futuro de su petróleo, lo había hecho deshacerse progresivamente de todas las inversiones allí y reemplazado por un país en extremo pobre y despoblado llamado Venezuela.

Pero eso representaba un verdadero problema que pudiéramos explicar como "el efecto de la manzana" o del campo petrolero. Para los primeros años de la década del 50, México tenía más de 45 mil estudiantes universitarios inscritos, además de haberse creado universidades como el Instituto de Tecnología de Monterrey (1943). Esto era importante porque a mediados de los años veinte, ya salían egresados decenas de ingenieros de las facultades de Ingeniería de Minas, Petróleo, Metalurgia, Mecánica o Eléctrica[307], y a mediados de los treinta los químicos, textiles y de otras especialidades, así como cientos de ingenieros graduados en las mejores universidades de los Estados Unidos y que llegados los años cincuenta, conformaban una nutrida red de profesionales en una población con más de doscientos mil personas que hablaban otros idiomas y con más aún que estaban habituadas a los estándares estadounidenses.

Desde otro punto de vista, el geográfico, el primer pozo de petróleo fue el famoso La Pez 1, que estaba a unos sesenta kilómetros de la ciudad de Tampico que tenía la estación de Pan American y a la que se llegaba en tren hasta la pequeña ciudad de Ébano muy cercana a los pozos, como buena parte de los yacimientos de Veracruz eran

---

[307] Noticia estadística sobre la educación pública de México. México. Secretaría de Educación Pública. 1929

de más fácil logística que los de Venezuela. Solo en el área del yacimiento en San Luis de Potosí en 1939, existían 2.187 autos, 387 camiones de pasajeros y 1.676 camiones de carga[308].

Por otra parte, al haber sido el mayor virreinato de España durante la Colonia y estar altamente poblado, así como tener una relación fronteriza con los Estados Unidos, el sistema de abarrotes y supermercados, especialmente desarrollados en la década de los cuarenta, permitían un flujo importante de suministros por tren, junto a sistemas de almacenamiento y transportes portuarios. Ya para 1939 existían los alimentos preparados y enlatados, detergentes en polvo y un sinfín de mercancías similares a las estadounidenses, así como, si recordamos a Bouilloux-Lafont, a través del ferrocarril la electrificación se hizo más fácil.

Este contexto es necesario para explicar que una inversión en México, era completamente distinta a otra en Venezuela. Usted podía aterrizar en el aeropuerto de Tampico, un auto lo llevaría a la estación de trenes en doce minutos y llegar, una hora y poco más tarde a Ébano donde podría pernoctar en una pequeña ciudad electrificada. Usted como expatriado podía incluso decidir dejar a su familia en una ciudad portuaria con todas las comodidades y verla los fines de semana o antes. Pero, sobre todo, podía encontrar mano de obra calificada, ingenieros especializados y obreros en pueblos cercanos a los yacimientos.

Se podría argumentar que el pozo venezolano estaba más cerca aún de la ciudad de Lagunillas, pero esta no era ni siquiera un pueblo, sino un conjunto de palafitos de madera sobre el

---

[308] Compendio estadístico de los Estados Unidos Mexicanos 1941, Transporte y carga, pág. 92

lago, separados de la tierra por un pantano inaccesible y en condiciones precarias. A la llegada de los estadounidenses solo se trataba de un conjunto de chozas de madera con techos de palmas y sus únicos pobladores eran los indígenas que se transportaban en pequeñas canoas y la única manera de visitarlo era a través de botes hasta que fueron construidos los muelles de la Gulf Oil. En ese

primer conjunto de palafitos nunca hubo escuela hasta que fue construida para los hijos de los obreros en 1935[309].

A partir de mediados de los años 20, el Ministerio de Fomento reconstruyó las chozas sustituyéndolas por casas de tablones de madera y el conjunto de palafitos fue creciendo, porque cada año se sumaban muchas familias obreras provenientes de Maracaibo y poco a poco se creó una gigantesca masa de madera que terminaría incendiada en la peor catástrofe de la industria hasta 1939.

La prensa española Tituló: "Más de mil muertos en el incendio de Venezuela" entre quemados y ahogados, pero al tratar de ser rescatados también fallecieron otros doscientos por un naufragio[310].

---

[309] Ministerio de Fomento memoria anual, 1936, pág. 168
[310] Diario ABC, jueves 16 de noviembre de 1939, pág. 8

(Foto superior del antes y después). Mientras que el diario Times, reseñó que solo habían sido unos ochocientos muertos y el resto habían quedado heridos o quemados.

Para Venezuela fue una verdadera tragedia, pero para la Gulf significó perder al noventa por ciento de su fuerza laboral luego de haber creado un sistema de calificación durante décadas. No solos se perdieron por haber fallecido, sino porque sus familias también perecieron en el incendio.

De allí a una tercera versión posible de la filantropía de Rockefeller en Venezuela y es que no había nada y el "efecto de la manzana" es decir, tener que traer todo a través de una gigantesca red de operaciones aéreas y marítimas, a miles de ingenieros y operadores wild-cats o calificados, así como abastecerlos junto a sus familias, devoraba el presupuesto de las compañías. Los sueldos de México eran relativamente más bajos que los de Estados Unidos y su poder adquisitivo más alto, por lo que la operación era mucho más barata, así como todo el material importante se podía conseguir en ese país o traerlo a través del ferrocarril lo que beneficiaba los costos por la devaluación del peso.

Por otra parte, en México existía una economía real y bancos realmente importantes junto a JP Morgan y Chase Manhattan y algunos locales contaban con sedes de representación en los Estados Unidos, el Banco Central de México había sido formado en 1925 y para aquella época tenía una década y media de experiencia. Pero en Venezuela no había banco central, que recién comenzaría a operar en 1941 y los bancos locales existentes eran pequeñas casas comerciales reconvertidas en bancos que emitían sus propios billetes[311] y con un capital que no permitía el menor apoyo para las transnacionales.

---

[311] Hasta 1940 se emitieron los billetes de estos bancos.

Para las compañías extranjeras, Venezuela era muy compleja, para 1950 el costo promedio, solo en salarios y beneficios, de un obrero venezolano para esas compañías era de 6.678 dólares contra los 5.687 del promedio de los obreros texanos[312]. Pero ¿Cuánto dinero había que proporcionar adicionalmente para que no importara tanto compartir la ducha con una serpiente mapanare?: "estos no son trabajos glamorosos" explicó el director de recursos humanos de la Foster Wheeler Energy al Congreso de los Estados Unidos[313], "la única razón por la que aceptan el trabajo es por mucho dinero- dinero que les funcionará para pagar la universidad de sus hijos y crear un nido para su retiro o cumplir otras necesidades financieras".

Y eso significaba dos veces y medio o hasta tres en ingresos, pero a su vez un avión debía aterrizar cada semana, en cada uno de los campos con suministros traídos por avión de los Estados Unidos, razón por la que aquello se convirtió en una autentica aerolínea y un complejo sistema de logística que llegaba en tren a los aeropuertos, para salir de inmediato a los campos petroleros. A su vez, había que construirle casas desde el obrero hasta los gerentes y proporcionarle a los expatriados y sus familias dos pasajes al año, para pasar navidades en sus hogares y un paquete vacacional a través de PanAm.

Cuando la cocinera de Anne Rainey Langley entraba gritando "madame, madame, llegaron las manzanas" nadie se percataba de que aquella fruta era la más costosa de la historia.

Ahora bien, ¿Qué sucedía con el día a día de las relaciones laborales corporativas en un país sin telefonía más que en algunas ciudades? ¿A dónde llegaban los planificadores, los gerentes de alto nivel y todo lo necesario para poder llevar una vida corporativa más o menos moderna? O como bien explicó Mario Belloso Villasmil, el promotor del Hotel del Lago en Maracaibo "Ningún lugar se puede

---

[312] Resources for Freedom: Selected reports to the commission. United States. President's Materials Policy Commission. U.S. Government Printing Office, 1952. Pág. 105
[313] Earned Income from Sources Outside the United States: Hearings Before the Committee on Ways and Means, House of Representatives, Ninety-fifth Congress, Second Session . pág. 105

desarrollar sino cuenta con el edificio en el cual se alojarán las personas que vienen a desarrollarlo".

Por esta razón suena más plausible que la construcción de toda la política de inversiones tuviera que ver con abaratar los costos porque era mucho más barato invertir cien mil dólares en una universidad local que traer ingenieros estadounidenses, así como invertir en la construcción del Hotel Ávila que tener que comprar casas y dotarlas de logística o comprometer las escasas habitaciones de los hoteles y pensiones del centro de Caracas.

Por eso es que el Exim-bank fue convocado a financiar el proyecto de su hotel, las Estándar Oil, lago y Creole aportaran el 49% y Pan American Airways invirtiera un 2%. Pero allí ocurrió la magia, es cierto que Venezuela no tenía nada y por eso era un verdadero papel en blanco y entonces con los estadounidenses llegaron los estándares. Carter Gardner fue nombrado el primer gerente del hotel Ávila, un hombre formado en Nueva York por la Bowman-Biltmore Hotels y después fue gerente de colosos míticos como el Forest Hill Hotel en Georgia y el más aclamado de todos en Palm Beach, el archifamoso The Breakers.

Pero Gardner, quien llegaría a Venezuela con todo un equipo gerencial, impondría los nuevos estándares de calidad de servicio, al menos hasta 1961 y eso ocurriría con los nuevos gerentes estadounidenses en el sector alimentos, supermercados, distribución y logística en todo sentido, así como gracias a los programas de becas, muchos venezolanos reemplazarían a los estadounidenses en cargos claves con el transcurrir de los años.

Como dato curioso, Carter Gardner terminaría en una prisión temporalmente por haberse negado a recibir en el hotel a la famosa cantante de ópera Marian Anderson, quien era de color y en Venezuela no había segregación y el acto fue ilegal.

Pero al transcurrir las décadas y hasta mediados de los sesentas: "los expatriados de compañías como Sears y Pan American, se unieran en grupos muy unidos y algunos de ellos vivían en los alrededores de los campos de golf del Country Club"[314] y Caracas se convirtiera en "el hogar para más expatriados norteamericanos que cualquier otro lugar en el mundo" explicaba la Cámara de Comercio venezolana-americana.

En el interior "Los expatriados vivían en urbanizaciones amuralladas llamadas Hollywood, Victory y StarHills (..) y la compañía Creole hacía cursos para las esposas de los expatriados para que conocieran como tratar a su personal de servicio", las tiendas y supermercados locales creados a partir de nuevos estándares gerenciales vendían artículos estadounidenses "seguían los estándares de precios de Estados Unidos", en otras palabras, empresas como la "Creole generaron un modelo de ciudadanía"[315] a partir de simplificar sus costos operacionales y eso inundó a todos los espacios y en especial a los venezolanos.

"Mi personalidad fue formada por la industria" explica uno de estos quien posteriormente fue presidente de la Corporación Venezolana de Guayana: "orientación a las metas y disciplina" fueron parte de los estándares que le dieron su formación profesional surgiendo así el "Creolero" una identidad corporativa que ejemplificaban esos estándares gerenciales[316]. A esto se le añade que bastaba leer "Quien es quien en la industria petrolera"[317] para saber que la industria escogía principalmente a Harvard y el MIT o las principales del mundo para entrenar a sus altos gerentes o a las más especializadas en Minas, petróleo, geología o yacimientos en Tulsa Oklahoma o Missouri.

---

[314] Artículo sobre los expatriados en Business Venezuela, Números 125-136. Venezuelan-American Chamber of Commerce and Industry., 1990. Pag. 31
[315] Oil on the Brain: Adventures from the Pump to the Pipeline, Lisa Margonelli, Knopf Doubleday Publishing Group, 2007. Pag. 154
[316] Alfredo Gruber
[317] Quien es quien en la industria petrolera, Editorial Los Barrosos, 1998

Es cierto que ya desde 1936 los trabajadores "White collars" venezolanos habían superado por primera vez a los estadounidenses[318] pero todos ellos respondían a los lineamientos de la gerencia más alta de las casas matrices y eso ocurría igual en Sears, como en Pan American y por consiguiente en Avensa.

Por estas razones un gerente local de una compañía venezolana respondía o colaboraba con un expatriado, juntos recibían los lineamientos de una alta gerencia llena de norteamericanos que respondían a su vez a una división y de esta a la central de la casa matriz. En Avensa hasta finales de los cincuenta se hablaba en inglés, fechas en las que la Junta directiva de PanAm era homenajeada en la casa de John y Andrés Boulton durante los carnavales de Caracas, como lo recordaba la esposa de Juan Trippe en sus memorias[319].

Si se quería comer un chocolate venezolano tradicional, la Savoy había sido creada por tres hermanos austriacos, asociados por un inglés y un noruego, mientras que sus chocolates más emblemáticos fueron creados por un polaco judío emigrado de antes de que estallara la segunda guerra mundial

Pero el ánimo "antiimperialista" a bombazos y ametrallamientos en las calles no contrastaba del todo con las formas sutiles de la revolución socialista de 1961, que había comenzado por no permitir las revalidas de los títulos de ingeniero extranjeros en 1958, terminando así quince años con la tutela estadounidense y su influencia en los estándares gerenciales venezolanos. Y lo mismo ocurrió a partir de 1970 con Sears y PanAm sin saber que no solo se trataba de estándares y "ciudadanía corporativa", sino de economía de escala y financiamiento.

---

[318] En 1936 la clase adinistrativa y gerencial contemplaba a 1.490 venezolanos (54%) contra 1.268 estadounidenses (46%) tomado de Alirio Parra, La Industria petrolera y sus obligaciones fiscales en Venezuela, primer Congreso venezolano del petróleo, Tabla 12 pág. 73
[319] Pan Am's First Lady: The Diary of Betty Stettinius Trippe, Betty Stettinius Trippe, Paladwr Press, 1996. Pag. 236

Para Sears, una compañía que tenía tres veces los ingresos de Petróleos de Venezuela, vender un millón de neveras al año y enviar a Venezuela cincuenta mil, permitía que la nevera fuera más asequible para las amas de casa venezolanas. De la misma manera la gigantesca Sears no solo tenía su propio banco, sino que su presidente lo era también del Continental Bank y de Allystar Insurance Company, mientras que el presidente de la Junta era director nada menos que del First National Bank de Chicago y a su vez tenían representación en la junta de Citibank[320]. Esto permitía que, con la concentración corporativa, la economía de escala y el financiamiento de esas neveras pudieran no solo abaratarse, sino también ser compradas a cómodas cuotas por el consumidor local y suscribir contrato de servicios e incluso asegurar el equipo para mantenerlas durante toda su vida útil.

El gigante, con su red de finanzas internacionales permitía replicar el modelo estadounidense en el que por solo diez dólares (96 de hoy) una familia podía disponer de un aire acondicionado o un refrigerador a dos años de plazo, unas cuotas realmente bajas y con servicio de mantenimiento incluido[321].

Era exactamente lo mismo que ocurría con las gigantescas petroleras y las tiendas por departamento a Avensa con Pan Am. Si la casa matriz pedía cien aviones nuevos para sus subsidiarias, estas se veían beneficiadas no solo por los precios más baratos del fabricante[322], sino por el financiamiento que la misma casa matriz buscaba para estas y no en pocas ocasiones, aviones de segunda mano que eran adquiridas por las subsidiarias a precios increíbles y con altísimo valor residual. Pan Am incluso podía llegar a acuerdos con sus competidoras para vender sus aviones[323] y mejorar las flotas, usando esos recursos para ayudar a su vez a sus empresas afiliadas.

---

[320] Structure of Corporate Concentration: Institutional Shareholders and Interlocking Directorates Among Major U.S. Corporations : a Staff Study, Volúmenes 1-2. United States. Congress. Senate. Committee on Governmental Affairs. U.S. Government Printing Office, 1981
[321] Revista LIFE, 6 May 1957. Vol. 42,N.º 18
[322] Las compañías aéreas adquieren aviones a descuento del precio lista por grandes ordenes que pueden llegar hasta un tercio y financiamiento directo de la Boeing o la General Motors.
[323] https://www.nytimes.com/1983/11/05/business/pan-am-american-complete-jet-deal.html

Y eso fue exactamente lo que ocurrió tras la expulsión de los estándares norteamericanos de Venezuela. En aras de la revolución, Sears sería obligada a vender productos locales sin importar su precio o calidad fuera de estándar, las regulaciones impidieron los créditos y poco a poco el negocio fue perdiendo todo el sentido. Las familias que intentaron posteriormente copiar los estándares con Maxys, no tenían la economía de escala de su antecesora y ahora las amas de casa tendrían que conseguir créditos bancarios caros, por electrodomésticos más caros y las ventas se desplomaron, los empleados calificados de servicios dejaron de operar y finalmente cerraron.

Eso ocurrió con todas las corporaciones. Lo que se desconoce es que la Electricidad de Caracas había sido financiada en gran parte por el Eximbank desde 1950[324], así como venezolana de cementos[325] Venepal[326] o Manpa[327] terminarían en los setentas huérfanos de financiamiento barato, pues al expulsar a los bancos estadounidenses, también expulsaron sus mecanismos de financiamiento y con ellos se fue también el mercado para sus productos, pues dependían de la cadena de suministros baratos y de la distribución y transporte de los estadounidenses con los que ahora competían.

Para 1972 los venezolanos tenían en los bancos 12.300 millones de bolívares, que sería equivalente a unos veinte mil millones de dólares de hoy. Cifra que parecería muy buena, de no ser porque si Avensa se planteara una renovación de flota necesitaría al menos el 10% del dinero de todos los venezolanos y eso sin contar que la Electricidad de Caracas solo para cualquiera de sus planes necesitaría mil millones de dólares.

En otras palabras, con la expulsión de la banca y las transnacionales- de la forma en la que lo hicimos- nos quedamos no

---

[324] https://www.digitalarchives.exim.gov/digital/collection/ExImD01/id/8810/rec/6
[325] https://www.digitalarchives.exim.gov/digital/collection/ExImD01/id/9201/rec/7
[326] https://www.digitalarchives.exim.gov/digital/collection/ExImPR01/id/1205/rec/1
[327] https://www.digitalarchives.exim.gov/digital/collection/ExImPR01/id/2964/rec/4

solo sin las relaciones bancarias y de negocios, sino en nuestra economía de escala. Y esa sería una respuesta para quienes me preguntan ¿Por qué las aerolíneas venezolanas tienen que ir al desierto a comprar chatarras?

      Voy a explicarme. Venezuela era para 1970 un país petrolero en el que las empresas exportadoras vendían unos cinco mil millones de dólares al año o lo que era igual a dos veces lo que todos los venezolanos tenían en sus bancos, lógicamente todo ese dinero se depositaba en Nueva York y lo que ingresaba a las arcas del estado era una cifra muy pequeña.

      Fue así como Venezuela de la noche a la mañana se quedó produciendo un tercio de los barriles de petróleo que lograban extraer las gigantes y ahora una nueva PDVSA debía competir contra sus antiguas casas matrices ocurriendo lo mismo que con PanAm.

      Estándares, economía de escala (Mercado) y financiamiento eran la clave para cualquier éxito y el ánimo revolucionario había acabado con todo al mismo tiempo, de la misma manera que no podía colocar dos millones de barriles de petróleo pues los clientes, cuotas y la distribución eran de las gigantes expulsadas tampoco podía acudir a la banca estadounidense que de inmediato pasó factura a un régimen que no presentaba verdaderas libertades económicas y por lo tanto desestimulaba el libre mercado.

      Desde que se fueron los estándares administrativos junto a la "gerencia por objetivos y disciplina" los préstamos como el de los DC-10 de Viasa que habían sido garantizados por el Exim Bank con "dos bancos estadounidenses por diez años con tres de periodo de gracia"[328] comenzaron a no pagarse, pues al cuarto año los gerentes simplemente no cumplieron su parte, frente a las atónitas miradas de

---

[328] Bank of London & South America, Lloyds Bank International., 1977, pag. 446

la banca extranjera y tuvo que recurrirse a los bonos del tesoro para pagar las deudas atrasadas[329] tanto al Exim Bank como a Citibank[330].

El escándalo se hizo enorme cuando se supo que quien no había pagado esas deudas fue nada menos que el famoso ministro de Transporte y Comunicaciones Vinicio Carrera, quien había sido culpado de corrupción junto a Oscar Araque Angulo y a Fernando Miralles, presidente y vicepresidente ejecutivo de la aerolínea por el caso de la compra de aviones de Aeropostal, sobreprecios y pagos injustificados, declarándose en: "proceso de reestructuración en todos los niveles" por lo que a partir de allí, el crédito de la banca extranjera cesó casi completamente dejando a las aerolíneas a su suerte.

En la empresa privada se fueron entonces los estadounidenses y las guías férreas de los estándares y mandatos de las casas matrices y con estas últimas el aval para conseguir colaterales y préstamos baratos y con períodos de gracia, la corrupción propia haría el resto para hacer imposible que las aerolíneas volvieran a conseguir aviones del fabricante sin tener que pagarlos completamente y a un precio superior por carecer de economía de escala.

Pero puertas adentro al marcharse los estándares de PanAm en Avensa o los de Sears al ser comprada por Maxys, se desarrolló una escuela "familiar" que los sustituyó. Como bien lo explica el profesor del IESA José Malavé, en estas compañías familiares: "Las funciones estaban claramente repartidas entre los dueños y los burócratas. Los primeros tomaban las decisiones fundamentales (precios y costos, volúmenes de producción, ganancias y su reparto) con base en la información que preparaban los segundos. Tales decisiones se tomaban en ambiente de familia (..) "Un rasgo notable de aquella burocracia era su "estabilidad casi vitalicia": algunos empleados conservaban sus posiciones durante décadas. Tales eran

---

[329] Boletín mensual - Banco Central de Venezuela, Números 486-491, Banco Central de Venezuela., 1984. Pag. 70
[330] Boletin mensual, Números 492-497, Banco Central de Venezuela., 1985 págs. 70-72

los casos de Moisés Capriles en el grupo Mendoza y J.A. Oramas en el grupo Vollmer, que pertenecían a la vieja guardia de contadores y vendedores"[331].

Así, la empresa familiar se llenó de cuantos males le faltaban. Porque en vez de sustituir los estándares por otros y profesionalizar la estructura gerencial en esos estándares, las decisiones gerenciales importantes jamás las tomarían los gerentes en función a esos manuales, guías y estándares, sino en las casas de familia para luego ser explicadas a la burocracia corporativa. De la misma manera, la estabilidad casi vitalicia de los puentes de comunicación mal llamados "alta gerencia" hizo imposible el desarrollo de una gerencia especializada y capaz de afrontar por si sola los problemas corporativos.

VMW por ejemplo es una empresa familiar, pues pertenece a la familia de billonarios Quand. Pero la cultura corporativa moderna no permite la enquistación semi vitalicia, pues sus presidentes son escogidos por sus habilidades y experiencias y rara vez duran en el cargo más de cinco años, pues las condiciones corporativas y de mercado no lo permiten. La alta gerencia es en realidad alta y ocurre como también lo hace el vicepresidente de finanzas de Delta Airlines, United o cualquier otra con estándares profesionales, las decisiones estratégicas que se toman, están basados en criterios técnicos, basados en el conocimiento, en las habilidades del decisor y en la coyuntura en la que se aplica. De la misma manera que un vicepresidente de mercadeo de la VMW no tiene que acudir a un vaso comunicante con la familia Quand, para que le apruebe el presupuesto y dé el visto bueno de un comercial.

Pero en la empresa familiar venezolana un presidente no es más que un vaso comunicante con el decisor que es quien toma las decisiones concertadamente, mientras que un vicepresidente o director de mercadeo tiene voz pero no voto en la dirección corporativa y un director de finanzas de aerolínea hace en realidad el

---

[331] Venezuela siglo XX: visiones y testimonios, Volumen 2. Fundación Polar, 2000. Pag. 249

trabajo de un gerente o incluso a veces de un coordinador, porque en realidad las decisiones financieras se toman en la casa del dueño de la compañía y esto hace que inexorablemente, vayan a la quiebra constantemente, porque carecen de estándares corporativos, pues el dueño depende únicamente de su intuición para los negocios, pero no tiene herramientas ni ha creado una alta gerencia que permita tomarlas en función a criterios técnicos.

Los orígenes de la escuela Boulton.

Nuestros siguientes héroes aeronáuticos llegan a bordo de un barco de madera a mediados de 1824. Si bien en Venezuela el apellido, por ser inglés, se ha destacado siempre, en Inglaterra era bastante común en las áreas de Lancashire y Yorkshire, así como diversas partes del norte de Inglaterra, porque en estas existían varias localidades llamadas Bolton, Balton y Boulton de donde procedían los apellidos de todo aquel que los habitara ya que habían sido parte de un gigantesco clan cuya existencia en los archivos de se remonta al siglo XV[332]

Si bien, el apellido si ha tenido representantes en la cámara de los lores, en la realeza británica y hasta un gran castillo, su derivado Boulton tuvo menos suerte en la ruleta social y aunque ha tenido muchos representantes célebres, continuó un apellido común en el norte, pues de los cerca de cincuenta mil existentes en la época, se encontraba entre los primeros ochocientos y en el norte, entre los primeros cien.

Es así como uno de los más de ocho mil John Boulton, nacidos en ese siglo, partió de Inglaterra con rumbo desconocido y para comprender esta parte debemos ponernos en los zapatos del héroe. Como sabemos, a finales del siglo XVIII se había puesto muy de moda la revolución industrial en Inglaterra y con esta se impuso

---

[332] The Family of Bolton in England and America, 1100-1894: A Study in Genealogy. Embodying the "Genealogical and Biographical Account of the Family of Bolton," Published in 1862 by Robert Bolton, Rewritten and Extended to Date. Henry Carrington Bolton
Priv. print. [The Tuttle, Morehouse & Taylor Press, New Haven, Conn.], 1895

una nueva economía en la que los implementos e invenciones mecánicas hicieron su aparición. Solo para que tengamos una idea, la primera patente de una segadora mecánica tirada por caballos fue en 1799 al inventor británico Joseph Boyce y esa fue una, de las miles de patentes otorgadas en las primeras décadas del nuevo siglo que cambiarían profundamente las economías europeas.

Pero el resultado, además del obvio en el empleo manual cuando un solo trabajador podía realizar el trabajo de diez, fue que el norte de Inglaterra se transformó profundamente entre los que buscaron una vida distinta a la de sus ancestros en la industria y la emigración masiva a Massachussets y Pennsylvania a partir de 1810 y en especial lo que se definió como "la primera oleada" a partir de 1820.

Por esto, John Boulton pudo ser uno de los más de cien que llegaron a Estados Unidos entre 1810 y 1820[333] pues era la ruta más rápida y efectiva al continente americano, así como pudo estar entre los más de dos mil Boulton que arribaron durante la etapa más álgida desde Inglaterra.

Esta explicación es necesaria para comprender que, a la minúscula ciudad de La Guaira, no llegó un Lord inglés ni un muchacho rico, sino uno que como expresa la misma fundación que lleva su nombre. pertenecía "a una antigua y honorable familia del Lancashire"[334] lo que significaba que el jovencito no tenía mucho más que su buen nombre, una educación excelente, idioma y muchas ganas de prosperar en un país verdaderamente roto en pedazos llamado Venezuela.

Si se benefició o no de las nuevas leyes de comercio con Inglaterra, poco importa, porque en realidad el comercio con ese país

---

[333] En la foto, un ejemplo del récord de un John Boulton nacido en 1805 y llegado en barco a Massachussets. Ese mismo año llegó otro John, nacido en 1806. Los únicos dos con fecha cercana a su nacimiento.
[334] Boletín histórico - Números 43-45 - Página 275. Fundación John Boulton · 1977

prácticamente no existía, porque simplemente la economía no existía. Algunos documentos demuestran que se envió uno que otro barco con café y cacao de Venezuela, pero la verdad es que Inglaterra importaba ambos productos masivamente desde su imperio de las Indias y en menor proporción de Brasil, Haití y Colombia, por lo que el negocio no era, ni podía ser fulgurante, pues se trataba de la llegada de un barco cada un par de meses[335] y estar entre las dos puntas de un pequeño negocio, no lo hacía tan rentable como para hacer fortuna de ese trabajo.

Y aquí conviene explicar algo importante. No hay manera de hablar de los Boulton, como no hay manera de hacerlo con Bouilloux-Lafont o Rockefeller en una nación latinoamericana y en especial en Venezuela, simplemente por su condición de empresarios, lo que ya los coloca al menos desde 1928, en la posición de adversarios del nuevo sistema político. Pero más aún por haber hecho los negocios principalmente en los Estados Unidos, lo que ya los colocaba como el enemigo para las nuevas élites políticas que comulgaban con el comunismo.

Por eso hubo que edulcorar su historia y el hecho de que la familia Boulton en realidad se hicieran prósperos comerciantes, a partir de haberse convertido en empresarios del transporte marítimo desde los Estados Unidos y Venezuela, que es donde estaba la otra parte del negocio. Fue precisamente entre la Guaira y Filadelfia donde el joven Boulton estaba en el lugar correcto y el momento correcto, al entablar amistad con los hermanos Dallet, que eran parte de una familia copropietaria de los bergantines "Olive", "Montgomery" y "Virginia Trader" y eran sus representantes en Venezuela al menos desde 1922, cuando el hermano mayor John se fue a dedicarse por entero a la naviera y los negocios de su padre, se le abrió un mundo de oportunidades enorme.

---

[335] Si bien en el Puerto atracaron entre 9 y 13 barcos con bandera británica entre 1929 y 1931 fueron 5, 4 y 9 los que habían zarpado de Gran Bretaña, lo que da un promedio de uno cada dos meses. Tomado de Tables of the Revenue, Population, Commerce, Etc. of the United Kingdom and Its Dependencies, Volumen 3. 1834. Pág. 644.

Aquí hay que comprender algo interesante y es la razón por la que posiblemente llegó a Venezuela a través de una similitud entre varias historias. En aquella época existían varias empresas de transporte de Estados Unidos, la Howland & Aspinwall de Nueva York o la F. W. Brune & Sons de Baltimore y sus pequeñas competencias que eran empresas como la de los Dallet de Filadelfia. Para representar a la primera, se escogió también a un joven de diecinueve años llamado William Newton Adams, que terminó casado con una venezolana de la famosa familia Michelena y posteriormente terminarían viviendo en los Estados Unidos. Ambos compitieron muy duro entre ellos y también fallecieron en los Estados Unidos, John Boulton en abril de 1875 y Adams en junio de 1977. Lo mismo ocurría con John Dallet, cuyo padre tenía una fábrica de jabón y diversos productos, así como una naviera y que envió a Caracas a sus dos hijos de diecisiete y dieciocho años, uno a Caracas y otro a La Guaira. En palabras sencillas, las familias de navieros enviaban a sus hijos muy jóvenes a foguearse en los puertos donde harían los negocios y eso era tan temprano como a los dieciocho años.

Hacemos esta analogía porque a diferencia de los inmigrantes españoles y canarios, que llegaban por tradición o vínculos familiares, los anglosajones con cierto nivel de cultura y educación, tenían una cultura de inmigración completamente distinta porque llegaban producto de acuerdos comerciales y enviaban como representantes a jóvenes de diecinueve años que era la edad de ambos al iniciarse en sus respectivos negocios en Venezuela.

Todo esto contrasta con el destino de los anglosajones de menor educación, como la colonia de doscientos escoceses que llegó a la Guaira en 1825 y fue literalmente desmantelada en 1827 para emigrar a los Estados Unidos y posteriormente a Canadá[336] porque las condiciones económicas lo prohibían de tal manera, que terminaron hambrientos y fueron reubicados a la manera de un

---

[336] Topo: The Story of a Scottish Colony Near Caracas, 1825-1827. Hans P. Rheinheimer, Hans Rheinheimer Key. Scottish Academic Press, 1988.

acuerdo humanitario moderno, de hecho, a bordo del mismo bergantín consignado a John Boulton.

El hecho de haber sido consignado de un bergantín llamado Swift un par de años más tarde de su llegada es la demostración más palpable de que estaba allí por acuerdo y contando con cierta influencia, así como más aún, que sus socios posteriores fueran todos jóvenes representantes de firmas navieras o de propietarios permite intuir que fue en realidad fue enviado a Venezuela[337]. Su primer asociado tan temprano como 1926 fue John Thompson de la Coe & Thompson, posteriormente lo fue Michael O 'Callaghan quien era representante de los barcos de Rober W. Taylor &Co de Baltimore. Por lo tanto, el hombre no llegó a Venezuela solo por el ánimo de aventura, sino con una razón de negocio y vinculaciones bastante claras.

Y eso es lo que se puede ver en la historiografía de la Casa Boulton. El hecho de que en sus primeros pasos fuera consignatario de unos pocos barcos junto con asociados no lo hizo próspero como muchos pudieran pensar, porque allí no estaba el negocio. Un punto importante antes de proseguir, es que en este escrito no hablaremos de otros negocios de la Casa Boulton relativos a la banca, sino que simplemente nos concentraremos en el transporte.

Es en su habilidad para asociarse y construir las sociedades donde se encontraba mucha parte de su éxito original, pues hasta construir una red de contactos y conocer a los Dallet, así como haber obtenido gran experiencia, pudo sentar las bases de lo que sería un gran negocio, el transporte.

Boulton nunca dejaría a Thompson[338] y se asoció también con Michael O 'Callaghan en 1930 quien era de origen irlandés pero que realmente provenía de Filadelfia y que a su vez era socio de Henry Schimmel de origen holandés. Lo que vendría a continuación,

---

[337] En algunos libros se hace referencia de que pudo haber sido enviado, desde Filadelfia para formar parte de la naviera Dallet Bros.
[338] Diario de un diplomático británico en Venezuela, 1825-1842. Sir Robert Ker Porter. Fundación Polar, 1997. Pág. 826

simplemente era la reedición de lo que había sucedido en Venezuela desde la Colonia, al entablar sociedad con los principales mercaderes de Hamburgo e Inglaterra, al casarse con la hija de Schimmel y ser socio de O 'Callaghan, el siguiente paso evidente era consolidar el negocio de todo aquello que iba a Estados Unidos y competir con la gran compañía Howland & Aspinwall de Nueva York.

Pero en Filadelfia había ocurrido lo propio. La familia Dallet, luego de que John se fuera de Venezuela, había crecido y se había asociado con innumerables empresarios de negocios y por casamiento con la poderosa familia de negocios Bliss cuyo poder político también era extraordinario -sobre todo en los tiempos de McKinley y Roosevelt- y una cosa llevó a la otra en la segunda generación con la creación de la compañía naviera BB&D o Boulton, Bliss & Dallet cuyos socios a la llegada del nuevo siglo serán Ernest C. Bliss, William B. Boulton, John Schimmell y Frederick A. Dallet.

Aquello era una asociación gigantesca y Boulton no solo unió a las puntas de mercaderes hacia Estados Unidos, sino además inició su gran apuesta de convertirse en el transportista junto con sus socios estadounidenses y en el mismo momento, se involucraron también en el negocio de los ferrocarriles, principalmente en aquellos que iban a regiones portuarias, siendo los agentes principales del ferrocarril Valencia-Puerto Cabello, Guanta Barcelona y accionistas del Caracas la Guaira, cuyo primer tramo sería inaugurado por Guzmán Blanco y por el mismísimo Boulton[339].

Mientras que también era accionista del tranvía de la Guaira y del ferrocarril que cruzaba toda Caracas hasta Petare y de allí otro ferrocarril planificado a las costas[340]. Así que simplifiquemos todo en que en apenas dos generaciones lograron crear un emporio en el cual,

---

[339] Memoria de hacienda. Venezuela. Ministerio de Hacienda. 1880.
[340] Ferrocarriles y proyecto nacional en Venezuela, 1870-1925. Hurtado Salazar Hurtado S. Universidad Central de Venezuela, Facultad de Ciencias Económicas y Sociales, 1990

si usted quería un préstamo para sembrar, se lo daban los Boulton, si quería transportar sus cosechas al puerto, debía acudir a ellos y además embarcarse en cualquiera de sus diez vapores con destino a los puertos estadounidenses cuando la BB&D pasó a llamarse Red D. Line, así como la Harrison Line en el puerto de Liverpool que hacía comercio con el sur de los Estados Unidos y en La Veloce Navigazione Italiana a Vapore, que partía de Italia a Venezuela y de allí a Estados Unidos o Argentina. cerraban el círculo de representación las gigantes estadounidenses Lykes Brothers Steamship Company con 67 vapores y la Munson Steamship Line con 36 por lo que, si usted quería mover cualquier mercancía, no había otro lugar por su gigantesca red diaria de transporte.

Los Boulton tenían el monopolio total del mundo anglosajón e Italia, mientras las otras firmas tenían solo a las francesas (Berrizbeitia & Co) o las españolas (Rivas, Fensohn & Ca).

De la misma manera, los pasajeros desembarcaban en los vapores y eran conducidos al ferrocarril cercano con destino a Caracas mientras que los mercantes, se integraban a través de la casa comercial para vender sus productos en los distintos puertos de Venezuela o a Estados Unidos y en este país el negocio era redondo porque estaban sus socios haciendo lo propio en el sector importación exportación. Y claro está, no podemos negar la tremenda influencia que tenían esas familias en la política tanto de Estados Unidos como la de Venezuela y no nos referimos solamente a los Boulton, sino al resto.

Por eso cuando leemos noticias sobre el recibimiento del general Páez en Filadelfia o las biografías donde nos reflejan los bailes en su honor o que el general llegaba al teatro del brazo de una joven nos encontraremos que era la sobrina del propietario de Riché & Co, para el que Boulton estuvo entre sus primeros consignatarios, así como con los nombres de Dallett, Swift, Bliss y todas las compañías navieras entre sus amigos. O siendo más honestos aún, el hecho de que uno de sus bergantines fuera bautizado como Páez, lo hace más obvio aún. Como también comprenderemos que todo estuvo interconectado por una gigantesca transnacional estadounidense a la que Boulton, simplemente pertenecía.

Pero incluso cuando los Dallet cambiaron de ramo a la pesca y vendieron a la Grace Line, Boulton ya se había encargado de quedarse con todo el negocio añadiendo más líneas navieras.

Los Boulton y el síndrome Bouilloux-Lafont.

Decir que John Boulton era tan venezolano como la arepa, sería faltar a una parte de la verdad. Era empresario anglosajón, con socios estadounidenses y sus hijos se educaron y vivieron más tiempo en Filadelfia o Nueva York, que en Venezuela. De hecho, algunos eran cónsules venezolanos en Estados Unidos, como Henry Lord fue cónsul de su majestad la Reina de Inglaterra en Caracas durante veinte años hasta su muerte, siendo sustituido en el cargo por su hijo[341].

El primero de los Henry Lord, había nacido en diciembre de 1829 y fue enviado de inmediato a educarse a Inglaterra y culminó sus estudios en Filadelfia donde vivía en realidad la numerosa familia. Llegó a Caracas finalmente en 1852, a la edad en la que los anglosajones comenzaban a hacerse cargo de los negocios y así su padre, que se había desprendido poco a poco del negocio, se marchó definitivamente a vivir en Estados Unidos donde falleció en su mansión familiar.

Pero a Henry Lord le había tocado difícil con la guerra civil y no fue sino hasta 1870, que convirtió el negocio de su padre en un verdadero emporio con el final del siglo, muriendo en Caracas cuando a la familia le ocurre nuevamente el síndrome Bouilloux-Lafont.

Del empresario francés debemos extraer que los hombres de negocios súper exitosos lo son, en parte, por estar en el momento y el lugar correctos. Bouilloux pudo no haber estado en Brasil cuando aterrizó Latécoère, como John Boulton pudo no haber llegado a Filadelfia o conocer a los Dallen. Por lo tanto, hay un componente de destino, que los hizo sumamente exitosos. Pero también las grandes quiebras de estos hombres se deben, en la mayoría de los casos, por estar también precisamente en el lugar y momento incorrecto de la política.

---

[341] Execuátur expedido por el presidente de la república… al señor H. L. Boulton, Consul británico en Venezuela. 12 de marzo de 1892

Es aquí donde conviene hacer una reflexión importante porque siempre se culpa a los empresarios de sus vinculaciones con los distintos gobiernos como si en Francia, Estados Unidos o los países del primer mundo los grandes barones empresariales no formaran parte importante de la política. Por eso, forma parte de nuestra programación cultural, al menos desde la década de los veinte del siglo pasado, el hecho de que los empresarios crecieran bajo la sombra de los gobiernos y su corrupción, como si hubiera sido posible crecer sin la influencia de José Antonio Páez en los primeros pasos de Venezuela como una nación.

De allí a la necesidad de ponerse en los zapatos de unos estadounidenses que querían construir una empresa de transportes en Venezuela y estar en el momento y lugar correcto con Páez y posteriormente estar en el lugar y momento igualmente correctos para ser destruidos durante la etapa de los Monagas y la Guerra Civil.

Por eso pudiéramos intuir que John Boulton no se quería retirar en 1843 como pasó a la historia, sino que era muy difícil hacer negocios cuando los nuevos gobernantes quieren colgarte de un árbol, como también que no les quedó más remedio que apostar contra Monagas y financiar los intentos de Páez de retomar el poder. ¿Qué haría usted en sus zapatos? A Boulton no le quedó más remedio que nombrar apoderado a Rojas y marcharse hasta que se calmaran las aguas.

La hipótesis plausible, es que la Casa Boulton intentó sobrevivir los siguientes veinticinco años a todas las revueltas y el genocidio de la Guerra Federal en la que se perdió no solo una enorme cantidad de vidas, sino el comercio que sustentaba al ferrocarril pionero y al sistema creado inicialmente. Pero ¿Podía negarse la casa Boulton a financiar a Manuel Felipe de Tovar contra los Monagas o incluso esconderlo en sus almacenes y sacarlo de Venezuela en sus vapores cuando fracasó?[342]

---

[342] Memorias de Venezuela: Páez-Vargas-Monagas, 1830-1858. Ramón J. Velásquez. Ediciones Centauro, 1990. Pág. 278

He allí el drama del Síndrome Bouilloux-Lafont. Vuelven a tener un crecimiento los siguientes veinte años con Guzmán Blanco y llega la siguiente revolución en 1900 donde son llamados todos los banqueros y obligados a financiar al nuevo presidente o como bien dijeron en el gabinete, si no encontraban la solución: "el Gobierno se la hallaría y de ser preciso usaría mandarrias para abrir las cajas fuertes necesarias y extraer de ellas el dinero"[343]. ¿Qué haría usted si un revolucionario con una pistola al cinto le pide millones de dólares a sabiendas que no los devolverá?

La respuesta la conocemos bien. Los banqueros se negaron, fueron detenidos, expuestos públicamente en cadenas y enviados a mazmorras insalubres hasta que las juntas directivas incluida la del Banco de Venezuela pagaron por sus rescates, la cifra que exigía el gobierno. ¿Es posible siquiera evadir la política?

En otras palabras, como a Bouilloux, a los Boulton no les quedó más remedio que financiar a los adversarios del revolucionario, mientras surgía a su vez un problema más grave con el nuevo siglo. La revolución Bolchevique y los conflictos europeos el surgimiento de los nacionalismos y el comunismo que traería a corto plazo el concepto de "utilidad pública" aplicado a las empresas. Es decir, antes ese término era aplicable solo a tierras y edificaciones, donde la expropiación era necesaria para ordenar la vía pública o la construcción de obras de dominio público. Es decir, si usted tenía una propiedad y se necesitaba que pasara a través una carretera, drenajes públicos o la construcción de un hospital, se hacía necesaria que el estado le comprara a usted su propiedad y no podía negarse a ello porque era de "utilidad pública".

Pero a partir de los últimos años del siglo, luego de la experiencia de la nacionalización del ferrocarril en Prusia y la primera década del nuevo siglo, se comienza a pensar en la expropiación de todo aquello que estuviera en manos de extranjeros y con el surgimiento del comunismo, de todo aquello transnacional

---

[343] Recuerdos. Del banquero M. A. Matos. Ed. el Cojo, 1927. Pág. 49

capitalista. Así que, aunque no existiera propiamente la derecha o la izquierda, ambas partes convenían en la necesidad de tomar el control del transporte y los ferrocarriles, cada vez con mayor fuerza. Es así como en la medida en la que los debates se acaloran más y comienzan en toda Latinoamérica a hablar del tema tan temprano como 1909, los Boulton y todos los empresarios de ferrocarriles extranjeros comprendieron que tarde o temprano perderían su inversión y sencillamente no invirtieron un centavo más del necesario.

Ya para 1915 desde Cuba hasta Argentina se debatía el fin de una era de transporte y llegaría otra más compleja con la llegada del Ford Modelo T, que para esa época había pasado el millón de autos producidos y tenía sedes en Brasil y Argentina, el ferrocarril perdió toda su importancia en las naciones pobres, despobladas y pequeñas como Venezuela.

Pero el síndrome Bouilloux-Lafont tiene también otro ángulo igualmente importante, si la política tiene una influencia brutal en la quiebra, también lo tiene el cambio de era. Es decir, la imposibilidad de adaptarse a los cambios y en este caso, ocurrió lo mismo que al francés. La revolución industrial trajo consigo las pinturas y colorantes químicos y con eso condenó al añil a su extinción, como la industria agroindustrial de los grandes países como Brasil condenó el cacao y al café venezolanos, tanto como la llegada del petróleo.

Y así llegó la modernidad, los empresarios arruinados por la competencia no tenían muchos productos, el ferrocarril se caía en pedazos y fue nacionalizado a partir de la década de los treinta y los Dallet & Co, hace tiempo que habían cambiado su negocio llegando a tener la mayor flota pesquera en los años cuarenta. En esa misma época las casas comerciales fueron sustituidos por los grandes bancos regulados y llegó al poder los mismos adversarios del banquero francés: los comunistas.

Quiso el destino que el último de los Henry Lord, fuera arrasado por los mismos y con la misma fuerza, que arrasaron con Marcel Bouilloux-Lafont.

La escuela familiar Boulton & Son.

Es interesante el hecho de que la primera escuela verdadera de formación de ejecutivos en Venezuela (IESA), comenzara en 1968 con veinticinco alumnos admitidos en instalaciones provisionales y que el primer Master de Administración contara con 17 alumnos en 1970.

Nada necesitaba Venezuela más que el Programa Avanzado de Gerencia de esa institución en 1983[344], más de cien años después de haber sido creado en el Wharton School, exactamente en aquella Filadelfia de Henry Lord y John Dallet en 1881. Por eso hay que comprender que el colapso industrial venezolano, entendido como la falta de industria pionera y la destrucción de la poca creada a partir de la llegada del petróleo, está primordialmente motivada a la política y en especial a la falta de educación masiva venezolana que llegó en la segunda mitad del siglo XX, pero con graves fallas en su planificación, por lo que todas las empresas estaban gobernadas por extranjeros.

INDUSTRIA	TRAYECTO O LUGAR	COMPAÑIA	SEDE	DIRECTORES Y GERENTES (solo apellidos)
FERROCARRILES	BOLIVAR	Bolivar Railway	Londres	Sloane, Burch, Bishop, Quilter, Goudge, Dillon, MacDonald
PUERTO	LA GUAIRA	La Guaira Harbour Corp LTD	Londres	McTaggard, Evans, Carleton, Stone, Lowther, Summers, Andrews, **Rojas**
FERROCARRILES	MACUTO Y COSTAS	Macuto & Coast Line Railway	Londres	propiedad de la Guaira Harbour Corp, mismos gerentes.
TRANVIAS	CARACAS	United Electric Tramways of Caracas	Londres	Philipps, Percy, Wallis, Fox
FOSFOROS	MONOPOLIO	National Match Factory	Londres	Fuerth, Steuart, Bennett,
FERROCARRILES	PUERTO CABELLO-VALENCIA	Puerto cabello & Valencia Railway	Londres	Burch, Watkinson, macDonald, Fishbury, Littell, Pilditch
MINERIA	EL CALLAO	El Amparo Mine LTD	Londres	Bourke, Browne, Lambert, Pomeroi, Cleford, Cribb, **Cipriani**
MINERIA	EL CALLAO	New Callao Gold Minning	Paris	Carpentier, Delarbe, Fraisse, Gratieux, Picard, Prudhomme
ELECTRICIDAD	CARACAS	Venezuela Electric lights	Londres	Holt, Booth, Burton, Connett, Voules, Borell
TELEFONOS	CARACAS	Venezuela telephone & electrical	Londres	Fox, Austin, Bishop, Simmonds

Este cuadro superior nos puede dar una idea de esa industrialización pionera en manos de británicos y franceses, pues sus gerentes y estándares eran completamente extranjeros, prácticamente ningún venezolano entró en aquellas juntas o pudo aprender realmente sobre el negocio y eso representó un grave problema, porque muy poca gerencia venezolana fue formada allí[345], ya que en

---

[344] http://v1.iesa.edu.ve/conoce-al-iesa/resena-historica
[345] Los representantes de los tenedores de bonos tenían representación en las asambleas y los mayores accionistas podían ser incluidos en la administración general, pero no estaban en el día a día ni podían entender el negocio en profundidad.

su mayoría había una barrera idiomática importante y los que podían integrarse eran en su mayoría los hijos de venezolanos-anglosajones, siendo esta inopia de gerentes -aunque hubo algunos- una de las razones del fracaso de la industrialización venezolana en sus primeras etapas.

Por lo tanto, de batalla en batalla, los venezolanos de cada época se perdieron la revolución industrial, es decir, entre tantas revoluciones nos perdimos la importante. No había una educación generalizada que permitiera tener obreros calificados y las élites no se podían formar en las universidades que simplemente estaban cerradas o con unos pocos estudiantes de derecho, filosofía o medicina.

Por eso si usted se subía a un tranvía en Caracas, estaba gerenciado por anglosajones, igual que el ferrocarril, el tranvía posterior, el puerto de la Guaira y la compañía naviera, porque la Boulton, Bliss & Dallet y su evolución corporativa[346] estaba gobernada desde Estados Unidos, su CEO siempre fue un Dallet hasta llegar a John IV y también por egresados de la Wharton School, sus barcos eran piloteados por estadounidenses y así en todo, pues el Ferrocarril Central y el Caracas-la Guaira tenían también su sede principal en Londres y sus gerentes, eran extranjeros como hasta 1915 James Flind, mientras el "Gran ferrocarril de Venezuela" tenía su oficina en Berlín y su gerente en Venezuela era H. Ahrensberg.

Y cuando se marcharon, prácticamente todo se cayó en pedazos.

Poco se ha escrito sobre esa primera expulsión de los anglosajones de Venezuela por parte de los nacionalistas que siempre replican ideas europeas, porque los socialistas escribieron todo sobre la segunda expulsión. Pero aquí es muy importante comprender que las empresas de transporte masivo son de alto nivel de capitalización. Esto significa que hay que invertir mucho dinero permanentemente, mantener la costosa operación y sobre todo, pensar en la continuidad operativa a mediano y largo plazo.

---

[346] La Atlantic & Caribbean Steamship Corp y posteriormente la Red D. Line-

Pero en el caso del ferrocarril o las aerolíneas, se trata de empresas que pudiéramos definir como ultra-alta-capitalización, pues si usted compra cinco Boeing 737 por quinientos millones, el día que los recibe debe empezar a plantear su reemplazo, la venta a valor residual, la política de endeudamiento de largo plazo y contemplar que ese avión costará un 30% más, así como tener un cronograma financiero de entregas anuales y una red de cadenas de suministros altamente sofisticadas para sostener la operación sin que varíe el número de asientos.

Esta operación financiera es tan permanente y compleja, que es prácticamente un arte y permite a su vez, tener una relación muy cercana con los armadores, bancos y financiadoras. Y aprender eso es lo más difícil y complejo de una industria. Por eso cuando fue expulsada la alta gerencia sin estar preparados, Venezuela se quedó sin nada y rápidamente todo colapsó, el ferrocarril comenzó a detenerse, las vías a oxidarse y los vagones a descarrilarse no porque no lo sabían operar, sino porque no había una alta gerencia, que permitiera su sostenibilidad.

Al marcharse quienes tenían la relación bancaria quedaron funcionarios de gerencia media que no tenían ni la menor idea de la red logística creada desde Londres, París o Berlín y mucho menos de generar la cadena de producción, distribución y llegada de suministros vitales, así como el financiamiento para llevarlo a cabo.

Por eso para entender lo ocurrido con la industria aeronáutica, inclusive la actual, es necesario estudiar que parte el origen del problema viene de una escuela administrativa muy importante y que faltó por definir en los escritos anteriores.

El problema de la escuela administrativa venezolana es que a la alta gerencia se les enseña a trabajar en lo operativo. Es decir, un CEO de Delta, de Aeroméxico, de Gol, Emirates sea de Kenya Airways o la pequeña Air Tahití, son nombrados para llevar la estrategia de protección de inversiones y garantizar el futuro de la compañía en materia de flota y competitividad, junto a un equipo multidisciplinario de expertos financieros y operativos que dirigen el día a día de la corporación. A estos se les suma una junta directiva llena de expertos económicos, financieros y bancarios, así como miembros independientes que integran comisiones que velan por el correcto desempeño de tales estrategias.

Nombres de la talla de Robert Crandall en American Airlines o Gary Wilson de Northwest fueron egresados de la escuela de gerencia de Wharton y se reunieron con sus equipos dentro de una cultura altamente calificada de negocios. Y en cada una de esas estructuras cada vicepresidente, es de la talla del network con el que se ha relacionado, es decir, no solo se le contrata por su alto nivel de conocimientos sino por sus relaciones. Un CEO de aerolínea va al mismo club o cena en la casa de otros CEO, como un director de finanzas, juega golf con el tesorero de un banco de inversión.

Este, no es otro que el mismo modelo que viene dándose en el mundo anglosajón desde hace trescientos años. Educación y contactos es lo que permitió a Boulton asociarse con Dallet y Bliss y los contactos de estos a su vez permitieron entrar al Baring Brothers Bank y por ende, educación y contactos fueron los principales elementos para el éxito de los anglosajones en la revolución industrial.

Pero en el caso de Venezuela, producto de esa debacle histórica, solo queda el modelo de la Casa Boulton post expulsión, donde la familia es la que gerencia a ese nivel y en la empresa pública se ha sustituido por el político de turno. De allí a que las juntas directivas no funcionan como tal y hay un enorme espacio entre el dueño y sus asociados que toman las decisiones y los gerentes medios que operan la compañía aunque estos sean llamados vicepresidentes, pues son las familias quienes toman las decisiones más importantes, delegando el resto en la figura de quien opera la compañía, mientras que en las compañías públicas y al no poder enfrentar una capitalización. nadie piensa en el futuro de los activos.

Por eso al ser nacionalizadas, desde los tiempos del ferrocarril, se convirtió en un auténtico problema, porque al ministro de turno solo le interesaba su mandato y el presidente era un simple gerente público medio sin mayores poderes, de allí que un CEO de línea aérea pública, es simplemente un operador con voz, pero sin voto en la mayoría de las estrategias, pues la capitalización nunca ha dependido de la gerencia, sino del gobierno de turno al que tampoco le importaba mucho el asunto y de esta manera en sus balances, solamente estaban presentes los ingresos y egresos operativos y la ganancia o pérdida relativa a las operaciones, porque es lo que al ministro le interesaba resaltar y no el futuro ni la sostenibilidad de la aerolínea en diez o más años.

Por eso, el razonamiento de la alta gerencia -en ambas escuelas- se limita a contabilizar los ingresos y los gastos de nómina, proveedores, combustibles, tasas, servicios e impuestos, pero no piensan en la capitalización futura y su propia sostenibilidad. Son pues simples administradores de lo cotidiano y de esta manera cada diez o doce años, se pierde el 100% del capital aeronáutico y el estado tiene nuevamente que acometer inversiones cuantiosas para reflotar la aerolínea como lo ocurrido con Viasa y Aeropostal en muchas oportunidades.

Otra diferencia entonces, es que los presidentes de las aerolíneas públicas no necesitan salir a Bolsa, efectuar grandes aperturas de capital o créditos bancarios de largo plazo para asegurar su futuro, pues simplemente no tienen en cuenta en su descripción de puesto, la estrategia financiera y de sostenibilidad. Funcionan más bien como directores de estación, es decir, son un poco más versátiles que el director de un país de Avianca, AirFrance o American Airlines donde administran la operación diaria, pero no se involucran -porque no tienen nada que ver- en el futuro de la compañía.

En otras palabras, los altos gerentes de las aerolíneas venezolanas gobiernan lo operativo de una compañía, presentan su balance anual sobre ganancias y pérdidas de la operación, sin importar si se capitalizó o no la compañía, si ésta es viable financieramente por retorno de inversión para la comprar futura de aeronaves o sin saber siquiera que en diez años se habrán comido el futuro, porque en el modelo educativo gerencial: "eso es problema del gobierno".

Simplificando, si una compañía venezolana compra un 747 por cien millones de dólares, el pensamiento del gerente consiste en pensar que la operación no debe dar pérdidas, es decir que los pasajeros abordados permitan pagar el combustible, el sueldo de su tripulación, los alimentos consumidos, servicios de rampa, tasas, combustible, mantenimiento y la alícuota de gastos de proveedores generales. Pero les importa poco amortizar los cien millones de dólares, depreciar la aeronave y retornarle al país esa inversión de 100 millones de dólares que costó el avión y mucho menos planificar que en quince años, el nuevo avión costará un veinte por ciento más y se debe trabajar en garantizar la operación futura, porque repetimos que eso, en un estado paternalista: "es problema del gobierno".

A esto se le añade que existen planes operativos anuales, pero no de largo plazo. Y entonces el CEO que usualmente dura uno o dos años a cargo y que contrata a sus altos gerentes con igual temporalidad, simplemente el futuro no es algo que les interese demasiado apelando al pensamiento cortoplacista de que en su mandato hubieron o no perdidas o ganancias operativas, o cuantos pasajeros embarcaron en relación al año administración anterior.

Pero esto no ocurre únicamente en el gobierno y esa es la escuela a la que se hace referencia en el presente capítulo. Como las familias que operan los pequeños start-ups no están habituadas a buscar financiamientos en la Bolsa, concentrar rondas de inversionistas con proyectos de largo plazo o tener grandes corporaciones que subvencionen las operaciones, conservan para sí mismos las estrategias de inversiones.

Esta es quizás una de las herencias de PanAm, luego de la segunda expulsión de los anglosajones, que era quiérase o no la que planificaba toda la capitalización de Avensa -y de Alaska hasta la Patagonia- desde 1944 hasta al menos 1966 y que después pasó a manos directas de Henry Lord Boulton Jr[347] quien era el

---

[347] No se trata del precursor Henry Lord Boulton de 1944

vicepresidente ejecutivo desde 1961-con Andrés ya presidente de Viasa como consultor de la presidencia-. De esta manera la familia Boulton Henry Lord (1943-1953), Andrés (1953-1971) y Henry Lord II (1972-1999) acapararon para sí toda la parte de estrategia financiera porque ellos creían que no necesitaban de otros inversionistas, salir a la Bolsa etc.

Henry Lord Boulton había sido formado para eso por su padre y tío, así como por sus abuelos y bisabuelos tras 150 años de tradición desde el transporte de vela hasta la era del jet, pasando por el ferrocarril y el tranvía en Caracas[348]. Era lo que Andrés Boulton definió como la "Universidad de la esquina del Chorro" donde quedaba la sede del primer emprendimiento familiar, una que también definió como de "ciertos atavismos" bajo una educación férrea familiar natuhereditaria. "Los muchachos nuestros, pues se han educado en eso y los hijos de ellos seguirán haciendo lo mismo, porque indudablemente creemos, puede que sea algo antiguo (..) que eso trae ciertos beneficios" y es así como la tradición familiar - también de habla inglesa- le toca a Henry Lord Jr. Quien había estudiado secundaria en la prestigiosa y elitista escuela Saint Paul, en la que se graduaron desde el siglo XIX hijos de presidentes, políticos, grandes familias de empresarios como los Vanderbilt o banqueros como J.P. Morgan junto a prominentes escritores, ganadores del premio Pulitzer y el sociólogo que popularizó el término WASP (White Anglosaxon Protestant), para después estudiar administración en el Boston College, acto seguido se graduaría de piloto también en los Estados Unidos para pasar a integrar Avensa, primero como gerente administrativo y en 1951 como contralor a los veintidós años.

Y esa era precisamente la escuela Boulton, un esquema presidencialista familiar donde todo comenzaba y terminaba en ellos o en las familias cercanas y especialmente en el dueño absoluto. Al principio fue John, después lo sucedió Andrés y a este en 1976 Henry

---

[348] La industrialización pionera en Venezuela : 1820-1936, Gerardo Lucas, Universidad Catolica Andres, 1998. Pag. 75

Lord Boulton, siendo el expresidente su consultor hasta su muerte. Por eso: "Él no suele delegar en nadie" explicaba un alto ejecutivo de sus empresas "lo digo por experiencia propia, yo vi al gerente de Nueva York retrasar el vuelo más de una hora porque no encontraba telefónicamente a Boulton, que estaba descansando en su hacienda de Carabobo, quería pedirle permiso para comprar un repuesto de mil quinientos dólares. Para mí eso era una ineficiencia del tipo. Pero él me dijo que, al revés, que él tomaba la decisión sin consultar y Boulton era capaz de botarlo (despedirle)"[349]

Y esta fue la escuela que aprendió por ejemplo Simeón García cuando explicaba que el equipo de Henry Lord no estaba a cargo en realidad de la estrategia financiera de la compañía, de la planificación de rutas o de la fijación de tarifas cuando el jefe de finanzas de Avensa le dijo: "interpreta mi silencio" en la toma de decisiones financieras, porque las decisiones las hacía Henry Lord Boulton y su familia. Pero eso mismo transfirió en mayor o menor medida Simeón García a su nueva aerolínea en la que todo aspecto de gestión financiera era decidido en las oficinas del grupo Cóndor, donde él era el presidente, su socio y vicepresidente llevaba las finanzas y sus directores de aerolíneas eran simples administradores de la operación.

De esta manera el modelo público fue de cierta manera traspasado al mundo privado. Los CEO y CFO de las aerolíneas dependían completamente del dueño para las estrategias financieras globales y limitados a lo operativo, como en la empresa pública, el futuro en realidad importaba poco, porque simplemente no estaba dentro de sus líneas de acción, básicamente por la camisa de fuerza impuesta por las familias propietarias de los pequeños emprendimientos aeronáuticos que preservaban para sí las estrategias financieras, que no estaban basadas más que en el músculo propio o en su intuición de negocios y de la misma manera los gerentes

---

[349] Revista Exceso edición n° 116 febrero 1999. Pag. 43

operativos, pasaban de una compañía a otra tras cada quiebra o venta de la familia que las operaba.

Pero ¿Cuál era el problema de fondo?, uno de estos lo podemos tomar de la frase de Simeón García sobre el origen de su escogencia de avión para la flota: "lo escogimos porque Avensa los operaba". Esto quiere decir que el único fundamento que se tomó para su emprendimiento fue observar que su aerolínea competidora lo operaba. A nadie le importaba los gigantes problemas que tenía una aerolínea que llegó a tener veintitrés aviones en línea de vuelo y que ahora solo tenía cinco al momento de comprar el primer avión y mucho menos entendían que estaban migrando al 737 y al 757, ya que se habían cumplido diez años desde el anuncio del final de la línea de ensamblaje del DC-9 y seis desde la última entrega de un 727.

El siguiente criterio usado es el de "la ganga" por ser aviones sin valor residual que se encontraban a punto de ser desguazados en los desiertos. Comenzando el cuarto gran problema de la aviación venezolana, a los pasajes regulados, sujetos a congelación de precios y a la competencia de la aerolínea del estado altamente subvencionada, llegó el libertinaje aeronáutico. De pronto cualquiera sin experiencia podía comprar una aerolínea ir a un desierto y comprar chatarra aún apta para volar y competir deslealmente contra Avensa.

Si esta última estaba haciendo una inversión por tres aviones (YV 78C, 79C y 99C) así como un arrendamiento por el YV-77C, con veinte años de valor residual por una suma equivalente a sesenta millones de dólares. De pronto podía llegar Simeón García y comprar dos aviones de finales de los sesentas por poco más de tres millones de dólares, sin tener como pintarlo y sin comprar equipos de respaldo de tierra, mandar "a imprimir los boarding pass" y arrancarle pasajeros en el medio de un colapso económico sin precedentes.

Y esas decisiones siempre serán del dueño, por lo que, en consecuencia, la escuela venezolana siguió siendo familiar y eso lo analizaremos en el siguiente capítulo.

CAPITULO III
El inicio del nuevo fin

Las turbulencias de Avensa. Segunda escuela o escuela semipública.

Luego de treinta años de la mano de su casa matriz PanAM, la pequeña Avensa pasó a competir incansablemente contra el gigantesco oligopolio de la mano de Viasa-KLM y no en pocas oportunidades intentó tomar los cielos internacionales por cuenta propia sin mucho éxito. Pero habían llegado los setentas en los que enfrentaría a nivel internacional a los gigantes PanAm y Continental, así como las guerras de tarifas y los nuevos fundamentos administrativos que llevarían a la quiebra a todas las aerolíneas, mientras que ahora el gobierno revolucionario se emplearía a fondo para subvencionar las rutas y los boletos congelando las tarifas e impidiendo la competencia.

El último crédito del Exim-bank para Avensa, fue para la compra de dos Boeing 727, tres turbinas de repuesto y material aeronáutico había sido por el equivalente a 141 millones de dólares directamente a la Boeing[350], pero el ánimo revolucionario y el fin del control de cambios impedirían seguir financiando proyectos tras la nacionalización de una banca que solo prestaba a corto plazo y de los pools de financiamiento industrial extranjeros solo quedaría el nombre. Es cierto que el gobierno intentó emularlos con los fondos de crédito industriales FONCREI (1974) y FIVCA (1976) usualmente nutridos de los recursos del Fondo de Inversiones de Venezuela, pero a partir de 1977 la diferencia con los cuatro mil millones de dólares anuales de los fondos privados era abismal.

A esto se le sumaba que la mayoría de los recursos de estos fondos iba a las empresas públicas descentralizadas a las que los socialistas llamaban "privadas" solo porque habían sido creadas como compañías anónimas en el registro mercantil, por lo que la única que podía acceder al financiamiento eran VIASA o Aeropostal[351]. De la misma manera, cuando los grandes fondos y

---

[350] https://www.digitalarchives.exim.gov/digital/collection/ExImPR01/id/6074/rec/10
[351] Fondo de inversiones de Venezuela: memoria especial, 1974-1984, Fondo de Inversiones de Venezuela.

bancos de inversión fueron expulsados de Venezuela nadie tenía su respaldo para conseguir financiamiento de largo plazo y esto hizo que comenzara la segunda fase de las aerolíneas que debieron buscar mejor destino en el alquiler y en los deshuesaderos de partes en los desiertos, es decir la década de los setenta fue la última en la que los venezolanos vieron el estreno de un avión entregado por la Boeing.

El asunto empeoró cuando Avensa, que había sido obligada por el gobierno anterior a operar en pool, como bien definió el presidente Carlos Andrés Pérez, fue obligada por su gobierno a ser una empresa semipública, con un estado que ahora tendría que capitalizar tres aerolíneas, porque quería quedarse con todas y allí quedó el intento privado entre la espada y la pared. Si antes había tenido a dos estadounidenses de Pan American en su junta directiva, ahora los Boulton tendrían en la mesa directiva a dos funcionarios públicos socialistas del partido de turno que impedirían la mayoría de las decisiones corporativas.

Esto hizo que la Boeing, financiada por el Exim-bank y la banca internacional, no permitiera que los aviones 727 fueran a parar a una compañía que ahora era en parte de un gobierno que le debía a los constructores de aviones y la fórmula encontrada por Boulton fue la de la propiedad indirecta a través de un arrendamiento financiero con derecho a compra más costoso para la aerolínea, con el intermediario "International Lease Finance Corporation"[352]. Así llegan los dos últimos aviones nuevos a alguna compañía privada venezolana ya que el tercero arribó con once años de uso. Mientras que el siguiente llegaría con seis.

Cuando llegó el nuevo gobierno y dijo que era toda Venezuela la que estaba quebrada ya había poco que se pudiera hacer. En la medida en que la crisis económica aumentaba, los aviones eran cada vez más viejos a tal punto que ya tenían poca vida residual, porque a mediados de 1983 la junta directiva de Boeing había dispuesto el final de la línea de ensamblaje del famoso 727 para el año siguiente

---

[352] https://www.boeing.com/commercial/

haciendo ahora, que sus propietarios tuvieran que depreciar aceleradamente o venderlos al tercer mundo.

Los últimos tres años la Boeing solo había recibido doce órdenes para el avión de países petroleros como Dubái, el gobierno de Nigeria o Turquía y apenas cinco se ordenaron en Estados Unidos[353]. El problema para el célebre avión era el costo de combustible y desde 1979 la mayoría de las aerolíneas empezaron a vender o a retirar el avión porque el barril de petróleo había pasado de 3 a 36 dólares -equivalentes a 124$ de hoy), haciendo inviable al avión para los grandes operadores como United que ese año había eliminado sus órdenes de aviones para buscar un reemplazo menos costoso en combustible.

Pero para los países que regalaban su gasolina los aviones eran una propuesta atractiva, porque los más antiguos terminaron como gangas para el tercer mundo, antes de ser enviados a los desguazaderos en los desiertos y es así que a estos primeros aviones de Avensa se les sumarían ya otros cuatro aviones, todos de 1965 con más de dieciocho años de operaciones y los siguientes dos en más de veinte años de servicio hasta 1986, todos de la primera línea de ensamblaje entregados a United.

AVENSA FLOTA 727	TIPO DE AVION	SERIAL	AÑO DE FABRICACION	AÑO DE INICIO	AÑO DE DESLISTADO	EDAD AL INICIO	EDAD AL FINAL	TIEMPO DE SERVICIO
YV-74C	Boeing 727-294	c/n 22043	11/29/79	1979	1991	0	12	12
YV-75C	Boeing 727-294	c/n 22044	12/7/79	1979	1990	0	11	11
YV-76C	Boeing 727-227	c/n 20394	6/17/70	1981	1991	11	21	10
YV-79C	Boeing 727-51	c/n 18800	2/5/65	1982	1990	17	25	8
YV-80C	Boeing 727-22	c/n 18326	5/21/65	1983	1991	18	26	8
YV-81C	Boeing 727-22	c/n 18327	5/11/65	1983	1989	18	24	6
YV-82C	Boeing 727-22	c/n 18325	5/12/65	1983	1991	18	26	8
YV-87C	Boeing 727-22	c/n 18853	9/14/65	1985	1991	20	26	6
YV-88C	Boeing 727-22	c/n 18855	10/22/65	1985	1992	20	27	7
YV-90C	Boeing 727-114	c/n 19815	10/22/65	1986	1991	21	26	5
YV-91C	Boeing 727-35	c/n 19165	7/12/66	1986	1991	20	25	5
YV-93C	Boeing 727-281	c/n 20876	3/26/74	1987	1989	13	15	2
YV-94C	Boeing 727-281	c/n 20877	4/2/74	1987	1990	13	16	3
YV-89C	Boeing 727-22	c/n 18851	9/7/65	1985	1998	20	33	13
YV-84C	Boeing 727-280	C/N 20877	4/23/74	1987	1999	13	25	12
YV-95C	Boeing 727-281	c/n 20878	4/23/74	1987	1994	13	20	7
YV-96C	Boeing 727-281	c/n 20727	8/17/73	1987	1998	14	25	11
YV-92C	Boeing 727-281	c/n 20724	9/7/65	1986	1998	21	33	12
YV-97C	Boeing 727-2D3	c/n 20885	7/30/74	1988	2002	14	28	14

En total Avensa solo recibió dos aviones nuevos en 1979 y otros diecisiete con un promedio de dieciséis años de operaciones (cuadro izquierdo). Algunos de estos recibieron apodos por sus pilotos y personal de mantenimiento como "el cagajon" o "el simulador volante" porque "se decía que, si lo volábamos frecuentemente, no teníamos que ir al simulador puesto que todas las fallas posibles en el manual se le presentaban a la

---

[353] https://www.boeing.com/commercial/

aeronave"[354]. Más allá de las bromas, había comenzado también un nuevo ciclo, el de operar aviones más allá de su vida útil, convirtiendo al mantenimiento en verdaderos expertos en volar aviones que representaban un reto enorme, mientras que para los administradores se convirtieron en auténticos dolores de cabeza, porque solo los pudieron operar una media de ocho años.

Fue exactamente lo mismo que ocurrió con los DC-9 financiados en la etapa de PanAm a través del Exim-bank y la Douglas, así como la compañía de motores financiando el diez por ciento[355]. Pero a partir de allí, después de que se marchara PanAm y contando apenas con uno -porque el segundo había sufrido un accidente mortal en 1974- llegarían a la aerolínea cerca de una docena de aviones viejos de distintas procedencias (Aeropostal, Delta o Continental) manteniendo unos cinco siempre operativos.

Pero el fin del espejismo económico y el viernes negro se encargarían de hacer que la compañía pasara la peor década de su existencia. Si el comienzo de la década de los ochenta había sido malo, el de los noventa fue verdaderamente catastrófico para la Avensa en solitario. El Caracazo, un gigantesco motín social había quebrado la espina dorsal de la poca economía que quedaba y eso fue rematado por dos golpes de estado en 1992 realizados por quienes traerían la nueva revolución socialista, el enjuiciamiento del presidente Carlos Andrés Pérez y en consecuencia la mayor fuga de capitales de la historia así como la venta de prácticamente todas las corporaciones en manos venezolanas a trasnacionales.

Es aquí cuando el grupo Boulton, que ya sabían de que iba todo lo de la revolución, vendió sus corporaciones cementeras, la empresa de seguros fue a la quiebra y sus acciones en los bancos pasaron a manos extranjeras, mientras que también pusieron en venta

---

[354] Tomado del piloto José Harb en https://m.facebook.com/groups/543700615713855/permalink/1588263631257543/?refid=18&__tn__=%2As-R
[355] https://www.digitalarchives.exim.gov/digital/collection/ExImPR01/id/2752/rec/2

el resto de sus compañías inmobiliarias y de hotelería, siendo la última Mavesa adquirida por la emblemática empresas Polar.

Pese a esto, todos creen que, tras la quiebra de TACA, Aeropostal y Viasa, Avensa se convirtió en un monopolio exitoso a partir de 1991, pero la realidad es que la compañía no solo había absorbido los enormes costos de operación por competir contra las líneas subvencionadas y estaba en mala condición, sino que Boulton la estaba cerrando de manera programada.

La otrora orgullosa Avensa con sus treinta aviones -buena parte de estos en precarias condiciones-, ahora subsistía con apenas dos 737 (YV79C y YV99C) y de sus catorce DC-9 propios, apenas le quedaban cuatro para 1991 porque había dividido a su compañía en dos y ahora arrendaba los aviones a Servivensa, una línea de bajo costo que de acuerdo al ex presidente de la aerolínea Santa Bárbara "se tradujo en una operación distinta (..) que permitió recuperar la participación de los venezolanos en el mercado hacia Estados Unidos", [356] a sabiendas que el nuevo siglo no traería nada bueno y menos, cuando ganó el militar golpista del 92, que ahora amenazaba con una revolución, la nacionalización y se abrazaba con Fidel Castro.

Para 1994 las perdidas eran incuantificables y las acciones del gobierno -aún más quebrado con un barril cercano a los diez dólares- eran un lastre imposible de sortear. La familia Boulton había cortado todo tipo de gastos excedentarios a través de convertir su línea aérea en una corporación tercerizada, pero eso no logró que las pérdidas fueran cada día mayores. De esta manera si Viasa había quebrado en 1997, Avensa en un país normal estaría a punto de entrar en protección de acreedores en esa misma fecha, aspecto que ocurrió unos meses mas tarde, cuando fue intervenida por el gobierno en marzo del año 2000.

De esta manera se pueden identificar, como en la industria petrolera, varios periodos y escuelas. La primera parte desde su creación hasta mediados de los setenta en las que PanAm tuvo

---

[356] Revista del Seminario Interdiocesano de Caracas, 1994, opinión del capital Jorge Álvarez, pág. 351

principal role en la administración y las operaciones de Avensa a tal punto que la mitad de sus directores de la Junta eran empleados de PanAm o votaban en favor de estos[357] así como sus aviones, rutas, préstamos y contabilidad se debían a una férrea guía de manuales y estándares.

La segunda etapa ocurre un par de años antes de la salida de Pan-American durante el gobierno de Rafael Caldera, cuando la compañía estaba obligada a un pool y buscando soluciones Pan-Am no podía insuflar los recursos porque significaría aumentar el capital que era algo impensable para los socialistas en el gobierno, así que el presidente Caldera viendo a Avensa "disminuida por una temporada demasiado baja en ganancias" le dijo a la familia Boulton que lo más adecuado era: "declararse en quiebra y ser liquidada"[358]. La compañía continuaría dando perdidas hasta la salida de la aerolínea estadounidense el 28 de abril de 1976 y la compra por parte del gobierno de Carlos Andrés Pérez de las acciones de Pan-American quien declaró ufano que: "Avensa 70% propiedad privada de empresarios venezolanos y 30% propiedad de la Pan-American, ahora el estado es propietario de ese 30% (..) en todas ellas, el estado tiene interés"[359].

Esta segunda etapa llega a su final en 1989 con la realidad de las "familias aeronáuticas" venezolanas. Es decir, los Boulton podían ser ricos en el contexto venezolano, pero no billonarios como para capitalizar una compañía en los ochenta y como en todos los casos, la Bolsa de Valores Venezolana simplemente no existía, teniendo que reestructurar agresivamente la compañía vendiendo sus aviones más nuevos para recomprar chatarras en los desiertos o arrendando la

---

[357] Monopoly Problems in Regulated Industries: Hearings Before the Antitrust Subcommittee, Subcommittee No. 5, of the Committee on the Judiciary, House of Representatives, U.S. Government Printing Office, 1957. Pag. 1331
[358] Declaraciones de Henry Lord Boulton. Revista Exceso edición n° 116 febrero 1999
[359] Manos a la obra: v. 1. 17 de marzo 1976 a 14 de noviembre 1976. v. 2. 16 de noviembre 1976 a 11 de marzo 1977. Pag. 352

mayoría de sus aviones[360] pero imposibilitado para darle un mejor futuro.

Es así como el estado, siendo accionista de Avensa y perdiendo cientos de millones de dólares en Viasa y Aeropostal, no podía darse el lujo de aportar un centavo de capital a una Avensa que estaba reestructurando su compañía y dividiéndola en dos, por una parte, los intereses del estado y los trabajadores en Servivensa y en el otro una muy pequeña aerolínea que intentaba sobrevivir a punta de arrendar a terceros sus aviones para obtener algo de liquidez.

Y así surge la tercera etapa o escuela de supervivencia, que se inicia a partir de la entrada del estado en la empresa privada y que concluye en 1991 con un tercer intento de reestructuración, que es ya la fase en la que concluye en 1999 con la quiebra final de las compañías.

En otras palabras, la escuela de Avensa es magnífica desde 1943 hasta mitades de los sesentas y a partir de 1976 vino el declive porque la familia Boulton no podía reflotarla mientras que el gobierno adquirió un tercio de sus acciones e imposibilitó cualquier margen de maniobra ya que si no tenia como reflotar Aeropostal y Viasa, mucho menos tendría para su competidor privado.

Finalmente, durante su etapa final a partir de 1989 nuevamente podemos establecer una magnifica escuela operativa en Maiquetía, en sus servicios, en sus operaciones y tripulaciones y más aún en su sistema de mantenimiento que eran estandarizados desde Pan-Am. Pero su escuela administrativa a partir de 1976 coexistió con el estado y fue una que trató de sobrevivir hasta que le fue imposible a partir de 1987 en la que entró en fase completa de descapitalización. Hablar a partir de 1989 de una escuela administrativa en Avensa, es de la que efectuó la mayor estrategia de cierre programado en la historia de Venezuela, hasta que entregó su certificado.

---

[360] Al menos siete aviones Boeing DC-9 con apenas diez años de uso se vendieron o arrendaron a Midway y Republic y otro se vendió a Aeromexico

Aeropostal y la fusión con TACA

A pesar de que Aeropostal había quebrado varias veces y no daba otra cosa que no fueran pérdidas, a pesar de que PanAm competía en cabotaje llevándose prácticamente a todos los pasajeros internacionales que podían pagar y una enorme cantidad de aparatos de las petroleras le servían de líneas de alimentación, cuando esa aerolínea y KLM se llevaban tres cuartas partes del correo y la paquetería, el presidente Medina Angarita decidió poner a competir también a Aeropostal cediendo el espacio aéreo a sus amigos y banqueros. Todos sabemos que existió Avensa desde 1943 porque muchos viajamos en esta, pero también le cedió el espacio a otra en 1944 llamada T.A.C.A.

Sus dueños fueron Pedro Vallenilla, un violinista de concierto devenido en banquero e industrial, quien acumuló no solo una cuantiosa fortuna, sino la mayor colección pinturas de Cézanne, Gauguin, Monet, Pizarro, así como de cubismo de Latinoamérica, junto con el también rico industrial y banquero tachirense Martin Marciales, cerrando el ciclo de los inversionistas el propio ministro de Hacienda de Medina y director del Banco Central, Alfredo Machado.

Pero tenían exactamente el mismo problema que los Boulton. ¿Cómo estructurar una compañía si la industria existente era una auténtica administración ruinosa que demandaba constantemente recursos para compensar las pérdidas? Los banqueros e industriales podían encontrar mecánicos, pilotos y personal calificado, pero no podían crear un sistema administrativo y financiero competitivo, así que, si la familia Boulton había tocado las puertas de PanAm, mientras que KLM tenía su propia división de Indias, porque eran sus colonias, lo lógico es que ellos se volcaran e hicieran lo propio y así echaron mano del personal de Aeropostal para ayudar a crearse, razón por la que la aerolínea nacional se quedó con el 12,14% de las acciones y entonces fueron a buscar un modelo administrativo y financiero que, al parecer, estaba dando muy buenos resultados en la región.

T.A.C.A eran las siglas de Transportes Aéreos Centroamericanos fundada por un neozelandés, nacionalizado británico y héroe de la primera guerra, llamado Lowell Yerex, quien la constituyó con un general hondureño en Tegucigalpa en 1931. Pero había dado en el blanco, no solo obteniendo el contrato del gobierno, sino sirviendo entre las pistas de todos los hacendados e industriales del país.

La idea de Lowell si se quiere, fue una variación genial del modelo de supervivencia de Paul Vachet, pero sin la parte nacionalista, surgiendo así el modelo T.A.C.A en cada país. Un sistema de franquicias asociadas especializadas en servir a las grandes firmas industriales y de negocios, como las guatemaltecas de explotación de gomas, a los hombres más ricos de las minas de Nicaragua, Costa Rica y el Salvador, hasta llegar a Colombia e incluso al Perú, uniendo a una gigantesca masa de millonarios y sus intereses, con una línea aérea internacional que los integraba.

De esta manera los aviones llegaban a las haciendas, o a las pistas de las industrias y aterrizaban con sus productos en las pistas de consolidación y distribución. Una idea extraordinaria porque integraba a todos los productores en una red de suministros, trabajadores, mineros, supervisores, materia prima y todo lo que necesitaban para operar en áreas remotas y haciendas desconectadas entre sí.

Lowell también había fundado la aerolínea en Trinidad, que después fue vendida a los ingleses y que terminaría siendo la subsidiaria de BOAC para las indias británicas. Por eso el logo era el mismo para todas y las que no lo usaban porque el nombre estaba registrado como en Brasil, incorporaban a la famosa guacamaya bandera[361], emblema de la que llegaría a ser una de las aerolíneas más icónicas de Latinoamérica y que aún vuela, fusionada en Avianca.

Es así como en 1944, un grupo de industriales colombianos crea la franquicia en Bogotá y el nuevo grupo de banqueros e industriales venezolano crea a imagen y semejanza de todas las anteriores: TACA de Venezuela, incorporando al guacamayo en su logo a la larga lista de franquicias.

Pero había muchos problemas, el primero es que sus fundadores eran amigos y funcionarios del presidente derrocado, aspecto que no influyó tanto como el hecho de que la segunda Guerra Mundial había traído la crisis y el desabastecimiento a Venezuela y el gobierno había encargado muchos aviones, creando un puente aéreo subvencionando todo lo respectivo al transporte de comida. Que ahora estaba en control de los militares, con guías de carga que debían pasar por el escrutinio del estado.

Por lo tanto, el negocio no solo tenía el viento político en contra, sino que era poco rentable para una competencia que no podía aterrizar en los aeropuertos que eran propiedad privada de PanAM, Aeropostal o Avensa y a esto se sumaba un segundo inconveniente, en Venezuela las pistas en las minas ya estaban tomadas por Aeropostal, mientras que las principales pistas de las petroleras eran tierra de la fusión Avensa-PanAm. TACA por ejemplo tenía casi el doble de millas aéreas que Avensa, pero esto se debía al gigantesco esfuerzo que tenía que hacer para encontrar su nicho de negocios.

Para colmo había llegado la revolución en 1945 con la promesa de una justa distribución del campo, que en realidad significaba el ataque natural a los pocos hacendados que producían algo. Por lo tanto, el negocio de generar pistas interconectadas en

---

[361] O colorada en Colombia, Parabá bandera o tricolor en Bolivia, Guacamayo Bandera en Honduras donde es el ave nacional. Es la más conocida de las especies, principalmente roja, con un plumaje que tiene los colores que semejan una bandera, principalmente una variación de rojos, amarillo, verde, azul claro y azul oscuro.

Venezuela, para manejar su carga y pasajeros, tuvo que aguantar tres años dando pérdidas, espantosas a sus inversionistas.

Para 1946 se crea el holding Taca en Panamá, que incluía a las subsidiarias de Costa Rica, Nicaragua, el Salvador y Honduras con el 99% de sus acciones. Para diciembre de ese año, los inversionistas estadounidenses se habían hecho con el control, adquiriendo el 75% de las acciones para crear Taca Airways y los industriales y banqueros venezolanos -vista la revolución y sus simpatías por Medina- habían vendido el 45% al holding estadounidense[362] quedándose como accionistas minoritarios.

Pero competir en esas condiciones era prácticamente imposible y para 1949 la empresa venezolana estaba literalmente en quiebra por lo que tuvo que ser rescatada por Aeropostal al año siguiente, aportándole una cifra millonaria en efectivo y comprando las 9.450 acciones en poder del holding estadounidense por 500.000 bolívares[363] así como para apuntalar su capital, por lo que el gobierno pediría un crédito de dos millones de bolívares que es equivalente a unos siete millones de dólares de hoy y cediéndole las acciones a Aeropostal, para así aumentarle su capital artificialmente, razón por la que ahora, a sus enormes pérdidas se le añadiría las de la nueva empresa asociada por tener el control total con el 57,14% de las acciones.

Pero ahora la planificación se había tornado absolutamente absurda, pues se trataba de dos compañías deficitarias, que peleaban por un mismo mercado y con su quiebra terminó el ciclo de esa aerolínea que nunca debió ser comprada, aumentando los costos de operación y que sería poco a poco fusionada con la nacional.

---

[362] Overseas Air Transportation: by Steamship Operators, by a Consolidated Air Carrier. United States. Congress. House. Committee on Interstate and Foreign Commerce. 1947. Pag. 1352
[363] Memoria y Cienta del Ministerio de Comunicaciones. 1951. Pag. 100

Aeropostal y la fusión con RANSA

Uno de los principales atributos que les legó el trienio populista de 1945 a las líneas aéreas, fue afianzar ideológicamente el hecho de que no pudieran constituirse como negocios viables, para dar paso al "servicio social". Hasta ese momento había imperado la escuela francesa, en la que el estado debía subvencionar a las compañías para tener influencia permanentemente sobre estas y de esa manera también ordenaba su actuar, con dueños que esperarían siempre un rescate al tener problemas.

Pero los populistas -militares y civiles- avanzaron mucho sobre el modelo intervencionista, enfrentando una contradicción permanente. Por una parte, se quejaban de que las aerolíneas dieran pérdidas tan grandes, pero por la otra las ahorcaban con altos e insensatos costos operativos, recortaban sus ingresos y enfocaban su actuar al extremo opuesto en el que se encontraban los nichos de negocios, bajo una muy dudosa idea de que un avión por sí mismo atraería el desarrollo y la modernización de los pueblos.

Por eso el estado se enfocó en construir su Hub de carga y construir más pistas en San Fernando de Apure, donde los mataderos ahora sacrificarían más vacas famélicas para que los caraqueños pudieran comer mejor. Desarrollo – sin hablar de electrificación, comunicaciones y carreteras- hubiera sido invertir en centros de ceba y engorde para que la explotación no fuera a llano abierto, aportar irrigación a los fundos, atacar las enfermedades endémicas que azotaban a rebaños enteros y garantizar préstamos para aumentar el tamaño y calidad de las reses.

Pero los millones de hoy invertidos en aviones aterrizando en puente aéreo no era modernidad, era populismo o política efectista y no eficaz. Un despropósito de "Pan para hoy y hambre para mañana" al que se le sumaba que debían subvencionar en costo a través de la descapitalización y poco a poco, entre accidentes y el normal deterioro sin tener ingresos, comenzaría la debacle en la que los mecánicos desmontaban un motor, para que otro avión pudiera seguir transportando carne, hasta casi desaparecer.

Si un avión por sí solo significara modernidad, el Sahara y Senegal se habrían convertido en las primeras Dubái del planeta y por eso San Fernando de Apure quedó con el mismo aspecto milenario, que cuando aterrizó el primero de los aviones. Lo que necesitaba Aeropostal era centrarse en el negocio real donde este funcionara y a un estado que organizara el transporte para hacerlo más rentable.

Lo efectista de que las amas de casa caraqueñas tuvieran más carne criolla en los anaqueles pasó tan rápido como comenzó, encontrando paradójicamente cada vez más carne colombiana y argentina que fue la otra solución encontrada por los populistas, pero además romperían en pedazos a la aerolínea.

Y ese fue el nicho de negocios que vieron tres pilotos, dos extranjeros y uno local. Los dos primeros fueron Keith F Mitchell quien había trabajado para Pan American y durante la II Guerra Mundial había estado basado en la Bahía de Chaguaramas a pocos kilómetros de Venezuela y nada más acabar el conflicto volaría para una compañía de peces tropicales llamada Paramount Aquarium, un gigante que tendría el total monopolio del enorme mercado de peces tropicales para acuarios que había surgido con fuerza al terminar la Segunda Guerra y cuya empresa había creado una base en Cumaná, sobre una pista construida por la Fuerza Aérea estadounidense.

Mitchell, quien hablaba español fluido, conocía muy bien la zona e incluso llevaba a investigadores y entusiastas al Amazonas, contactó a otro amigo, también veterano de la Segunda Guerra y de PanAm Everett Jones y se dieron cuenta rápidamente del gigantesco mercado que se abría frente a una Venezuela que estaba a punto de importarlo todo y más aún cuando los planificadores de líneas aéreas venezolanos estaban más enfocados en los servicios sociales del interior que, en construir un negocio de carga eficiente que rindiera beneficios. Sería perfecto contar con una aerolínea de carga internacional, en la medida en que ahora las importaciones eran mayores y sobre todo los aviones del gobierno fueran deteriorándose y dejando de prestar servicios, mientras PanAmerican con sus nuevos aviones se enfocaba en explotar el nicho de pasajeros.

Y allí se encontraron con parte de la alta gerencia de Aeropostal que tenían también la misma idea. Su director de operaciones era un piloto civil venezolano de nombre Carlos Chávez[364], quien había como piloto y capitán, hasta llegar a ser director y estaba muy cerca de la dictadura, a este lo acompañaba Salomón Sánchez también Pérez-jimenista y jefe de la División Aeronáutica del Ministerio de Defensa, quien junto al administrador de Aeropostal Edgar Parday constituirían el núcleo local y fue así como junto a los estadounidenses, aplicaron para la creación de una línea aérea de carga que llevaría por nombre RANSA, en septiembre de 1948 y que tendría como base de operaciones el aeropuerto de Miami[365].

RANSA en sus inicios podía considerarse la obra cumbre del despropósito de planificación de un estado al que le importaba poco su aviación como negocio viable, pero a su vez, la prueba más fidedigna que las aerolíneas podían ser rentables. Al operar en Miami[366] se beneficiaba de un gigantesco hangar que tenía tren de carga enfrente y unos costos de operación menores que los venezolanos, pues la economía de escala en materia logística era mucho mayor y por lo tanto sus costos menores. No era lo mismo reparar un motor, en un lugar que reparaba cientos al año y con millones de repuestos excedentarios a la mano, a hacerlo en otro donde solo existían algunas decenas. Las líneas locales tenían que viajar y usar intermediarios que lo encarecían todo para comprar

---

[364] Se le otorgó en 1944 la licencia de piloto civil número 20 y su jurado examinador estuvo compuesto por los capitanes Carlos Maldonado Peña quien llegaría a ser el Director de Aviación, Luis Calderon y el teniente Antonio Briceño Linares quien sería a la postre ministro de la defensa de Rómulo Betancourt. (resolución N.185)
[365] Memoria y cuenta. Venezuela. Ministerio de Comunicaciones. 1961. Págs. XI-3 al XI-12
[366] Pidió su certificación a principios de 1950 para la operación Miami-Maiquetia.

repuestos y motores, pagar los costosos fletes y esperar en algunas ocasiones meses a que llegaran.

Por otra parte, RANSA disponía de lo mejor de los dos mundos. Mientras contaba con esa economía de escala y los bancos estadounidenses de respaldo, pudiendo firmar con la Boeing por sus aviones, también tenía los bajísimos impuestos y subvenciones venezolanas, por lo que sus tarifas podían ser mucho más competitivas que la de los estadounidenses. Pero claramente su ventaja es que ahora salían de Miami con todos los productos importados y a la vuelta tenían un sistema que llevaba los productos a distintos países con un sistema tarifario complejo.

Mientras las locales tenían que llevar una carga, muchas veces estacional y volver vacíos, RANSA creo un sistema que le permitía cuadruplicar la carga y estar permanentemente facturando. Los importadores que antes tenían que recurrir a barcos, para después llevar sus productos al interior, ahora contaban con un negocio que los llevaría a la estación final de destino convirtiéndose literalmente en un negocio redondo.

Es así como ahora los mismos planificadores de una Aeropostal deficitaria, que habían absorbido otro negocio deficitario, cedería su mercado no solo a TACA, sino que en pocos años por si sola competiría en carga con las tres compañías de la competencia sumadas y dando unas ganancias formidables. Aeropostal, Avensa y Taca juntas transportarían 20.141 toneladas, mientras que la venezolana de Miami por si sola lograría 20.894. Pero el drama no solo era el monopolio de la carga internacional, sino que le había arrebatado a su vez el mercado natural doméstico a Aeropostal, cuadruplicando las toneladas a nivel nacional, gracias a no pocos contratos jugosos con el régimen dictatorial.

Para entender el despropósito de los planificadores, en vez de hacer lo obvio, que era dividir el negocio de la carga entre Aeropostal y Avensa, lo haría a través de una división de cuatro partes en un mercado que no daba para eso, donde las primeras juntas apenas lograrían el 43% del negocio, haciendo que Aeropostal aumentara aún más su déficit. Mientras esto ocurría, Ransa transportaba cerca de cuatro toneladas por vuelo, mientras que Aeropostal en sus aviones de cargo, lograba apenas 0,89. Es decir para transportar 5.494 toneladas necesitaba 6.156 vuelos, mientras que su competidora, transportaba más de doce mil toneladas, en la mitad de los vuelos.

El destino financiero de la aerolínea comenzaría a recalentarse entrando los primeros años de la década del cincuenta cuando los Estados Unidos comenzó a investigar su sistema de declaración de impuestos y sobre todo cuando los estadounidenses tenían buena parte de una sociedad que debió cambiar su composición accionaria para evadir el cerco de las autoridades quedando en 1953 el 85% en manos de los venezolanos. Ese mismo año se llegaría a un acuerdo de pagos divididos en materia impositiva que aumentaron los costos de la corporación y que fueron balanceados en Venezuela con nuevos contratos de carga con el gobierno.

Pero al llegar el fin de la dictadura, le había llegado también la hora a muchos de los empresarios que habían hecho vida y crecido con esta y ese era el caso de Carlos Chávez y Salomón Sánchez, los dueños de RANSA, quienes habían estado demasiado cerca del dictador cómo para pasar desapercibidos, pues Chávez además era socio de Rafael Pinzón[367], consultor jurídico del dictador y celebre por haber orquestado el fraude del plebiscito que le trató de dar legitimidad a la dictadura mientras que el propio Chávez, habitual invitado a Miraflores, aparecía señalado de haberlo llevado a cabo en su estado. Así que los nuevos revolucionarios ahora tenían muy claro dos cosas, la primera que no querían empresas con socios estadounidenses y la segunda, que debían tener el control de las aerolíneas en manos de potenciales conspiradores.

---

[367] Memoria y cuenta. Venezuela. Ministerio de Fomento. El Ministerio, 1954. Pág. 132

Nada pintaba bien para los dueños de la aerolínea. Por más que habían hecho que ahora el venezolano fuera el socio mayoritario quedando los estadounidenses con apenas el 20%. Pero la discusión en 1960 cuando estalló la huelga de pilotos de Aeropostal, que fue apoyada por los sindicatos -aun en manos de sindicalistas perezjimenistas- de Avensa y Ravsa dejaban poco lugar a dudas de lo que pretendía el nuevo gobierno. Era un secreto a voces que los revolucionarios querían expulsar a PanAm, fusionar y hacerse con el control de las acciones de todas las aerolíneas, así como crear una sola internacional para pasajeros y carga, por lo que no pocos pensaron que la de Miami, tenía sus días contados.

Carlos Chávez ahora accionista mayoritario de la aerolínea estaba en el peor lugar y en el peor momento. Era objetivo político revolucionario y ya era una realidad que le habían cancelado permisos y jugosos contratos, pero además su hermana Yolanda estaba casada con el capitán de la armada Ángel Morales Luengo que estaba por intentar asesinar al nuevo presidente en contubernio con el dictador Trujillo y la especulación es que "esperaba convertirse en el ministro de Comunicaciones si el intento de asesinato tuviera éxito"[368].

Es de esta manera que puso al servicio de los conspiradores uno de sus aviones, el YV-C-ARI, un C-46 apodado "El Cabrito" de 1945 y que había sufrido ya tres accidentes, sería el encargado de llevar a los complotados a planificar el atentado y en un segundo vuelo[369], con el mismo personal, traer las armas y los explosivos para volar por los aires a Rómulo Betancourt.

Y en efecto así ocurrió. El avión nunca fue contratado, es decir fue cedido gratuitamente y pilotado por personal muy cercano al dueño -se dijo que eran primos-, despegó de Maiquetía el 18 de junio de 1960 en la penumbra antes del amanecer. Supuestamente

---

[368] Hispanic American Report, Volumen 13, Parte 2. Stanford University, Hispanic World Affairs Seminar, 1960. Pág. 461
[369] Informe al Congreso Nacional. Venezuela. Fiscalía General de la República. Impr. Nacional. 1961. Pág. 52

viajaría a su destino del hato el Piñal propiedad del dueño de RANSA y evadiendo los radares cambió de rumbo con destino a República Dominicana donde los esperaban los hombres del famoso "chapita" Trujillo. Allí cargaron 1.200 kilos de armas, municiones y dos maletas verdes que contenían el sofisticado receptor de micro ondas, los detonadores y suficientes kilos de explosivos y gelatina inflamable como para volar una manzana completa.

Una vez cargados, el C-46 alzó vuelo a la 1:00 pm y aterrizó en el hato "La Uriosa" propiedad de otro de los complotados, donde personal de RANSA y de acuerdo a testigos, el propio dueño y su cuñado, ayudarían a descargarlo. Pocos días más tarde, cuando se celebraba el tradicional desfile del ejército, se hizo historia cuando el Cadillac presidencial fue impactado por un coche bomba, falleciendo el jefe de la casa militar, un estudiante que pasaba por el lugar y quedando mal heridos el presidente, el ministro de la defensa y su esposa.

Pero es necesario entender lo ocurrido en el contexto político. Para ese año en enero se había mandado a más de trescientos miembros de la dictadura considerados como agitadores a construir carreteras al interior del país y descubierto un complot con otros doscientos cincuenta que fueron detenidos. Los sindicatos aun en manos de acólitos del régimen anterior paralizaban todo lo que podían y en la administración pública, repleta de funcionarios Pérez-jimenistas se congelan los salarios mientras las petroleras despedían a miles de empleados, frente a las discusiones políticas sobre la conformación de una empresa nacional de petróleo, que significaba en buena parte la nacionalización, a lo que Fedecámaras se negó rotundamente.

Es cierto que Betancourt había ganado con el 49% de los votos. Pero el país no sabía de qué se trataba el experimento y el 51% restante estaba en pie de guerra contra él, así como la mitad de su partido que estaba por separarse. A Betancourt en el exterior no lo quiere ni la derecha, ni la izquierda, ni Trujillo ni Fidel. No lo quieren las petroleras, ni los sindicatos. Pero en el ejército, si sigue en el poder es simplemente y como mencionan los expertos[370], porque no se ponían de acuerdo en quien debía gobernar.

Por lo tanto, para los complotados no había un día siguiente ni tenían un plan B, a esa hora el presidente debía estar muerto, las calles ardiendo con los sindicatos de la dictadura culpando a Fidel Castro y el ejército debía tomar el poder para calmar los ánimos. Por eso no tomaron acciones para ocultarse. Si fallaba todos sabrían quien había dado la orden de permitir ingresar al coche bomba que tenía propietario y matrícula, los aviones no habían sido arrendados por un tercero sino prestados a los conspiradores, así que no había otra cosa que no fuera que funcionara.

Y no funcionó. Betancourt había sobrevivido al primer atentado en la Habana con una hipodérmica repleta de veneno de cobra como para matar a varios elefantes. Solo la suerte y el nerviosismo del asesino lo salvaron, se había salvado de un segundo intento durante una cena, nuevamente por suerte ya que lo retrasaron y los disparos se los llevaría otro coche. Y allí estaba en el hospital con sus manos quemadas, salvado nuevamente por la suerte de que el hombre que dio la señal lo hizo unos segundos antes de tiempo.

Todos saben que Betancourt era un hombre valiente. Pero lo de curarse las manos sin anestesia respondía precisamente a su instinto de supervivencia, nada de hipodérmicas, nada de dormirlo porque sabía perfectamente que los que lo habían intentado en el desfile, lo podían intentar nuevamente y mucho más si lo dormían. así que recurrió a los suyos que llenaron el hospital y mordió un trozo de madera como si estuviera en el medio evo, mientras le curaban las heridas de tercer grado.

El presidente había sobrevivido y además fue muy inteligente políticamente culpando únicamente a Trujillo y sacando del juego a

---

[370] La Conspiración de los 12 golpes, 4ta edición. Thays Peñalver

los cuarteles y sobre todo a los Pérez-jimenistas que lo habían planificado en Madrid. Fue quizás de una astucia política sin parangón, primero porque el dictador había sido cómplice y financista -no el autor intelectual- y podía deshacerse de un enemigo ancestral a nivel internacional, pero a su vez apelaría al nacionalismo de las Fuerzas Armadas no comprometidas, que lo vieron como un ataque al pundonor nacional.

Por otra parte, no era bueno explicarle al país que los dictadores muertos estaban vivos y había que moverse muy rápido y ser muy enérgicos no solo en los cuarteles, sino en todos los estratos sindicales y empresariales de un país que comenzaba a extrañar la normalidad en las calles y no que intentaran asesinar a palos a Richard Nixon o que todas las semanas murieran protestantes que gritaban "Viva Fidel" y que los estudiantes se apertrecharan con fusiles en las universidades llamándolas Stalingrado.

La matrícula del coche bomba fue ubicada tan rápidamente como su dueño y de allí fue fácil dar con todos y cada uno de los conspiradores y entre ellos un Carlos Chávez que corrió a la Digepol a entregarse, proclamando su inocencia. Una que quizás lo era en parte, pues si bien estaba en el complot de golpe de estado, como su hermana, no se pudo probar en tribunales que sabían que ocurriría un magnicidio y por eso no fueron culpados del mismo en la investigación.

Buena parte de los militares envueltos en la conspiración tendrían un nuevo amanecer para seguir, pero Ransa fue intervenida de inmediato y sus aviones fueron dejados en tierra. Tras la intervención fue enviado un delegado de gobierno a Miami y los Estados Unidos iniciaron también una investigación por impuestos no cancelados y si bien logró sobrevivir unos años más, la realidad es que ya no obtendría los permisos, ahora Viasa tendría los contratos y se extinguiría en poco tiempo, la aerolínea cesaría paulatinamente de volar vendiendo la mayoría de los aviones entre 1963 y 1966, comenzando el proceso de suspensión del certificado a partir de marzo de 1968, justo al momento en que la compañía de cargo de Viasa, entraría con fuerza sobre las rutas de la antigua RANSA.

Como expliqué, el sistema administrativo de esa compañía y el diseño de sus operaciones, con el mismo personal administrativo de Aeropostal, probó que podía ser altamente eficiente si se organizaba como debía ocurrir. Si le hubiesen dado la oportunidad a Aeropostal, habría sido increíblemente rentable, pero era la prueba fehaciente de que unos mismos funcionarios públicos que eran capaces de operar una compañía quebrada, podían ser los mismos capaces de tener otra que operó más de cincuenta aviones y generar dividendos extraordinarios.

RANSA fue la prueba de que se podían hacer bien las cosas, pero a su vez, la prueba de que lo público al pertenecerle a todos, no le pertenece a nadie.

Aeropostal, primera escuela privada

La historia es conocida cuando el Fondo de Inversiones de Venezuela comenzó a vender Aeropostal luego de su quiebra pública. El ministro "Vivas Terán dijo que él no iba a vender las compañías a precios de gallina flaca" explica el padre Luis Ugalde rector de la Universidad Católica, "pero cuando llegó a concretar la venta de aeropostal experimentó que esa empresa era en realidad una gallina flaca y que no hay tontos queriendo comprar una a precios de gallina gorda (..) lamento ver que esa gallina flaca estaba en los huesos carcomida por parásitos laborales"[371] pese a que diversas compañías extranjeras estaban interesadas en asociarse[372].

Vivas Terán había aceptado la postura terca de los sindicatos que sostenían que una operación que llevaba cuarenta años dando pérdidas había colocado un precio imposible de aceptar de 62 millones de dólares por menos de la mitad de la aerolínea, pese a que la Contraloría General la había justipreciado: "en la cantidad de $32,34 millones y conformados por 9 aviones DC-9, tres turbinas de repuesto usadas, lote de repuestos rotables y consumibles" y todo el resto de equipos desde comunicaciones hasta vehículos de servicio[373]. Y por esa razón se declaró desierta, aun cuando el gobierno había asumido todos los pasivos para depurarla.

Terán sería destituido y en su lugar llegaría un banquero que explicaría en Nueva York que habían "aprendido de sus errores"[374] pero como bien lo explicaba Alberto Quiroz Corradi "-los enemigos del proceso -que parece que somos todos-"[375] torpedearon el proceso durante años. Fue por esto que la segunda licitación fue declarada desierta porque el estado eliminó la posibilidad de que los ofertantes

---
[371] Educación y producción de la Venezuela necesaria, Luis Ugalde, Universidad Católica Andrés, 1997. Pág. 266
[372] Diario ABC, del 12-09-1991 pág. 12
[373] Informe al Congreso 1996. Venezuela. Contraloría General de la República. Pág. 201
[374] Country Report: Venezuela. The Unit, 1994. Pag. 15
[375] La nacionalización del estado, Alberto Quirós Corradi, Verf., 1997. Pág. 152

extranjeros como American Airlines entraran en el mercado local, en esa licitación también participarían las colombianas ACES[376] y Avianca, la cual enfrentó el nacionalismo absurdo, incluido el del presidente de Pro-Venezuela quien explicaría a los medios que el país: "Estaría entregando a Colombia no sólo parte de nuestro territorio fronterizo, sino también nuestro espacio aéreo"[377], mientras que las colombianas fueron vetadas desde los empresarios venezolanos hasta por las Fuerzas Armadas[378]. Al no bajar de precio, en el medio de un colapso económico sin precedentes, una devaluación monstruosa, tarifas congeladas y con un barril de petróleo que había descendido por debajo de los diez dólares[379] el negocio no tenía absolutamente algún sentido hizo que las otras interesadas Airfrance, Iberia y Continental no presentaran su oferta.

En la sala apenas quedaron tres postores, y al aperturarlos American Airlines expuso las razones por las que no era factible la compra, el de ACES se encontraba vacío, mientras que Continental, de la voz de su vicepresidente de negocios, retiró su postura considerando las condiciones imposibles de cumplir y el único postor venezolano, visto que no había inversionistas extranjeros se retiró a la carrera.

Y así luego de varios intentos y una última aproximación por un valor de 28 millones de dólares, los ofertantes ni siquiera presentaron las fianzas exigidas en muestra de un colosal desinterés, por lo que se debió suspender[380].

Tras varios intentos más finalmente fue vendido el 100% por veinte millones de dólares a un consorcio -y único postor- recién creado solo "para cumplir con los requerimientos de la licitación"[381] y que pronto entró en pugna legal entre los socios con desplegados a página completa en los periódicos con "información sucia sobre su

---

[376] https://www.eltiempo.com/archivo/documento/MAM-166257
[377] https://www.eltiempo.com/archivo/documento/MAM-310782
[378] https://www.eltiempo.com/archivo/documento/MAM-212600
[379] https://www.eia.gov/dnav/pet/hist/LeafHandler.ashx?n=pet&s=f000000__3&f=m
[380] https://www.eltiempo.com/archivo/documento/MAM-450523
[381] Revista Zeta - Números 1184-1196 - Página 27

presidente"[382] por una supuesta estafa acaecida con un 747 de Dominicana de Aviación. Se trataba de un cubano nacido en La Habana en 1954 y radicado en la Florida que jamás había gerenciado una aerolínea, ni trabajado siquiera en una[383] pero si era un hábil trader de aviones.

De acuerdo a otra entrevista, Ramiz había llegado a Venezuela, luego de ganar un juicio contra el estado dominicano y le habían pagado cerca de medio millón de dólares y al año exacto en junio de 1994 se habían radicado en Venezuela abriendo un concesionario de Mercedes Benz, el mismo mes en el que se intervendrían ocho bancos en Venezuela que tenían nada menos que la mitad de las cuentas bancarias. Ya en enero había sido intervenido el Banco Latino, arrastrando a varios bancos con este y el barril de petróleo había alcanzado el peor registro en los quince años[384], si el año malo había sido malo y sin crecimiento, 1994 traería la debacle económica y una inflación que se duplicaría. Pero de enero a mayo el tipo de cambio había pasado de 108 a 163 y rozaría los 200 en junio, cuando ya era un hecho que vendría un control de cambios frente a la masiva fuga de divisas. Un concesionario Mercedes Benz en esas condiciones del control de cambios sería inviable, por lo que fue sustituido por uno de Mitsubishi que de acuerdo con su dueño terminaría cerrado por la crisis económica en diciembre.

Allí se marcharían a Florida y volverían "a pasar el verano de 1996, una práctica muy común entre las familias hispanas que residían en los Estados Unidos", de acuerdo a la nota los sindicatos de quiebra les habían concedido la compra de Aeropostal por veinte millones de dólares y "tenían 30 días para conseguir el dinero". Hasta ese momento era obvio que el empresario no contaba con los recursos financieros para adquirir una aerolínea, ni socios que lo respaldaran, allí acudió a la banca de Nueva York sin encontrar respuesta más que

---

[382] Se sustituye el nombre por el cargo en VenEconomy Weekly - Volumen 15
[383] Revista Exceso, junio 1997, pág. 51
[384] U.S. Crude Oil First Purchase Price (Dollars per Barrel) en https://www.eia.gov/dnav/pet/hist/LeafHandler.ashx?n=pet&s=f000000__3&f=m

ser referido a unos banqueros de Londres a quienes no conocían y que llegaron a evaluar la propuesta.

Es así como llegarían a Venezuela Eldad Ben Yousef propietario de una pequeña compañía de renta de equipos y asesoría aeronáutica[385] David Laurence Massie director de la empresa de intermediación financiera IAF Group[386] de Londres y el banquero israelí y futuro billonario Zadik Bino[387] quienes aportaron los veinte millones de dólares para adquirir Aeropostal.

De acuerdo con David L. Massie: "El acuerdo siempre fue una compra de activos sin obligación de establecer una aerolínea en Venezuela", pero los socios siguen "totalmente abiertos a operar la aerolínea, dependiendo de que se les presente un plan de negocios adecuado". Pero eso no era tan fácil como que dependiera de un plan, las condiciones de la privatización no permitían la discrecionalidad de un tal vez. Por lo tanto, lo que pretendían los inversionistas eran los activos baratos y para ello "la intención siempre fue transferir los activos a una sociedad de cartera en el extranjero, que es propiedad en un 95 por ciento de los tres socios inversores y luego considerar arrendar el equipo necesario a la aerolínea venezolana "si tiene sentido comercial"[388].

Estas frases tenían un único significado. Para cualquier enterado de las finanzas de una aerolínea significaba simplemente que los extranjeros habían comprado los activos y el "sentido comercial" solo podía existir con un plan de negocios viable que necesitaría muchos más recursos e inversión y en consecuencia no estaban en disposición de arriesgar los activos o en otras palabras, simplemente querían los aviones y dejar entendiendo a los venezolanos.

Es

---

[385] La debida diligencia establece que la compañía tiene menos de 5 empleados y factura menos de medio millón de dólares. Yousef es además escritor de un libro sobre la historia de la aviación estadounidense. https://www.dnb.com/business-directory/company-profiles.aeron_aviation_resources_inc.8b552e4a26f565838a9647d9dfbae86c.html
[386] https://companycheck.co.uk/company/02366568/IAF-GROUP-PLC/companies-house-data
[387] https://www.forbes.com/profile/zadik-bino/?sh=12279e9b6ffd
[388] https://www.flightglobal.com/aeropostal-in-legal-dispute/3288.article

Es interesante cuando el nuevo dueño dice públicamente que: "Pagué a la nación 20.000.000"[389] -poco más de 42 millones de hoy- porque eso ya es un indicador del estado calamitoso en el que se encontraba la industria pero es así como el nuevo dueño Nelson Ramiz incursiona en el negocio de Aeropostal colocando a su esposa venezolana como primera presidenta de la aerolínea privatizada, pero ni el billonario, ni el intermediario aceptaron las condiciones y demandaron a la pareja -según los documentos judiciales- por incumplir los acuerdos privados y comenzó un juicio en el que terminarían, de acuerdo al diario El Universal del 15 de agosto de 1997, solicitados por: "el Tribunal XIV Superior Penal, a cargo de la juez Carmen Marina Dávila" quien ordenó la detención del director general de Corporación Alas de Venezuela (..) y de su esposa y socia (..) por la presunta comisión del delito de apropiación indebida calificada".

Desde una perspectiva legal, dos años más tarde y de acuerdo a la Corte Suprema en Nueva York, basado en el memorando de entendimiento: "Es indiscutible que (..) los activos de una aerolínea venezolana en bancarrota fueron comprados por la empresa demandada con fondos proporcionados por el demandante. De conformidad con el Memorándum, los demandados debían transferir los activos adquiridos al demandante" pero "nunca solicitaron una licencia para exportar los activos (..) y no han pagado a los demandantes renta u otra compensación por el uso de los activos" ya que convirtieron "para su propio uso los bienes pagados por el demandante"[390] a lo que en el juicio Ramiz y su esposa, contrarrestaron la demanda explicando que ese memorando fue inducido fraudulentamente para apropiarse de los activos a un precio bajo, lo que a efectos prácticos significaba "desmantelar la aerolínea".

---

[389] 19 de abril 2016.
[390] https://caselaw.findlaw.com/ny-supreme-court-appellate-division/1171008.html

Fríamente, Nelson Ramiz por más polémica que fuera su actividad como trader, los ataques y claras difamaciones en los medios nacionales, debía cumplir con lo estipulado en el contrato de privatización con la nación venezolana y desarrollar el plan de negocios contemplado en la convocatoria y con su actuación salvó a Aeropostal de una liquidación total y de que los inversionistas extranjeros, que en el prospecto habían comprado una línea aérea para operarla, transfirieran los recursos de la nación habiéndolos comprados mediante subterfugio y no precisamente "buena fe" que es lo que significa licitar la privatización de una aerolínea: " sin obligación" de establecerla en Venezuela.

Con el mismo frío cálculo, los inversionistas estaban arriesgándose a colocar su dinero en un país en el que los militares habían intentado dos golpes de estado y la estabilidad financiera y política era improbable con una inflación que había alcanzado el 100%. De hecho, el expresidente que había salido de prisión ahora decía que: "desgraciadamente doy por sentado que Hugo Chávez va a ganar las elecciones (..) el pueblo quiere un cambio profundo, pero comete un error en su ceguera, de creer que un vengador puede venir a ayudar a resolverles las cosas, sin entender que eso nos va a hundir (..) y que las cárceles se abrirían para quienes no estén de acuerdo con el Gobierno" explicando que vendría la dictadura[391]. Por lo que los inversores lógicamente querían a poner en buen resguardo los activos y Ramiz sabía que en esas condiciones peligraría por completo su plan de negocios.

A partir de allí la guerra entre las partes fue total. Los inversionistas que querían simplemente exportar los activos de Aeropostal, ahora arreciaban con una demoledora campaña de prensa a páginas completas, explicando que el presidente de la Aerolínea era prófugo de la justicia dominicana y mostrando los documentos de los tribunales penales de Santo Domingo, así como la orden de

---

[391] https://www.abc.es/internacional/abci-video-carlos-andres-perez-predijo-chavez-hundiria-venezuela-201606131258_noticia.html

captura[392], e incluso especulando que la aerolínea era insegura mientras golpeaban las finanzas, líneas de crédito, socios potenciales y a cuanto proveedor existiera de repuestos.

Desde otra perspectiva objetiva, Venezuela estaba completamente rota y no solo por la política. La compañía no se vendió a American Airlines[393] ni a ninguna otra de las propuestas combinadas estadounidenses o extranjeras, ni a banqueros locales con el suficiente capital junto a compañías internacionales como socios, pero el 100% terminaría en manos de socios extranjeros, portadores de pasaportes norteamericanos y extranjeros[394] se evidenciaba que unos carecían de y otros no estaban dispuestos a, invertir los fondos suficientes para operar y sobre todo capitalizar una aerolínea.

Era una Venezuela surrealista en la que no se habían aceptado las ofertas anteriores que superaban los treinta y cinco millones de dólares, donde grupos financieros tendrían el 51% y aerolíneas extranjeras el 49%, pero se terminó aceptando una única oferta por veinte, de banqueros extranjeros que no tenían la menor intención de invertir un centavo en la aerolínea.

Desde el punto de vista de la justicia venezolana es cierto que había un memorando privado entre las partes que podía obligar a Ramiz a cumplirlo o en todo caso a devolver los fondos. Pero la justicia venezolana no podía acusarlo de acto criminal alguno, los bienes del estado no podían legalmente transferirse al exterior y había actuado conforme a las reglas obligatorias de la privatización, en otras palabras, no podía acusarlo de estafar a un grupo que tenía la mitad de la propiedad de la aerolínea y sabía, habiéndose reunido con el

---

[392] Certificación del Juzgado de Primera Instancia en lo penal del Distrito Nacional por perjuicios contra Dominicana de Aviación.
[393] América economía - Números 85-90 - Página 87
[394] https://www.jusbrasil.com.br/diarios/1533104/pg-76-secao-1-diario-oficial-da-uniao-dou-de-16-11-1998

ministro encargado, que se trataba de una privatización pero que pretendían exportar los activos al extranjero.

Desde un punto de vista financiero esto tenía una razón de ser y por eso comencé este escrito con el hecho de que las aerolíneas venezolanas "no quiebran como PanAm", sino que desparecen arrastrando a todos consigo. ¿Cuánto valía Aeropostal? En un país normal, su cuota de mercado que eran de dos millones y medio de pasajeros nacionales y de cuatrocientos mil internacionales[395] representaban una cifra considerable de cuatrocientos millones de dólares de ingresos, que podían alcanzar el medio billón de dólares, sus rutas y slots, así como el poder operativo y know-how en los aeropuertos nacionales e internacionales comprendían una ventaja competitiva extraordinaria sobre sus competidores, por lo que una aproximación de ingresos y de mercado podían tener un valor cercano a lo que exigían sus empleados.

Desde una aproximación de valoración de activos, la flota, una vez que se deshicieron de los MD-80, tenían en promedio veinte años y el DC-9 había sido cancelado en línea de producción una década atrás. De hecho, era el año en el que Boeing adquirió a McDonnell Douglas y notificaron que ya no construirían más al MD-80 y 90, competidores del 737. En realidad, ya había pasado el máximo tiempo de depreciación y tenía apenas un valor residual. Esto también era aplicable al desgaste de los equipos de tierra y del resto de los activos, por lo que la cifra de veinte millones de dólares, era bastante realista, si estos activos eran operados en Venezuela.

Pero en una aproximación de análisis riesgo[396] y una valoración por flujo de caja descontado, la compañía no valía ni un centavo, porque hay que repetirlo, lo anterior ocurriría en un país normal. Los pasivos ocultos eran increíbles, mientras los empleados explicaban que Aeropostal tenía el 40% de las rutas y que PanAm

---

[395]
[396] Entorno sociopolítico, historial y plan de negocios, estados financieros, balance, pasivos, performance, estimación de valor futuro, márgenes de ganancias, riesgo y costos de capital.

había vendido las suyas "por 200 millones de dólares"[397] aunque estaban en un error, solo las rutas de Londres vendidas a Delta costaron el doble, mientras que las del pacífico las vendieron en 750 millones. Pero esa era una diferencia brutal con el caso Venezuela, en la que las rutas no valían ni un centavo, ya que eran propiedad pública como todas las aerolíneas, pues Venezuela hasta ese momento no había tenido una línea privada realmente, por lo que dependían de una concesión revocable por motivos políticos y no en pocas ocasiones, dependían del estado de ánimo del funcionario de turno.

De esta manera, gracias a la imposición del modelo de Ramiz, la Aerolínea ganaría un poco de oxígeno aun cuando ambos propietarios se mudarían a Aruba por la orden de arresto en su contra[398] y posteriormente a Florida[399] "donde aún poseen una hacienda de caballos árabes" y con graves daños a su patrimonio, ya que habían tenido que gastar 500 mil dólares mensuales, más un transporte para su familia por USD 100.000, para mantenerse en los Estados Unidos[400], lugar en el que seguiría el juicio que terminaría incluso en la Corte Suprema de Justicia[401]. En la refriega se involucró el Departamento del Transporte estadounidense[402] y hasta se impidieron todo tipo de acuerdos comerciales entre compañías como American Airlines y la empresa, mientras la disputa no se solventará. Al parecer y de acuerdo al juicio en los Estados Unidos y a los documentos judiciales[403], el Departamento de Transporte de Estados Unidos envió a todos los altos ejecutivos el sumario de la inmensa batalla judicial.

---

[397] El Universal, 09-09-1994 cuerpo primero pág. 16
[398] https://www.flightglobal.com/aeropostal-row-hots-up/13034.article
[399] En el quinto contra reclamo judicial (punto 169) los demandados explicaban que habían sido obligados a exiliarse de Venezuela temiendo por sus vidas desde agosto de 1997. En el cuarto (punto 161) establecieron que si los encarcelaban tenían posibilidades de ser heridos o muertos
[400] Contra reclamo séptimo (punto 180)
[401] De Nueva York, caso 601817/97
[402] Departamento de transporte, Docket OST-98-4917 del 22 de diciembre de 1998
[403] Consolidated answer of alas international limited - Regulations en ttps://downloads.regulations.gov › attachment

Si el conflicto judicial se resolvió finalmente poco importa por lo inaudito, pues no hay manera de comenzar un start-up exitoso con un juicio de ese nivel, con el dinero contado y los inversionistas tratando de embargar los activos globalmente e impedir el funcionamiento de Aeropostal.

Aeropostal Alas de Venezuela Estados de Ganancias y Perdidas Del 1 de enero de 1997 al 31 de diciembre de 1997 - Expresado en Bolívares Constantes	
INGRESOS DE EXPLOTACIÓN	
INGRESOS NACIONALES	42.120.428,67
INGRESOS INTERNACIONALES	13.053.785,38
INGRESOS OPERATIVOS TOTALES	55.174.214,05
COSTO OPERACIONAL	
Tripulación, salario y gastos	1.471.394,98
Combustible, aceite e impuestos	10.264.425,04
Derechos de aterrizaje	1.239.683,75
radioayuda	257.189,94
Seguro	2.010.390,54
OPERACIONES TOTALES DE VUELO	15.243.084,26
MANTENIMIENTO	9.333.567,02
COSTE DIRECTO DE OPERACIÓN	24.576.651,27
Equipo de mantenimiento. terrestre	782.613,36
Servicio de pasajeros	2.688.511,40
Servicio de Aviones y Tráfico	889.176,08
Reservas y Ventas	8.706.760,23
Publicidad y publicidad	1.268.396,95
Costes administrativos	12.477.139,36
Depreciación del equipo. terrestre	339.452,66
Otros gastos no operativos	1.596.224,50
COSTE DE OPERACIÓN INDIRECTO	28.748.274,52
COSTO TOTAL TOTAL DE OPERACIONES	53.324.925,79
Otros Ingresos	87.659,07
Otros gastos no operativos	1.685.470,88
TOTAL OTROS INGRESOS Y PRODUCTOS	1.597.811,81
BENEFICIOS	251.476,44

El primer año fue increíblemente difícil y muy alejado de los doscientos millones de dólares ingresados en 1991. En los primeros balances y estados financieros auditados (imagen izquierda) se demuestra a su vez que la escuela francesa continuaba presente, ya que el nuevo negocio comenzaría sin deudas nuevas de largo plazo[404] o pasivos aeronáuticos que amortizar, ni inversiones en equipo de vuelo, presentando unos beneficios que no podían representar una estrategia de capitalización real y que le daban muy poco margen de maniobra.

Para diciembre de 1997 Aeropostal operaba con siete aviones DC-9. De los seis comprados directamente a la Douglas, el más antiguo YV-03C había tenido un accidente fatal[405] igual que uno de los tres comprados en 1976[406], por lo que quedaban al menos cinco con algún valor residual. A partir de allí comprarían tres en 1999 (YV24C y YV43 y 44C) con 30 años de uso y al año siguiente dos

---

[404] En algunas intervenciones Nelson Ramiz habla de la deuda interna de la compañía, lo que supone que es factible que en todo o en parte de esos 1,8 millones de dólares no operativos, esté la amortización de la deuda privada entre las partes. Sin embargo, no se observa una depreciación de los equipos aeronáuticos, ni estrategia de capitalización alguna.
[405] https://www.baaa-acro.com/crash/crash-douglas-dc-9-15-margarita-island-11-killed
[406] https://www.baaa-acro.com/crash/crash-douglas-dc-9-32-mt-la-aguada-45-killed

más (YC46 y 49C) con veintinueve años de operaciones con los que lograron equilibrar la flota con ocho aviones de uso regular.

Tampoco se refleja en el costo alguna amortización, ni una depreciación del capital aeronáutico o de inversiones, ni gasto de capital, presentando una pequeña ganancia de poco más de doscientos cincuenta mil dólares y si con el dinero no obtuvieron a cambio los activos prometidos como colateral del préstamo, tampoco los absorbería la compañía que, que al no amortizarlos ni depreciarlos, se perderían irremediablemente en pocos años, teniendo que ser vendida a una nueva familia por un precio irrisorio.

Es el momento en el que Ramiz explicaría a los medios que: "su empresa podría comenzar a operar en 45 días las rutas de Toronto y Santiago de Chile (..) con un Airbus A310-300 (..) Luego esperaremos unos 3 meses para recibir otro avión de este tipo para volar a Londres y París" mientras que " El destino de La Habana, que también le fue asignado, la aerolínea lo operará con un avión 727 repotenciado, mientras que espera para el venidero año por dos Airbus 320-200" para cubrir Fráncfort, Ámsterdam y Zúrich adelantaba "conversaciones con la aerolínea Air France para establecer una alianza estratégica que le permita cubrir" y finalmente "Ramiz no quiso adelantar nada sobre la inversión total"[407].

Eran los tiempos en los que Aserca explicaba que había encargado un MD-90 y "dos 737 de fábrica (..) Cada una de estas aeronaves cuesta $50 millones, en tanto que el MD-90 unos $40 millones, siendo equipos de última tecnología" equipos que no llegarían nunca a Venezuela, aunque el MD-90 si se adquirió, para ser de inmediato alquilado a Air Aruba a donde fue a parar. Años más tarde Ramiz explicaría que había ordenado cuatro Airbus A320 al fabricante[408], pero solo llegaron algunos bajo arriendo por unos meses y esto es interesante.

---

[407] Diario El Universal del 09 de Octubre de 1998 escrito por Nelin Escalante.
[408] https://www.facebook.com/groups/543700615713855/permalink/2777575422326352/

De acuerdo al propio Ramiz también habló: "con el Juez que llevaba la quiebra de VIASA el Juez (Carlos Guía) Parra" para adquirir las instalaciones de Viasa comprándolas "a un precio que justificara la inversión de re condicionarla" ya que también "había que hacer una inversión grande y comprar los simuladores DC9/MD y B737 que se operaban en Venezuela en la Época" Ramiz explicó también que "tanto Lufthansa como Airbus me ofrecieron apoyo y hasta sociedad para hacer una Training Center que pudiera brindar servicios a todas las aerolíneas de centro América y el Caribe" pero que "el Juez Parra nunca lo aprobó, después fui al comandante de la Fuerza Aérea y le ofrecí sociedad para que se entrenaran oficiales y técnicos" y tampoco aceptaron.

Es así como en el país comenzaría la Revolución Bolivariana en febrero de 1999 con el famoso coronel Hugo Chávez jurando frente a "una moribunda Constitución" y todos los empresarios e inversionistas entendieron que se impondrían unas reglas del juego distintas y una gran incertidumbre, así que, en vez de adquirir nuevos aviones del fabricante, la línea inició en ese mismo febrero sus vuelos a Bogotá[409] con aviones Airbus A-320 contratados en chárter[410]. Las operaciones duraron unos pocos meses y la ruta fue cancelada el mismo año[411], pero estos aviones y otros más arrendados, operarían en su conjunto y unos pocos a la vez, durante un máximo de quince meses, hasta ser devueltos a Airbus[412].

Es importante porque los dos primeros A320 eran nuevos, pero solo estuvieron en la aerolínea cuatro meses a través de un subarrendamiento de corto plazo habiendo sido pintados para Aeropostal y operados en la ruta a Miami y nunca con matrícula venezolana, mientras que otro más con matrícula estadounidense y también subarrendado, operó apenas por cuatro meses entre abril y

---

[409] https://www.eltiempo.com/archivo/documento/MAM-879766
[410] EI-TLP (operó 9 meses) y el EI-TLO (operó 5 meses) ambos de TransAer International Airlines y los transmeridian N347TM (4 meses), N304ML (15 meses), N447TM (14 meses).
[411] https://www.eltiempo.com/archivo/documento/MAM-5022842
[412] Airbus Financial Services. https://rzjets.net/aircraft/?parentid=758&typeid=4&frstatus=3

octubre de 1999[413]. Es posible que estos aviones subarrendados se incorporaran mediante contrato para el proceso de certificación del aparato, mientras acudían a un arrendamiento con alguna opción de compra por dos más, que llegarían con cerca de seis años de uso, pero que solo volarían por catorce meses entre julio de 1999 y octubre del año siguiente. Y lo mismo ocurriría con los A310 para sus rutas europeas.

Esto es vital, porque al ponernos en los zapatos de Ramiz y sentir el escalofrío del Síndrome Bouilloux-Lafont, frente a la incertidumbre, al carecer de inversiones o socios que permitieran una posible capitalización y una incapacidad, por muchas razones lógicas, de acudir a empréstitos de la banca extranjera, era la operación la que simplemente debía sustentarse a sí misma y optó por lo que hizo todo el mundo en Venezuela al llegar la nueva revolución, como en el póker, pagó por ver y paralizó todos los proyectos.

Con todo y eso Ramiz logró recuperar la compañía y llevarla a sus niveles de principios de los noventas. En el año 2001, fecha en la que Ramiz fue declarado no culpable en el juicio que le seguían en República Dominicana[414] lograría equilibrar la cifra con el mismo monto de una década atrás (USD 210 millones) y aspiraba lograr ingresos por 340 millones, lo que representaba un 38,3% de aumento, gracias a haber duplicado la oferta de asientos[415]. Los DC-9 que habían comprado al fabricante a finales de los setenta, tenían ya un promedio de veinticinco años de operaciones[416] y a estos se les habían incorporado seis más con el mismo promedio de uso[417] junto a cinco Boeing 727 con veintiuno, de los cuales algunos no fueron matriculados en Venezuela.

---

[413] El EI-TLO y el EI-TLP con matrícula irlandesa y el N347TM con estadounidense.
[414] Sentencia de la Séptima Sala de la Cámara Penal del Juzgado de Primera Instancia del Distrito Nacional, en fecha 14 de febrero de 2001.
[415] https://www.hosteltur.com/02613_aeropostal-preve-facturar-2001-cerca-66000-millones-pesetas.html
[416] Matriculas 20C, 21C, 22C, 23C, 24C, 26C y 33C se pueden estudiar en https://www.planelogger.com/Airline/Fleet/LAV_-_Linea_Aeropostal_Venezolana/288492#RegistrationList
[417] Ibídem: Matriculas 35C, 37C, 42C, 44C, 46C y 49C

Pero algo pasó desapercibido en la noticia. Todas las aerolíneas habían abandonado sus ideas de hacer viajes internacionales transoceánicos con recursos propios, para dedicarse al cabotaje y a los vuelos regionales. En 2001 anunciaron la adquisición de aviones DC-10 para la ruta Caracas Madrid junto a un proceso de modernización[418] y a la adquisición de doce aviones Saab 340[419] pero aquello no ocurrió teniendo que construir una alianza con AirEuropa para explotar tales rutas: "El presidente de Air Europa, Juan José Hidalgo, destacó que en la inversión, que será compartida al 50 por ciento por ambas empresas, se incluye el avión Boeing 767-300 perteneciente a Air Europa, adquirido en el último año" mientras que el gerente general explicó que "El objetivo es convertir Caracas en el gran hub (aeropuerto de conexión) de América Latina"[420] uno en el que los usuarios de AirEuropa pudieran viajar a todos los destinos de Aeropostal y viceversa.

Eso había comenzado con AirFrance en 1999 con sus rutas de Caracas a Paris, de la misma manera Ramiz incorporaría los mismos acuerdos con Lufthansa y el presidente de esta última explicaría que: "Caracas es el punto aéreo que permitirá a la compañía operar en Venezuela y El Caribe"[421]

Pero el 2002 no trajo el ansiado aumento en los ingresos y terminaría siendo una verdadera pesadilla tras ingresarle apenas poco más de la mitad. Una escalonada sucesión de paros y portentosas concentraciones de protestas durante el primer trimestre del año culminó en un golpe de estado que sacaría a Hugo Chávez del poder por unas horas y tras una, angustiosa calma el año terminaría con el famoso paro petrolero, perdiéndose cerca del nueve por ciento de la

---

[418] https://www.hosteltur.com/01022_compania-aerea-venezolana-aeropostal-comenzara-operar-ruta-caracas-madrid-partir-junio.html
[419] https://www.eltiempo.com/archivo/documento/MAM-657563
[420] https://www.hosteltur.com/04415_air-europa-aeropostal-han-firmado-acuerdo-abrir-ruta-diaria-madrid-caracas.html
[421] https://www.hosteltur.com/08509_alemania-lufthansa-duplicara-su-oferta-francfort-caracas-partir-junio.html

economía y continuando para el 2003 hundiendo el producto interno bruto de Venezuela de 123 a 83 mil millones de dólares.

Se conoce que Ramiz declaró a la agencia de noticias Associated Press, durante el golpe de Estado de 2002 que: "Chávez estaba en contra de la gente de negocios porque él era un completo socialista, una mente comunista. Los tres años que tuvimos a este tipo, fue como un gran manto negro que se tendió sobre todo el país. No había inversión extranjera"[422] y que posteriormente no se plegara al paro nacional, cuando el ministro explicó que: "Tuvimos dos líneas aéreas que, por supuesto se sumaron al paro, que fue la Línea Aérea Aserca y otra línea aérea, con el objeto de sumarse y tratar de crear caos en el Aeropuerto Nacional. Pero el señor Nelson Ramiz de Aeropostal, la gente de Rutaca, Lai y Láser dijeron estamos con Venezuela"[423].

Aquello simplemente fue el desarrollo lógico del Síndrome Bouilloux, había estado en el peor lugar y el peor momento declarando que el revolucionario era comunista y pagaría caro esas declaraciones.

Pero el 2002 fue un año nefasto para las aerolíneas detuvieran su operación o no. La crisis internacional de la aviación que tenía a todas las compañías en pérdidas tras los atentados a las Torres Gemelas, había hecho que Delta Airlines perdiera cinco mil millones de dólares hasta 2003[424], mientras American Airlines perdería seis mil[425] TWA desaparecería fusionada, mientras United y US Airways se verían obligadas a acogerse al Chapter 11. Del otro lado del océano British Airways anunciaba despidos masivos para evitar el colapso y Lufthansa había perdido por primera vez en una década en 2001,

---

[422] http://venezuelareal.zoomblog.com/archivo/2006/10/06/el-banquete-de-los-banqueros-y-Hugo-Ch.html
[423] Aló Presidente N° 131 de 15/12/2002. Sede de Radio Nacional de Venezuela, Caracas, Distrito Capital, Venezuela.
[424] La perdida fue menor gracias a los beneficios fiscales de ayuda. https://d1lge852tjjqow.cloudfront.net/CIK-0000027904/2590d0a0-3e14-40b6-81a8-4e1b0be80a19.pdf
[425] Mismo caso. https://americanairlines.gcs-web.com/static-files/f286b8ad-f797-476e-9785-748942443d15

presentaba ganancias, para caer nuevamente en 2003. A esto se le añadió el pinchazo de la burbuja especulativa del Dot.com, las crisis financieras de Argentina y Uruguay, la del cobre en Chile, la dominicana y la paralización de la economía colombiana, con la devaluación del peso que haría riesgosa cualquier inversión mayor.

Todo esto significaba que los mercados a los que habían apuntado se perderían irremediablemente y no tenía mayor sentido efectuar cuantiosas inversiones para explotarlos. El colombiano estaba en crisis y con este una Avianca que se había acogido a la ley de quiebra y Aeropostal había eliminado y abandonado la idea de tener aviones de cuerpo ancho porque los costos eran prohibitivos.

A partir de allí Nelson Ramiz explicaría que: "hemos tomado fuertes medidas para reestructurar nuestra empresa, reduciendo la oferta y su infraestructura. Prácticamente estamos gerenciando bajo periodos especiales que, estoy seguro, no arrojarán los mismos resultados que lo planificado en noviembre pasado"[426]. Lógicamente se le presentaba un gran problema, la estructura de costos operativa había aumentado radicalmente, los gastos de mantenimiento de una flota envejecida de dieciocho aviones, obligaban a efectuar preservaciones constantes, mientras que los ingresos habían descendido por la alta competencia de empresas que estaban urgidas de sobrevivir.

Una apuesta arriesgada que llevó a una mala planificación financiera y altísimos costos operativos había puesto en severos aprietos a la aerolínea. La crisis había obligado a depurar personal, liquidarlos a través de compañías que los tercerizaban y lógicamente estallaría el conflicto interno.

Por otra parte, Ramiz había hecho la siguiente jugada que también le saldría cara. AirEuropa era hasta el momento una aerolínea regional que enfrentaba la peor crisis de su historia, las reservas a los Estados Unidos habían bajado un 30% y necesitaba

---

[426] https://www.hosteltur.com/13108_air-europa-aeropostal-transportan-90000-pasajeros-ruta-madrid-caracas-primer-ano-acuerdo-ambas-companias.html

reducir rutas deficitarias y flota[427], mientras que sus pérdidas en 2002 fueron muy grandes y usaba seis aviones alquilados de Iberia para poder cumplir con sus rutas. La propuesta fue atractiva para los españoles porque les permitía sondear el mercado y así aprendieron que con un solo avión 767-300 que usaban con colores híbridos[428] habían logrado transportar noventa mil pasajeros el primer año[429], lo que significaba que podían competir con Iberia fácilmente con al menos cuatro vuelos a la semana a expensas de los venezolanos y estas líneas terminarían quedándose con un mercado internacional que los venezolanos nunca pudieron explotar.

    2003 tampoco trajo buenos resultados, aunque mejores que los de 2002. Para ese año apenas había alcanzado los 150 millones de dólares en ingresos y pese al esfuerzo de depuración no se trataba de gastos, sino del propio costo de la operación que era prohibitivo y que no mejoraría para el 2004 cuando solo reportó 197 millones de dólares de ingresos[430] que no era una cifra en nada despreciable, comparando a Avianca que había obtenido ingresos de 463 y 634 millones de dólares[431] luego de haber sido comprada por apenas 65 millones de dólares, tras salir de la protección de quiebra[432].

    Estos fueron los años en la que Simeón García creaba PAWA con sus socios dominicanos[433] mientras que Ramiz optó por licitar la compra de Dominicana de Aviación[434] creó Aeropostal Centro America en Costa Rica "una empresa low-cost (..) con una inversión de cuatro millones de dólares"[435] a los que esperaba enviar MD-80 y dotó de dos DC-9 con un promedio de treinta años, que nunca

---

[427] https://www.hosteltur.com/04837_aerolineas-todo-mundo-anuncian-medidas-enfrentar-crisis.html
[428] Matriculoa EC-HPU. http://www.aviationcorner.net/show_photo_en.asp?id=330440
[429] https://www.hosteltur.com/13108_air-europa-aeropostal-transportan-90000-pasajeros-ruta-madrid-caracas-primer-ano-acuerdo-ambas-companias.html
[430] https://www.hosteltur.com/25646_aeropostal-reconsidera-alianza-air-europa.html
[431] https://www.hosteltur.com/26632_2004-avianca-alcanzo-beneficio-neto-ochenta-nueve-millones-euros.html
[432] https://www.semana.com/economia/articulo/el-milagro-avianca/83650-3/
[433] Registro 003BH 30-05-2002. Exhibit Pad-103 en la petición al departamento del Transporte de USA
[434] http://www.bankrupt.com/TCRLA_Public/010816.mbx
[435] https://www.hosteltur.com/35278_low-cost-costarricense-aeropostal-conectara-cinco-paises-region.html

entraron en servicio y uno de estos terminó usado para construir un hotel mientras que dos aviones más fueron a la creación de Aeropostal Honduras, Aeropostal Alas del Perú y explicaba que crearía un Hub en Cuba, asociándose con Cubanacan, de acuerdo a Ramiz: "se espera que La Habana se erija como el centro de distribución de Aeropostal junto a su socia Cubanacán, para servir destinos como Cancún-México, Jamaica, Nassau-Bahamas, Santo Domingo-República Dominicana y Santiago de Cuba"[436].

Dentro de ese enorme y ambicioso proyecto se encontraba también la sociedad con AeroRepública en Colombia y también con Aerogal de Ecuador. Como llegaría a explicar unos años más tarde: "En este negocio o creces o el pescado grande te come a ti parte de tu mercado"[437], pero su mentalidad de trader y la imposibilidad de crear estructuras de capitalización al menos en una, lo llenaron de pequeños proyectos que no lograron consolidarse, mientras los acuerdos de rutas ahora habían quedado en manos de AirEuropa y Lufthansa.

Y allí quedaron los sueños de construir una aerolínea venezolana con aviones propios y las rutas de Viasa. Al final nunca ocurrieron las gigantes inversiones para construir el Hub de Europa y el Caribe como habían sugerido AirFrance, Lufthansa y AirEuropa. Las ideas de crear un Holding "Alas" en Perú, Ecuador, Costa Rica y Honduras no vio tampoco alguna luz, en dominicana fracasó la idea de invertir en la aerolínea y en 2005 los accionistas extranjeros habían decidido vender AeroRepública a Copa Airlines[438]

Mientras Ramiz enfocaba sus fuerzas y finanzas en la región, en 2006 la compañía enfrentaba ya una competencia fuerte en el interior, Aserca operaba con 17 aviones, mientras la pequeña Laser Airlines había pasado a operar cuatro y ya estaba encargando dos más. En el ínterin se había dado la orden de reabrir Viasa con otro nombre

---

[436] https://www.hosteltur.com/25646_aeropostal-reconsidera-alianza-air-europa.html
[437]
[438] https://www.eltiempo.com/archivo/documento/MAM-1629914

y habían comprado sus primeros Boeing 737. Mientras el cabotaje se ponía más agresivo y el factor de ocupación era de un exiguo 52%, Aserca había comprado la aerolínea Santa Bárbara y con aviones alquilados ahora competía en las rutas internacionales, mientras Aeropostal rompía abiertamente con los acuerdos de sus socios europeos.

Para finales de 2006, luego de nueve años intensos, Aeropostal se encontraba en quiebra técnica y enfrentaba la posible bancarrota si no encontraba posibles socios o dinero fresco para invertir, Ramiz había buscado invertir en una compañía colombiana llamada West Caribbean[439] prometiendo en rueda de prensa: "una nueva flota de aviones" ya que "dentro de nuestro plan no tenemos considerado rescatar ni operar ninguno de los aviones que tenía"[440], al parecer eso fue una opinión porque los dueños de la aerolínea en proceso de liquidación explicaron que nunca habían hablado con el presidente de Aeropostal y que estaban en la búsqueda de "atraer inversionistas que le impriman el capital necesario"[441].

Pero puertas adentro todos sabían que en Aeropostal la desinversión y la falta de liquidez hizo lo propio para acabar en mal estado. Wikipedia sostiene que: "Para finales del 2007, la empresa había reducido drásticamente la flota de aviones que tenía en servicio, pasando de 22 aeronaves a 3"[442] pero la realidad es que la mayoría de esos aviones ya no volaban desde hacía mucho tiempo porque habían superado el límite de edad o habían sido los heredados en muy mal estado de la antigua empresa.

Así en 2007 al cumplir su década de gerencia privada, estalló finalmente el conflicto cuando la compañía fue notificada por las autoridades del cierre de operaciones por una cuantiosa deuda que no habían cancelado por "causas de fuerza mayor"[443] y por severos

---

[439] https://www.portafolio.co/economia/finanzas/aeropostal-interesada-revivir-west-caribbean-316370
[440] https://www.elmundo.com/portal/pagina.general.impresion.php?idx=18153
[441] https://www.portafolio.co/economia/finanzas/economia-hoy-breves-379146
[442] https://es.wikipedia.org/wiki/Aeropostal
[443] http://historico.tsj.gob.ve/decisiones/scon/agosto/1345-130808-08-0371-08-400.htm

retrasos en sus itinerarios. La realidad es que la compañía no tenía para pagar deudas laborales y esto fue azuzado por los sindicatos revolucionarios que pedían su nacionalización y que de inmediato fueron a la huelga porque supuestamente debían "la mitad de las prestaciones sociales", tenía una deuda importante con el seguro social y los empleados explicaban a los medios de comunicación que: "Durante dos años nos descontaron las cuotas de un seguro privado de HCM, pero nunca se las pagaron a la empresa aseguradora. Estábamos desprotegidos"[444], todo esto mientras el órgano regulador llegó a un acuerdo con los dueños que explicaron que estaban evaluando: "las ofertas para vender total o parcialmente los activos de la aerolínea con la condición de que los empleados se quedaran en sus puestos de trabajo"[445] mientras el INAC detenía los vuelos por no poder ofrecer un buen servicio: "fue la estocada del torero" dijo Ramiz quien había recibido distintas ofertas de personas cercanas al gobierno.

Para febrero de 2008 la presidenta de la aerolínea, que seguía siendo la esposa de Ramiz, deseaba que el gobierno subvencionara sus operaciones, mientras el INAC le respondía que para ello: "debían presentar el plan de recuperación (..) tienen que demostrar que van a poder recuperarse (..) definir como lo van a hacer"[446]. La presidenta anunciaba que para superar todos los problemas se disponían a adquirir "nuevas aeronaves, que nos estarán llegando dentro de dos meses, a partir de mayo o junio, con un nuevo grupo de inversionistas que se sumarán a la empresa"[447].

Aquello nunca ocurrió y los dueños decidieron comprar una compañía en Miami que se encontraba en quiebra llamada Falcon Air Express y renombrarla Ufly Airways "agregando aviones y apostando

---

[444] https://visioninsular.wordpress.com/2008/05/23/grupo-makled-toma-control-de-aeropostal-por-decision-judicial/
[445] Revista Turiscopio enero 2008. Año II N° 13. Alav considera que el Inac no quiere sacar del mercado a Aeropostal. Pág. 11
[446] Revista Turiscopio Caracas, febrero 2008. Año II N° 14.
[447] https://www.caribbeannewsdigital.com/es/noticia/haydhelen-velásquez-ramiz-presidenta-de-aeropostal

por generar negocios a través del operador turístico de su esposa: Destinations Worldwide, entre otros. El plan, dijo: "es crear paquetes aéreos y hoteleros desde Miami a destinos como Aruba, Curacao, Venezuela y Colombia, así como a Santo Domingo y Punta Cana, República Dominicana" explicaba al Miami Herald[448].

Falcon Air terminaría llevándose los tres aviones MD-80 más jóvenes que en algún momento operó Aeropostal, jamás presentaría un proyecto al INAC, posteriormente intentaría un nuevo Start-up llamado Dutch Antilles, que había entrado en bancarrota en mayo de 2006 y tardaría hasta 2009 en comprarla y dos años más en operarla. Así, en diciembre de 2011 y apenas habiendo transcurrido un par de años en 2013, el presidente diría que "Dutch Airlines" fue asesinada por los políticos de la Isla[449] aunque en Surinam le detenían sus aviones por falta de pago y a los pocos meses haría lo mismo Saint Marteen, haciendo lo mismo Bonaire semanas más tarde.

De acuerdo a sus críticos, la aerolínea le debía a todo el mundo y así llegó el turno de los bancos que le congelaron las cuentas[450] sería llevado a juicio[451], el interventor de la aerolínea explicaría que tenía una deuda de 50 millones de dólares[452] y para 2015 entregaría el certificado de operador, dejando una deuda a sus empleados de dos meses de sueldo[453]. De acuerdo a Wikipedia también entregaría el certificado de la FAA de la compañía Falcon Air Express con una deuda parecida con los empleados[454].

Ç

---

[448] http://www.miamiherald.com/103/story/162947.html
[449] https://curacaochronicle.com/columns/ramiz-dae-was-murdered/
[450] https://hmong.es/wiki/Dutch_Antilles_Express
[451] https://curacaochronicle.com/columns/ramiz-go-to-court/
[452] https://curacaochronicle.com/main/who-is-responsible-for-daes-huge-debt/
[453] https://curacaochronicle.com/fs/nelson-ramiz-i-have-voluntarily-surrendered-my-air-carrier-certificate/
[454] https://en.wikipedia.org/wiki/Falcon_Air_Express

Aeropostal, segunda escuela privada

Lo que se conoce después es que una de estas ofertas para comprar Aeropostal provino de un joven veinteañero sin absolutamente alguna idea de cómo operar una aerolínea y quien venía en representación de su hermano, que al parecer era "presidente de la Federación de Empresarios Bolivarianos, una organización pro oficialista que respalda las políticas económicas del presidente Hugo Chávez"[455]. Es así como Ramiz vista que la descapitalización de la compañía era del 100% del capital, las deudas eran aterradoras y la compañía estaba casi cerrada por la autoridad aeronáutica, decidió el: "5 de marzo del 2008, en acta de Asamblea General Extraordinaria de Aeropostal, se traspasan las acciones a un precio de venta que asciende a la cantidad de quince millones veinticinco mil bolívares fuertes (Bs.F 15.025.000)"[456]. que equivalían a poco más de tres millones setecientos mil dólares.

La aerolínea no tenía otra cosa que no fueran deudas, incluida una de seis millones de dólares en Estados Unidos con garantía de las acciones de la compañía que debieron ser subsanadas por los nuevos dueños[457]

Como posteriormente se conoció, quien supuestamente pagó esas cuentas fue el muchacho de 24 años resultó que la única experiencia con aviones -de acuerdo a la justicia estadounidense- es que desde 2006 operaba y controlaba pistas de aterrizaje (..) que usaba para traficar múltiples toneladas de cocaína"[458]. Esa asamblea general extraordinaria se llevó a cabo un mes después de que estallara el escándalo en un medio de comunicación señalando al comprador de

---

[455] https://www.elnuevoherald.com/noticias/americalatina/venezuelaes/article2000162.html#storylink=cpy
[456] http://historico.tsj.gob.ve/decisiones/scp/julio/275-13710-2010-a10-205.html
[457] https://www.elnuevoherald.com/noticias/america-latina/venezuela-es/article2000162.html
[458] https://www.justice.gov/archive/usao/nys/pressreleases/November10/makledwalidindictmentpr.pdf

ser un narcotraficante[459], veinte días de que la Fiscalía abriera una investigación penal por lo que no se realizó una diligencia debida por parte de las autoridades para realizar la venta. Lo que ocurrió posteriormente es que los cheques en dólares rebotaron en los bancos que ya estaban sobre aviso por el escándalo y cuando el anterior dueño protestó: "empezaron a decirme que tenían un problema de flujo de caja", recuerda Ramiz.

El problema de caja no era otro que todos los oficiales de cumplimiento extranjeros y nacionales, visto el escándalo suscitado congelaron los fondos en dólares y entonces: "Viajé a Venezuela, fui a las oficinas que Aeropostal tiene en la Torre Polar, pero unos escoltas de la Policía de Carabobo no me dejaron entrar para hablar con Makled"[460] expone el vendedor de la aerolínea.

"Trataron de hacer un fraude administrativo" dijo el estafado "supuestamente pagando unos honorarios y engañando al personal del Registro 5 que se encuentra en el Cubo Negro. Esto se está investigando. Lo llevaré hasta las últimas consecuencias"[461].

El problema llegó así a tribunales y como si fuera un deja-vu el antiguo propietario metió una denuncia por estafa y apropiación indebida que, de acuerdo con informaciones periodísticas, terminó a favor del narcotraficante ya que el magistrado que lo ayudó, terminó siendo señalado como su socio en la aerolínea: "era mi socio en Aeropostal" gritaba el hombre esposado[462]. El resto termina con el encarcelamiento de la familia y la declaración de confiscación de la aerolínea para ser convertida en propiedad social y algunos de los postores que ayudaban al propietario a retomar el negocio terminarían asesinados. Aquella fue la corta historia de la administración privada de un despropósito colosal.

---

[459] Entre el 26 de marzo y al 16 de abril 2008, el periodista Orel Sambrano hace mención a la relación de la familia Makled y el narco- tráfico en el estado Carabobo en los números 84, 85 y 86 del semanario ABC de la Semana.
[460] Tomado de El Universal reseñado en https://www.reportero24.com/2011/05/22/narcoticos-makled-cia/
[461] http://www.guia.com.ve/noti/25844/antiguo-dueno-de-aeropostal-advierte-que-recuperara-la-linea
[462] https://www.reuters.com/article/us-venezuela-judge-idUSBRE83O1ET20120425

La escuela de Aserca

Para el año 2001 se especulaba en los medios de comunicación que: "Avensa terminará siendo rescatada por Aserca, su principal competidora, o por Aeropostal, su otro rival". Pero que, en el mejor de los casos, Henry Lord Boulton (70), principal accionista de Avensa, se quedará en tierra"[463]. Pero Aserca lo único que hizo fue aprovechar el colapso de Avensa, operar en alianza en algunas rutas[464] y comprar un par de aviones baratos pues tras el colapso de todas las aerolíneas no tuvo el menor interés de rescatarla.

Para entender lo que llegó después, es necesario recurrir a la historia de Simeón García contada por el mismo y así entender los entretelones de lo ocurrido durante la quiebra de Avensa y el surgimiento de las nuevas aerolíneas familiares, ya que en el caso que nos ocupa, se trata del típico ejemplo del emprendedor aeronáutico venezolano del nuevo siglo. Es decir, si en la primera parte del siglo XX los ricos venezolanos se asociaron con Rockefeller o con PanAm para crear compañías, líneas aéreas y hoteles que los respaldaban con sendos créditos del Exim Bank y Bank of America. En la segunda serían emprendedores con poco capital que harían microempresas aeronáuticas, a partir de volar en aviones recuperados de la chatarra en los desiertos.

Solo para efectos comparativos, la inversión de veinte millones de dólares hecha a Aeropostal para comprar toda una compañía con varios aviones, equivalía apenas a la mitad de un avión nuevo. Solo para reflotar la aerolínea con cinco aviones, se habría necesitado cerca de 280 millones de dólares, para su compra junto con los motores de repuesto y materiales básicos.

Y así llegó Simeón García quien sostiene que a los 22 años quebró una estación de gasolina comprada por su padre, perdiendo

---

[463] América economía - Volúmenes 207-213 - Página 8
[464] https://aviationweek.com/aserca-avensa-will-ally-not-merge

250 mil dólares, allí abandonó los estudios marchándose del país y tras su regreso (y no ser aceptado en su familia por sus excesos), buscó empleo en una fábrica de acero galvanizado propiedad de un italiano llamado Benedetto Mosillo con lo que fue: "suficiente para recuperar su estatus dentro de la familia".

Al año siguiente se marchó a buscar mejor suerte, encontrándola cuando en 1985 ocurrió la legalización de los juegos, bingos y máquinas traganíqueles, así que junto a dos socios colocaron máquinas de bingo en todo el país durante los siguientes cinco años hasta que en 1990, el gobernador Enrique Salas Rommer cerró todos sus bingos en el estado Carabobo obligando a García y a sus socios a colocar sus máquinas de manera clandestina o a llevarlos a poblados remotos y otros estados, por lo que necesitaba de avionetas para transportarlas o llevar repuestos de manera rápida, haciendo que el gobernador, ordenara una investigación por "narcotráfico y lavado de dinero"[465], que no se pudo demostrar, pero sí el hecho de que alquilaba sus avionetas a terceros sin tener certificado para eso. El asunto, como lo explicaba la prensa local, es que se había hecho rico "a la misma velocidad que las naves de la línea aérea alcanzaban la altura".

La revista Zeta de la época explicaba que: "Nunca se supo de dónde salió el dinero para crear esa aerolínea"[466] y no es para menos, no porque la aerolínea hubiera costado mucho, pero tras estar quebrado luego de trabajar de obrero en una fábrica y en apenas cinco años tenía suficiente dinero para comprar una aerolínea y aviones DC-9 en un país como Venezuela, las sospechas serían lo de siempre.

"Se pretendía demostrar que estábamos involucrados con el narcotráfico y el lavado de dinero" dijo García "Lo que si es cierto es

---

[465] Revista Exceso, 1997, N-93
[466] Zeta, Números 1082-1094, 1996. Pag. 24

que, al alquilar las avionetas estábamos incurriendo en falta ya que no teníamos permiso"

"Fue un accidente (..) conocía muy poco sobre el negocio de la aviación" explicó en su momento García. "En aquel momento intentó sin éxito que le otorgaran un permiso de transporte aéreo y compró, teniendo 29 años, Aeroservicios Carabobo, una empresa de taxi aéreo radicada en el aeropuerto de Las Flecheras en Apure y que operaba cuatro pequeños Cessna desde mediados de los setenta[467] junto a un quinto avión en 1980[468] y que cesó de operar en 1987 por motivo de una deuda impaga al Ministerio de Transporte. De acuerdo a Simeón García, se trataba de "un nombre y unos papeles" que le costaron mil dólares, más el pago de aquella deuda pendiente con el Ministerio de Transporte por otros seis mil.

Fue allí cuando, al recibir su documentación "en unas cajas de leche" vio que: "en una decía MTC, sacó la carpeta y me encuentro con una resolución que se vencía en 1991 con autorizaciones de vuelo comercial a 13 ciudades del país (..) allí dije Wow ¿y ahora que hago?". Esto coincide con la entrevista a García quien sostiene que ocurrió al mismo momento en el que "se desregula la actividad aeronáutica en Venezuela" permitiendo "que surgieran otros actores" y "muchísimas empresas como Aserca (..) JD Valenciana, Zuliana, Oriental de Aviación (..) y así comienza una nueva historia"

Aeroservicios Carabobo C.A

Algunos años antes de que los valientes de Aeropostal llegaran a América. Un estadounidense había corrido a un aeródromo privado local cerca de Long Island y pedido hablar con los pilotos. El hombre explicó que su hermano estaba muriendo en Chicago y exploraba la posibilidad de contratar sus servicios para ver si podía ser llevado lo antes posible.

---

[467] Memoria y Cuenta, Ministerio de transporte 1975 pág. 6-32
[468] Resolución del ministerio de Transporte el 25 de agosto de 1980

La historia relata que llegó siete horas más tarde y pudo acompañar a su hermano en sus últimos momentos, siendo este el origen de lo que pasó a llamarse: el Taxi Aéreo. Cuando este y otros casos más se comenzaron a popularizar, le preguntaron al legendario Orville Wright si esto sería importante en el futuro, contestó: "es inevitable"[469], de esta manera para 1928 ya muchos países contaban ya con sus pequeñas compañías de taxis aéreos e incluso ese año la Curtiss Aircraft planeó establecer una compañía con sus aviones, en 25 estados[470].

En España, el primer anuncio de una compañía de taxis aéreos (foto sup. Derecha)[471] fue el 27 de junio de 1928, poco después de los anuncios en Alemania con la WFAC.

Pero contratar los servicios no eran precisamente tan barato como el costo de un viaje en taxi, los aviones no se vendían al detal o eran muy costosos y no fue sino hasta el final de la Segunda Guerra Mundial que los costos disminuyeron y la cantidad de aviones disponibles de segunda mano permitieron que el negocio se hiciera rentable, sobre todo como negocio subsidiario a las aerolíneas y más aún en países en los que no habían carreteras y ya a comienzos de los años cincuenta, se encontraba reglamentado su uso, bajo normas muy estrictas y prohibiéndose que usaran en sus nombres de negocio las palabras relativas a las aerolíneas (Airlines, Airways etc.)[472].

Si tomamos en cuenta el boom de los aerotaxis y aviones ligeros, en 1930 las aerolíneas comerciales de Estados Unidos apenas tenían 525 aeronaves y 500 pilotos, mientras el resto aumentó de

---

[469] Popular Science. Mar 1925. Vol. 106, N.º 3 págs. 46-47
[470] Ibidem. Diciembre 1928 Vol. 113,N.º 6. Pág. 41
[471] En la foto una recreación del anuncio aparecido en el diario ABC de Madrid, pág. 19
[472] United States. Civil Aeronautics Board. Annual Report. 1949. pág. 13

forma tan increíble que alcanzó la cifra de los siete mil aparatos y diez mil pilotos[473].

Un poco más al sur, en Colombia y Venezuela existían pequeños emprendimientos de pilotos que prestaban servicios a destajo. Pero no fue hasta llegado 1948 que empiezan a formalizarse y Avianca crea en 1951 su subsidiaria Aerotaxi, mientras en Venezuela comienzan a organizarse al menos seis entre 1954 y 1957 siendo ya nueve para el año final de esa década[474]. Una de estas historias es la de la subsidiaria de la aerolínea RANSA de taxis aéreos en San Fernando de Apure que competía con ACASA y que tenía 3 Cessna modelo 1953 y posteriormente dos Beaver de Havilland[475].

La mayoría de los venezolanos pensará hoy que eso de los taxis aéreos carece un poco de sentido hoy en día, pero en aquellos tiempos el Ministerio de Agricultura y Cría del general Marcos Pérez Jiménez sostenía que: "uno de los factores que ha contribuido al poco desarrollo del estado ha sido la falta de un sistema de transporte y comunicaciones (..) no hay ferrocarriles y las carreteras todas son de tierra, mal conservadas e intransitables (..) el 87,1% son caminos rudimentarios que se inutilizan durante la época de lluvias" por eso de acuerdo al ministro "el estado carece de transporte terrestre y solamente hay movilización por ríos en invierno y por tierras en verano"[476] por lo que planteaba que tenía buena perspectiva el negocio aéreo.

Pero los taxis no eran económicos. El pasaje más caro costaba 36,16 dólares y el más económico 18,70$, uno que solo salía en determinados momentos y en un solo tipo de avión. Por lo que el pasaje costaba entre los 180 y los 370 dólares de hoy, por lo que era

---

[473] Commerce Yearbook, Volumen 8,Parte 1. United States. Bureau of Foreign and Domestic Commerce. U.S. Government Printing Office, 1930. Pág. 603
[474] 1. Aeroservicios Especiales (AESA), 2. Aerotécnica (ATSA), 3. Aeroservicios CA Apure (ACASA), 4. Aeroactividades venezolanas (Aeroven), 5. Venezolana de Transporte (Veta), 6. Aerovias de Barinas (Abarca), 7. Helivenca, 8 Línea expresa Bolívar y la que nos compete.
[475] World Trade Information Service, Volumen 1,Parte 4. U.S. Department of Commerce, Bureau of Foreign Commerce, 1957. Pág. 7
[476] Estudio del Ministerio de Agricultura y Cría, Dirección de Recursos Naturales Renovables, 1958-59 págs 221,358,470

utilizado principalmente por turistas estadounidenses que iban a los llanos a practicar caza, pesca y vida silvestre, en lo que hoy conoceríamos como tour operadores especializados y propietarios de haciendas menores, funcionarios y hombres de negocios.

Solo para que entendamos el drama que vivía el Estado Apure, en su aeropuerto principal desembarcaban anualmente entre 16 y 20 personas diarias, -repetimos, diarias-[477], que eran atendidas por las dos empresas de transporte aéreo que en determinadas épocas del año -verano- se podrían caracterizar como microcharters. Pero en su mayoría desembarcaban en los cuatro meses transcurridos, del desde finales de octubre a finales de febrero, que era para esas compañías mejor que el oro.

A esto se le sumaba que algunos pilotos eran estadounidenses y veteranos de la segunda Guerra como los famosos Tex Palmer a quien apodaban "el musiú" o John Conner y varios más que conocían el estado, literalmente como la palma de sus manos, así como muchos pilotos locales y pioneros que llevaban a todas partes a turistas, mineros y hacendados.

Pero allí los dueños de RANSA se habían encontrado de frente con el Síndrome Bouilloux-Lafont y como habían estado en el lugar y momento correctos para formar su compañía, también lo estuvieron para que los cerraran y la consecuencia obvia luego de la debacle su casa Matriz, es que el negocio subsidiario fue adquirido en marzo de 1968 y transformado en Aeroservicios Carabobo[478] absorbiendo los activos que fueron adquiridos por el mayor de la Fuerza Aérea, José David Pulgar. Se trataba de un piloto que había comenzado pilotando los famosos Vampiros y que se convirtió en el primero en dejar inservible uno tras un accidente durante su segundo

---

[477] OCEI, Estadísticas de desembarque anual de pasajeros, diversos anuarios 1970-1980
[478] Registro de Comercio, Juzgado Segundo de Primera Instancia en lo Civil y Mercantil de la circunscripción judicial del estado Carabobo, seis de marzo de 1968, N° 76, Tomo 80-A;

vuelo[479] y que se retiró con la llegada de la democracia en 1961 para dedicarse a la aviación privada.

Pulgar se asociaría con algunos pilotos de la competencia Aerovías CA Servicios Apure (ACASA) así como con los pilotos anteriores de RANSA y allí comenzaría a intentar cubrir nuevos destinos con la primera adquisición adicional de un Cessna modelo 206 usado, que fue autorizado por el gobierno el ocho de agosto de 1969 y 5 más hasta 1975 con lo que renovaron su pequeña y rentable flotilla, volando mucho entre Apure y Barinas principalmente.

Pero henos en Venezuela, un lugar donde nadie puede planificar algo sin sufrir el Síndrome Bouilloux-Lafont, cuando se conjugaron dos males al mismo tiempo, el *Mal Holandés* y la revolución nacionalista. El primero de los males llegó con la locura de las avionetas recién compradas por caraqueños para explotar el negocio de los turistas, junto con el nuevoriquismo de que ahora propietarios de haciendas menores, pudieron comprar también avionetas y la revolución nacionalista, que expulsó a los estadounidenses de mala manera, trajo como consecuencia que los trescientos veinte mil turistas estadounidenses, un verdadero récord latinoamericano, se convirtieran en apenas 60 mil de un año al otro.

¿Que había que nacionalizar la industria de las materias primas? Por supuesto. De hecho, lo hizo todo el mundo y no pocas lo hicieron antes ya que solo de 1960 a 1974 habían ocurrido 150 nacionalizaciones de minas distintas en el mundo sin contar las de México en 1938 o Brasil en 1953, pasando por Indonesia, Irán e Irak antes de los años setenta y los debates en Arabia Saudita que comenzaron con mucha fuerza a partir de 1965.

Por eso y como toda historia tiene varias versiones, podemos apelar a la de siempre basada en la heroicidad y el logro fantástico de la nacionalización petrolera que representa el triunfo de David con su honda contra los intereses del imperialismo transnacional, o podemos

---

[479] Declaraciones del general de División Agustín Berzares Morales, piloto de caza, graduado en 1949 y ex director de la Academia Militar de la Fuerza Aerea.

recurrir a otra menos épica y es que hicimos, lo que hizo todo el mundo. Pero no es en el fondo sino es en las formas, donde se encuentra siempre el origen de los males venezolanos y la verdad es que de los cuatro millones de barriles proyectados para 1975, quedamos produciendo la mitad y los estadounidenses se marcharon de tal manera, que se fueron hasta los turistas.

Y es allí precisamente donde el dueño de Aeroservicios Carabobo se encontró con los dos efectos adversos, el boom petrolero trajo las carreteras de todo el año, sus viejos clientes ahora tenían su propia avioneta y se había quedado sin el grueso de pasajeros, los turistas y simplemente no sobrevivió porque él y casi todas las empresas de taxis aéreos colapsaron en los primeros años de la década de los ochenta, sobreviviendo pocas que manejaban el flujo de turistas, principalmente a Canaima como TANCA, que por 40 dólares por pasajero -unos 120 dólares actuales-, realizaba las excursiones en sus pequeños Cessna.

Los propietarios irían menguando su negocio con el transcurrir de los años dejando de operar y acumulando una deuda impaga con la autoridad aeronáutica hasta que apareció en el camino un jóven Simeón García.

Aserca 1991.

La resolución que autoriza la nueva operación data del 2 de julio de 1991[480] y de esta manera es que comienza esa nueva era en la aviación comercial, con la compra de su primer avión y la explicación basta para comprender el inicio de esa industria aeronáutica en bancarrota: "no tenía idea alguna de cómo crear una aerolínea y como Avensa y Aeropostal tenían DC-9 ese fue el avión que busqué (..) negocié con el Continental Bank un avión al que le quedaban 4.000 horas de vuelo (..) por circunstancias de la providencia coincidió con la quiebra de PanAm, Eastern Y Eagle (..) que pusieron fuera de circulación 280 aeronaves. Averiguando me consigo con que

---

[480] Memoria y cuenta del Ministerio de Transporte 1992, resolución 241, pág. 111

McDonnell Douglas tenía 26 aviones parados", así llegó el primer DC-9 construido en 1965 con 27 años de uso y que llegó a Venezuela justo al año siguiente de su autorización, el 22 de Julio de 1992.

Como no tenían dinero para pintar el avión, le dejaron los colores de la aerolínea Midway y sobre este pintaron solo el nombre de la aerolínea, siendo este el origen de los colores de Aserca. Ni siquiera podía adquirir lo necesario para operarlo en tierra como, por ejemplo: "No sabía que se necesitaría un camión para extraer las aguas de servicio, en lo que llegó el avión ordené imprimir los boarding passes y así hicimos el primer vuelo" comenta García, mientras que "en el segundo vuelo, la falta de experiencia hizo que al llenar el avión de combustible y dejarlo al sol, este se expandiera y comenzara a botarlo. Allí dijimos ¡Ay papá, se acabó la compañía!".

Cualquiera que leyera esta declaración entendería el origen de la industria y del estado en el que se encontraba un país al que en breve rebajarían a categoría 2 de seguridad.

"Un mes después del primer vuelo, el avión se dañó"[481] confiesa García y no había otro, pero se encontró con el siguiente problema, las agencias de viaje no querían saber nada de la aerolínea con un solo avión roto y se negaban a venderle a sus clientes un asiento, por temor al mal servicio o incluso a que la aerolínea quebrara tan rápido como había comenzado.

La realidad es que no tenían mucho dinero para operar la aerolínea, pero el destino le había sonreído con la quiebra de las grandes operadoras, los DC-9 se encontraban a precios irrisorios y más aún los arrendamientos de la McDonnell. Por eso la realidad es que su primer avión era realmente una ganga de precio chatarra que tenía algunos problemas y fue necesario arrendar entre noviembre de 1992 hasta septiembre de 1994 un DC-9 a la McDonnell Douglas para mantener la línea aérea operativa, este avión (N522MD) fue

---

[481] Todas las declaraciones se encuentran en la revista oficial de Aserca Report N41, 2013, lás referencias están en las págs.32-34

retornado al fabricante después de muchos contratiempos en septiembre de 1994.

En ese mismo tiempo, arrendaron también de la McDonnell un segundo avión (YV-716C) con lo que pudieron estabilizar el servicio aéreo, contando siempre con dos aviones que promediaban los 28 años de uso y operando durante los siguientes diez años con cuatro (dos aviones propios y dos arrendados) hasta que en 2002 cumplieron 35 años de vuelo.

La verdad es "que tuvimos un poco de suerte dentro de la crisis" dijo García frente al cierre de Aeropostal y Viasa junto a los "problemas de calidad de servicios de Avensa"[482].

Pero aun así era más barato tratar de comprar los aviones de las líneas venezolanas quebradas y porque no, presentarse a la licitación de la línea Aeropostal siendo precalificado y levantando aún más rumores en la prensa de la época por su "irregular inclusión". De esta manera fue rechazado por el MTC por "razones técnicas, ya que dos de sus tres aviones no están en condiciones de volar, por fallas graves" [483] teniendo permanentemente que arrendar aviones para garantizar las operaciones.

Uno de sus primeros directores de operaciones fue un piloto con más de 25.000 horas de vuelo y toda la experiencia del mundo tras haber estado en la primera década de Avensa con PanAm y posteriormente siendo piloto fundador de Viasa donde pasaría los siguientes 26 años de carrera, renunciando dos años más tarde tras lograr estabilizar la compañía, no era otro que el capitán José Augusto Azpúrua quien salió de allí para fundar Láser Airlines.

De esa etapa de tropiezos, donde la ocurrencia fue colocar asientos de primera clase en todo el avión, García decide contratar como presidente a Julián Villalba en 1996 expresidente y ministro del Fondo de Inversiones, celebre por haber sido quien abogó por privatizar las compañías aéreas, con maestría en tecnología y PHD

---

[482] Entrevista a García en adm_koontz_13_edic_-_03_cap_tulo
[483] Zeta, Números 1082-1094, 1996. Pág. 32

del MIT (Massachussets Institute of Technology) quien decide convertir la aerolínea en una low-cost para poder competir contra las líneas subvencionadas: "Nosotros teníamos asientos de primera clase en nuestros aviones (..) fue durante la presidencia del doctor Villalba que los cambiaron por convencionales pues se consideró que no podíamos sacrificar el 35% de la capacidad del avión".

En mercado pequeño, Infierno grande.
En el interín García se había marchado a comprar el 70% de AirAruba para usarla para sortear la negativa de imposibilidad de llevar pasajeros a los Estados Unidos, ya que en 1995 Venezuela había sido descendida a Categoría II en seguridad, lo que significaba que no permitían operar a nuevas aerolíneas venezolanas y que las que estaban facultadas no pudieran crecer, ni aumentar sus frecuencias y rutas. Y todos sabían que el último vuelo de Viasa sería ese año. Las únicas posibilidades para las aerolíneas, frente a la paralización de la aerolínea que tenía los derechos, era contratar chárteres estadounidenses o buscar, como hoy en día, crear líneas en el caribe para triangular a los venezolanos.

Así que García ideó la *Vuelta Caribe* típica venezolana, usando la quinta libertad: "La idea ya era comenzar a usar a Aruba como HOP" explicaba Simeón García "que los aviones durmieran en Venezuela, salieran a Aruba y luego continuaban sus vuelos a las ciudades de Estados Unidos (..) era sacar un mercado de Venezuela hacia los Estados Unidos y viceversa, pasando por Aruba, pero las autoridades del aeropuerto deciden que el HOP no va. Recibimos una carta de la aeronáutica civil diciendo que no aprobaban ni los vuelos ni las pernoctas de los aviones en Venezuela, porque estábamos favoreciendo en la cantidad de asientos a nuestro país y no a Aruba (..) A nosotros como inversionistas, esto nos cayó como una bomba".

Esta idea podía lucir prometedora de no ser porque Aruba era una nación de menos de noventa mil habitantes, es decir cerca de la misma cantidad de venezolanos que llegaban a jugar en los casinos y aquello de privilegiar los asientos venezolanos por los de los arubeños, era simplemente una excusa por varias razones. La primera es que los únicos que volaban a Aruba, en primer lugar, eran los turistas estadounidenses caracterizados por ser mayores de 50 años y por ende tenían toda una vida volando en sus aerolíneas, así como en segundo, los venezolanos[484]. La siguiente razón era la compleja relación con la autoridad aeronáutica, pues desde 1986 Aruba se había negado muchas veces a hacerlo y en 1993 la conferencia entre Venezuela y la Isla[485] había salido muy mal, negándose por completo o imponiendo unas condiciones leoninas los operadores. En fin, la realidad es que el salario promedio de los arubeños impedía que viajara la mayoría y los que podían, lo hacían en las aerolíneas estadounidenses o europeas. Por lo tanto, el único mercado factible era entre las islas que es muy precario y para lo que no se necesitaban aviones grandes ya que hacerlo saldría costosísimo y a la larga, jamás podrían amortizar la inversión de un avión más grande.

Por eso el único negocio allí consistía en usar los aviones para llevar los pasajeros venezolanos a Disney, Tampa y Nueva York, lo que representaba en realidad un buen negocio, pues los aviones salían de Maracaibo, Barquisimeto, Valencia y Maiquetía concentrando un buen nicho de pasajeros, ya que una familia que tenía que viajar por American Airlines a Orlando, tenía que tomar tres aviones incluyendo el tramo local y Aserca resolvió el problema abaratando los costos en dos toques, uno equivalente al vuelo nacional y el directo al destino.

Desde un punto de vista objetivo y analizando las estadísticas de turismo de la época, a Aruba le convenía -al menos temporalmente- la aerolínea venezolana ya que desde 1989 promediaba cerca de ochenta mil pasajeros por año, que pernoctaban cinco días y fracción -de viaje- y en los años de Aserca aumentó en

---

[484] Para 1996 la población de Aruba era de 87.960. 640.835 eran los turistas que ingresaban de los cuales 371.523 eran estadounidenses, en segundo lugar, estaba los venezolanos con 74.822, los holandeses 36.196, las Antillas y Brasil con 29.000 cada uno y el resto de los países.
[485] Llevada a cabo entre el 29 y el 30 de noviembre de 1993, en la que participó Simeón García.

cerca de cuarenta mil nuevos turistas. Pero aquí ocurrió uno de los síntomas desconocidos y modernos del Síndrome Bouilloux-Lafont.

El decreto de guerra a muerte

Cuando Iberia presenta el plan de rescate en 1996 y es rechazado, fue un secreto a voces que cerraría en los próximos meses como en efecto ocurrió, desatándose la madre de todas las batallas por sus rutas y como reza el dicho, en Pueblo pequeño, infierno grande. Como Miami era el objetivo primario de todos y nadie podría tomarlo porque la categoría II lo impedía, todos se lanzaron a alquilar chárteres estadounidenses, buscar acuerdos con las aerolíneas estadounidenses o como en el caso de air Aruba, buscarle la vuelta como hoy en día ocurre a través de República Dominicana, desatándose una guerra total, que es muy común en la industria aeronáutica, usando todas las herramientas posibles, e incluso la guerra sucia y no en pocas ocasiones hasta violenta, generando unos odios viscerales entre las partes que ha durado hasta el día de hoy.

Y es en el marco de esa guerra total, que un buen día la autoridad aeronáutica arubeña, sin aviso previo y en plena temporada le cambió las reglas del juego a García, alegando que Venezuela era insegura para los aviones. Y esto conviene explicarlo a todo aquel que desee construir una aerolínea en un tercer país, pues García se encontró en el lugar y momento correcto para enfrentar la diplomacia de guerra de la industria, algo que terminaría incluso costándole su compañía en su segundo intento.

Lo que usted debe tomar en cuenta a la hora de ir a cualquier otro país a crear una empresa, es analizar su historia incluso antes que la del análisis de mercado. Pues en el caso de Aruba y las islas fracasó la compañía de las Indias Occidentales en los cincuentas, naufragó la idea de la Royal KLM, los estadounidenses lo intentaron con la TransCaribbean, sucumbió la primera ALM, luego entró en quiebra ALM-Antillas y quebraron la primera fase de Air Aruba al separarse Aruba del reino en 1988, así como tres o cuatro pequeñas de las islas.

Bastaría el solo récord de números rojos en los balances de las compañías que lo intentaron antes, para desalentar al más valiente de los emprendedores desde que KLM o TransCaribbean pensaron que sería un estupendo negocio en los treintas y cuarentas respectivamente por el desarrollo de un potencial, que nunca llegaría pues a Aruba llegaron poco más de seiscientos mil turistas en 1995 y para el 2018 apenas había aumentado a 825 mil mientras que Curazao, en más de dos décadas apenas creció de dos cientos, a cuatrocientos mil visitantes.

Por esta razón, el micro mercado arubeño tenía propietarios y las autoridades necesitaban progresivamente más turistas para sus hoteles, en una isla que no exporta más que aloe y productos holandeses que llegaban baratos por convenio y son revendidos como exportación. El turista era la unidad de medida política y económica y en realidad, lo único que importaba.

En otras palabras, la historia tenía otra versión y si García veía como un estupendo negocio llevar venezolanos a otros países a través de Aruba, buena parte de los políticos y autoridades arubeños tenían sus serias dudas. ¿Qué ocurriría si solventaban las deficiencias de seguridad en Venezuela? El primer problema era evidente y es que se trataba de una visión temporal producto de una sanción y no de un modelo económico sostenible. Lo siguiente era también lógico, si era un buen mercado llevar de Maracaibo o Barquisimeto a Orlando ¿cuánto tiempo transcurriría para que American Airlines o United compitieran por ese mercado?

El asunto entonces, no era tan fácil como el negocio redondo de García sin contar con las discusiones subalternas propias del micro-mercado. Si vas a traer aviones MD-80 ¿Qué pasará con las pequeñas aerolíneas sostenibles, aerotaxis y tour operadores que cruzan los destinos del Caribe?, la respuesta es simple, los va a quebrar.

Y aquí es bueno detenernos a explicar otro problema gerencial venezolano. Si buena parte cree que el gobierno corporativo es la cursilería de colocar un cuadro cerca de la sala de juntas o a la vista de los clientes que contenga la misión, la visión y los valores. Esa misma empresa cree que un plan de negocios, es a su vez un requisito que pide la autoridad local como lo pueden ser los estados financieros. De allí a que las evaluaciones de riesgo y los factores de competencia sean una visión como la carta que hacen los niños a Santa, cuando se trata precisamente de lo contrario.

Cuando usted hace un plan de negocios de aerolínea debe estar claros de los riesgos que usted correrá, como por ejemplo los técnicos y los de accidentes. Usted puede enviar a las autoridades el plan de negocios con una visión edulcorada de un SWOT, pero puertas adentro y de cara a quienes lo dirigen sabe que debe estar preparado para esos problemas. ¿Por qué debemos hablar de riesgos? Como reza el dicho, hay dos clases de motorizado el que se cayó y el que está por caerse y en concordancia hay dos clases de líneas aéreas, las que tienen eventos y las que están por tenerlo. Profesionalmente no hay cabida para supersticiones, pero para estar en una aerolínea hay que comprender los riesgos y estar preparados para eso.

Si el riesgo son los huracanes, usted le explicará a la autoridad que contempla ese riesgo en su SWOT como una amenaza. Pero puertas adentro, sus técnicos han evaluado que va a operar en una zona que es azotada por siete huracanes todos los años y que cada tres, su aeropuerto será cerrado, analizarán que determinados mercados del Caribe también sufrirán cierres aleatorios y allí prepararán todo financieramente para enfrentarse a eso y esto pasa, desde la creación de fondos de contingencia, hasta la mismísima planificación estratégica de flota, entre cientos de planes gerenciales[486].

En el caso de Aruba, el problema primordial no serán los huracanes pues solo pasa uno peligroso cada cien años, pero si el propietario ha basado su actividad en llevar a los aeropuertos de las Antillas más al norte si lo será, al menos cada dos años y lo menos

---

[486] Obviamente su alta gerencia ha creado el Plan de Contingencia General y a partir de allí cada uno de los departamentos tendrá el suyo, desde operaciones hasta tecnología.

que puede hacer ese empresario, será explicar que fue a la bancarrota porque no tomó en cuenta los huracanes o su avión de treinta años, sufrió un evento mayor.

En otras palabras, precisamente para eso le exigen el SWOT. Pero si la mayoría de los empresarios no creen en eso, piensan que el tema de la planificación corporativa y aún más el de la competencia, son menos importantes aún y lo que le pide la autoridad en realidad, es que los empresarios estén conscientes de los riesgos en los que se están metiendo al hacer negocios en ese mercado.

Si el emprendedor sostiene que ese mercado es bueno, porque solo hay un operador grande estadounidense que no está en su nicho de negocios y dos pequeños que no pueden competir contra usted, parecería que el negocio es bueno y viable. En su reporte colocará eso como una fortaleza y después no comprenderá cuales fueron los elementos que hicieron inviable su proyecto.

Y esto es lo que ocurre cuando se tiene un mal análisis que muchas veces está basado en quimeras y falsas expectativas, así como, en muchos casos se contratan compañías que no son especializadas, pero que convenientemente efectúan el análisis para cumplir con la parte técnica, pero sobre todo, con las expectativas del emprendedor.

Ahora imagínese que esa compañía estadounidense no lo quiere a usted allí, no porque sea competencia directa, sino porque le está restando en otra estación 48.910 pasajeros que iban a Orlando y otra similar a Nueva York y Tampa y en su software se demuestra que ha dejado de percibir cerca de 70 millones de dólares, porque un empresario local, sin permisos, le dio la vuelta a una sanción.

Por otra parte, como no se hizo un verdadero análisis, no sabe que la aerolínea turboprop que tampoco era su competencia, es copropiedad de uno de los más poderosos del lugar, que el hijo de un miembro de la junta, encargado de su autorización, es un alto gerente de la otra, mientras que un alto político tiene uno de los mayores tour operadores y que su sola presencia, significa el posible fin de sus compañías y estilo de vida.

De allí a que cuando un empresario sostiene que no entiende porque lo dejaron un año y medio volando sin autorización, volvemos al principio, un país sin políticas significa que esa es la política y eso siempre, ineludiblemente irá en contra del emprendedor. De la misma manera si sospecha de algún interés oculto tras la debacle que más bien se trata de las fuerzas opuestas a su proyecto y que eran obvias desde un principio.

Siendo justos con los arubeños, habría quien quisiera una compañía propia llamada Air Aruba, como quienes se oponían por su posible temporalidad y el futuro de empleados locales si quebraba. Estaban los que se oponían a que le quitara el negocio en Venezuela a la compañía que le traía cuatrocientos millones de dólares al año a sus hoteles y los representantes de las pequeñas que no estaban dispuestas a que les quitara ni un pasajero.

Y algo que hay que comprender a la hora de un análisis de riesgo es que en un micro-mercado el infierno es grande. Hablamos de un país poco más grande que los minúsculos municipios caraqueños de Chacao o el Hatillo en los que los prisioneros de su única cárcel no llegan a doscientos- contando procesados- y buena parte de estos son extranjeros. Por lo tanto, hay un puñado de jueces, un puñado de fiscales y un número similar de abogados litigantes, pero aún hay menos jueces mercantiles y abogados para ello por lo que todos se conocen o incluso son familia o están emparentados y no en pocos casos, con las autoridades y políticos.

Así que cuando usted escucha que el empresario no sabe por qué durante años no le dieron permiso y el abogado, que era tan maravilloso en un principio -y que quizás fue el que le hizo el papeleo que incluyó el plan de negocios-, ahora no le atiende ni el teléfono, es porque todos participaban en el mismo micro-mercado infernal donde, además, todos intuían que aquello no era una línea aérea para Aruba.

Aviones nuevos para Aserca y Air Aruba

Bastaba con ver el plan de García para comprender que simplemente consistía en buscarle la vuelta a la degradación de seguridad de los aeropuertos venezolanos, pero con una temeridad nunca antes vista que bien conviene explicar.

Para 1996 Aserca, si bien sobre el papel tenía más- solo operaba el equivalente de cuatro aviones DC-9 en línea de vuelo[487] con más de treinta años[488] y pagaderos a largo plazo gracias a los créditos bancarios, pero desde un punto de vista de capital, sin mucho valor residual más allá de sus repuestos y es aquí, cuando Venezuela sufre un año de crecimiento cero, recién salidos de la Emergencia Financiera y la crisis bancaria, con los aeropuertos en categoría II, con las tarifas congeladas y un control de cambio, decide arrendar con derecho a compra y por cien millones de dólares, tres aviones MD-90.

Simeón García sostiene que los adquirió indirectamente de la Boeing a través de arrendamiento financiero con una pequeña compañía llamada Hwa-Hsia Leasing Ltd. de Taiwán[489] pero como siempre hay varias versiones de la historia, si la del propietario de Aserca sostiene que él tuvo la idea de comprarlos, la arrendadora sostiene en sus estados financieros que fueron ellos. Su historia es interesante ya que se trata de una compañía pequeña[490] establecida en 1984 y que tenía el respaldo del Banco de Desarrollo Industrial Chino dedicada principalmente al alquiler de edificios comerciales en Hong Kong y Taiwán[491] pero, de acuerdo a sus estados financieros de la época, sus pérdidas entrada la década, los empujó a plantearse un

---

[487] Las aerolíneas venezolanas no operan como un sistema integrado financiero de acuerdo a los estándares mundiales. Algunas tienen un back-up, otras cuando su avión tiene servicio mayor que los deja inoperativos durante meses, simplemente cambian la operación, otros no vuelan porque financieramente no les da los números y los preservan mientras mejora el mercado y un sinfín de prácticas que hacen que la flota sea improductiva. De allí a que sobre el papel se pueda tener una flota de doce aviones, pero en línea de vuelo solo existan cuatro dentro de estándar internacional.
[488] El Pilar y el Industrial (1967) el Viajero (1968) y el carabobeño (1969)
[489] https://boeing.mediaroom.com/1998-11-19-Air-Aruba-Aserca-Airlines-Introduce-Boeing-MD-90-In-Latin-America
[490] Menor a 100 millones de dólares en valor total de arrendamientos y aviones. Aircraft Finance Guide 2006-2012. La referencia promedio se encuentra en la pág. 22 de la edición 2011
[491] https://ir-reports.com/company/1139-hh-leasing-financial-corporation

cambio en 1994 e intentó incursionar en el negocio del arrendamiento aeronáutico con los MD-90[492] ya que la Boeing estaba buscando socios asiáticos desde 1995[493].

Por eso la tercera versión de la historia es que, visto el fracaso de ventas del modelo MD, fue Boeing la de la idea de buscar socios en Taiwán para colocar el MD-90 en el mercado asiático y fue así como el armador comenzó conversaciones con las compañías desde mediados de 1995 y en marzo de 1996 llegaron a un acuerdo en el que se incluyó a la pequeña arrendadora y sea la versión que usted escoja como ganadora, la realidad es que la suerte favorece a los osados y García estaba en el lugar y momentos correctos para traer a Venezuela los primeros aviones nuevos en muchos años y sin que nadie en aquel momento, sospechara que terminaría en un colosal fiasco.

Si bien es cierto que la suerte sonríe al osado, también lo es que la suerte sin planificación, conduce a la quiebra. Así que justo en el momento en el estaban construyendo los aviones, la Boeing el 4 de noviembre de 1997 anunció el cierre de su línea de producción[494], tirando a la basura -desde la perspectiva de la capitalización- buena parte de la inversión y sobre todo para una arrendadora financiera. De allí a que sea vital la planificación financiera y la lectura constante de los estados financieros, pues esto ya había sido previsto por la compañía McDonnell Douglas cuando explicaban que tenían listo el nuevo avión tan temprano como 1995 y la primera orden del nuevo modelo ocurrió en diciembre de ese año, con todos los componentes y turbinas distintos, es decir, la historia del Boeing 717 había nacido antes de la fusión con las compañías.

Si esa había sido una bomba financiera, volviendo a la historia en la isla García explica que en realidad esos aviones habían sido

---

[492] Estados Financieros de la compañía, cinco últimos años hasta 1995, pág. 17
[493] Paul Lewis: "Boeing is helping Taiwan Aerospace (TAC) with plans to establish a major new international aircraft-leasing company, specializing in placing narrow-body airliners" 12 March 1996
[494] https://www.nytimes.com/1997/11/04/business/boeing-to-phase-out-2-jets-from-mcdonnell-douglas.html

proyectados para Aserca, pero producto de la crisis de 1998 se quedó con: "un compromiso de deuda que rondaba los cien millones de dólares (..) comienza el mercado venezolano a complicarse y en ese momento se da la oportunidad de Air Aruba (..) porque no había vuelos directos de empresas venezolanas a Estados Unidos" y así aprovechó la llegada de los aviones para plantearle el negocio a Air Aruba, para que al final dijeran que no podía pernoctar los aviones en Venezuela y obligaron a la aerolínea a volar vacíos a las cuatro de la madrugada en ruta a Venezuela y después volar vacíos luego de terminar la ruta, duplicándole los costos de operación, que hay que repetir, tenía: "una deuda que rondó los cien millones de dólares"

García sostiene que renunció como presidente y el gobierno de Aruba colocó a sus funcionarios que simplemente terminarían cerrando la compañía unos meses más tarde no sin antes vender el contrato de los MD-90 y así lograron desembarazarse de la pesada deuda cediéndolos a otra compañía recién creada llamada Pro Air que había al parecer había ordenado varios[495] siéndole transferidos y pintados, así como haciendo respirar de alivio a los involucrados, pero no a los taiwaneses que verían con asombro la catástrofe que sobrevendría.

Habían traspasado el contrato de tres aviones a Kevin Stamper, un abogado y ejecutivo de la Boeing cuyo padre no había sido otro que el legendario Malcom T. Stamper uno de los presidentes más reconocidos de la compañía y el más longevo ya que lo fue desde 1972 a 1985 y después fue vicepresidente de la junta directiva hasta que crearon Pro Air[496], que pretendía convertirse en una Southwest de bajo costo por lo que nuevamente García estaba en el lugar y momento correctos porque ¿Quién no se iba a fiar del hombre que gerenció nada menos que la construcción del 747 y había llevado a la Boeing a la cumbre?

---

[495] Nunca hizo ordenes en firme a la Boeing. La única orden colocada fue sobre un 737 en junio de 1997.
[496] https://www.nytimes.com/1998/06/11/business/a-creative-corporate-attempt-to-tame-air-fares.html

Aruba se quedó sin los aviones, sin pasajeros y Aserca le pasó además la factura pues del día a la noche, se quedaron incluso con la mitad de los turistas. Pero los taiwaneses, pronto entraron en desesperación cuando Northwest y el resto de los supergigantes bajaron los precios a tal nivel que la nueva entró en barrena financiera y no dio tiempo siquiera para que sus aviones volaran, pues se acogió a la protección de acreedores y la medianoche de septiembre 18 del año 2000 cerró sus operaciones[497].

Los aviones, con apenas un par de años de uso terminarían en el desierto y siendo subastados y comprados porque sus piezas, eran casi más valiosas que su valor de mercado. Para los taiwaneses habría terminado su relación directa tanto con Venezuela, como con Boeing, pues las únicas inversiones que hizo en su historia  aeronáutica, por aviones nuevos de esa compañía, fueron esos tres aviones y aunque ha poseído varios 737 y Airbus en su pequeño historial, han sido usados.

De hecho, la Boeing en toda su historia -contando subsidiarias- vendió a Taiwán 243 aviones, principalmente a Eva Air y a China Airlines. La única relación con una compañía distinta a una aerolínea fueron esos tres aviones a Hwa-Hsia Leasing Ltd.

¿Quién tenía la razón en esa disputa entre Aruba y García? Parémonos un segundo en la rampa de Maiquetía en diciembre de 1999. Para ese momento Viasa ya no existía, Avensa había ya paralizado toda su flota, Aserca tenía aviones de más de treinta años

---

[497] https://www.travelweekly.com/Travel-News/Airline-News/Grounded-Pro-Air-files-Chapter-11

de uso, compañías muy pequeñas como Laser operaban con un par de aviones más viejos aún y Aeropostal tenía cuatro aviones con poco más de veinte años de uso. Pero ese año fue nada menos que el de la tragedia de Vargas.

Bastaría con recordar los testimonios de los propios dueños de aerolíneas sobre sus peripecias para embarcar pasajeros sin saber siquiera como ponerle el combustible, leer los foros de expertos aeronáuticos hablando de lo propio o a directores de operaciones explicando su renuncia por haber sido obligado a volar aviones sin los mínimos de seguridad para comprender que la FAA había tenido absolutamente toda la razón en bajar la categoría de seguridad.

Pero hasta ese momento el país no solo estaba quebrado, sino que sus aerolíneas lo estaban aún más y no pocas tenían severas dificultades hasta para pagar a sus empleados. En otras palabras, ni el estado, ni los privados tenían alguna capacidad para mejorar la situación. Pero, nada de esto impide lo que quería hacer García, es decir, que los aviones pernoctaran en Maiquetía llegaran a Aruba y continuaran su marcha al destino final.

Veamos, la categoría II – a diferencia de la III- no impide el normal desarrollo comercial de aquellas aerolíneas y frecuencias. American Airlines podía seguir volando a Caracas y los aviones de las aerolíneas podían pernoctar en Maiquetía siempre que se les aumentara la seguridad y la vigilancia.

Pero la otra verdad es que Aruba había aceptado las condiciones desde un principio y no dio absolutamente alguna posibilidad a la aerolínea dejando solo la salida de su propia quiebra. Y aquí es bueno hablar de todas las posibilidades a la hora de operar en un mercado pequeño del que muy pocos saben, que ocurre el infierno grande.

Hemos dejado el siguiente comentario de Aeropostal para este momento, porque explica mejor esa batalla campal ocurrida a partir de la lucha por las rutas internacionales. Pocos conocen que Aeropostal intentó asociarse con American Airlines en código compartido, como también que Continental había hecho una oferta para comprar acciones de Aserca Airlines[498]. De la misma manera Aeropostal había intentado efectuar un arrendamiento de aeronaves con la aerolínea de chárter estadounidense TransAer, mientras García estaba haciendo lo propio con Air Aruba para competir contra esas asociaciones que ostentaban el monopolio casi total de las rutas a Estados Unidos y allí se desató el decreto de guerra a muerte.

De hecho, hasta Avensa contrató abogados para impedir esos acuerdos, sugiriendo incluso que los dueños de esas empresas no eran quienes decían ser o dejaban entrever que tenían persecuciones criminales en varios países[499], pero eso fue lo más sano que ocurrió en aquella guerra, en un país sin reglas de algún tipo que condenaría por muchos años a las aerolíneas locales y posiblemente gracias a esa guerra clandestina, es que las condiciones cambiaron para Simeón García.

Aserca 2001-2012

Como él mismo explica si "el 97 fue un año medianamente regular (..) el 98 fue muy malo y el 99 fue meramente electoral"[500] marcado por la tragedia de Vargas. Solo las maquinas traganíqueles principalmente en los estados Anzoátegui y Bolívar producían para mantener a flote las inversiones y así sucedió hasta 2003 en el que "estuvieron a punto de perder la compañía" y los empleados decidieron bajarse a la mitad los sueldos" luego de tener tres meses sin cobrar un centavo[501] y hasta su chofer le sugirió "vender la empresa". "Tuvimos 3 meses de atrasos de sueldo, algunos empleados se dieron de baja (..) pero en un año y medio ya habíamos logrado pagar las deudas"

Javier Prieto, por aquellos días trabajador del aeropuerto recapitula ese 2002 así: "Recuerdo estar trabajando en Maiquetía como jefe de administración en el aeropuerto, con un part-time

---

[498] Continental bids for share of Aserca, Isla, 8 de mayo de 1999
[499]
[500] Entrevista a García en winne.com 17 de noviembre de 2000
[501] Entrevista a García en Aserca report 41

(medio tiempo), con medio sueldo, con una sola aeronave en operaciones regulares, a veces se sumaba otra aeronave que lograba volar por el gran equipo de mantenimiento que tenía la empresa"[502]

¿Se acuerda usted que dijimos hace unos momentos que la operación de aviones nuevos había sido una temeridad sin precedentes? Ahora imagínese la deuda de cien millones de dólares en esos años.

La compañía había llegado a su primera década de operaciones, tenía dos aviones propios y dos más alquilados de los cuales funcionaban apenas un par y todo su personal trabajaba a mitad de sueldos para tratar de sostener una crisis que amenazaba con continuar en 2003, recibiendo demandas de uno de sus altos gerentes a los que convenció de renunciar a Iberia y luego le suspendió el sueldo[503].

Con esta serie de juicios se demostró que García había intentado emular el esquema de Avensa y Servivensa para pagar el personal sin impactar a la aerolínea, creando Serviaserca C.A y otras compañías en las que pagaría incluso a los pilotos y tripulaciones.

García regresaría a Venezuela, después del varapalo arubeño y culminando así el mandato de Villalba, justo cuando se creó al año siguiente el control de cambios llamado Cadivi y crearía las famosas estructuras financieras para terminar recibiendo cientos de millones de dólares.

De todos estos comentarios de García y sus empleados, es necesario resaltar que, si bien desde el año 1998 hasta 2002 fueron malos para las aerolíneas locales. De pronto los aviones de Aserca llevados a chatarra con casi cuarenta años volando, habían dejado de hacerlo y se tuvo que acudir a alquilar tres aviones Boeing 737 de TACA (N233TA, 235TA y 238TA) en el mismo momento en que los empleados de Aserca veían reducidos sus sueldos a la mitad.

---

[502] Comentarios en https://www.youtube.com/watch?v=2uAWvkEFYE0&t=1010s
[503] http://historico.tsj.gob.ve/decisiones/scs/abril/0203-050405-041601.HTM

Y es así como llegó el control de cambios en Venezuela y con este una nueva escuela. El emprendimiento en Aruba había salido verdaderamente mal y nunca llegaron los aviones nuevos a los que hizo referencia unos años atrás. De hecho, hasta el año 2005 continuaron operando los aviones alquilados a TACA, hasta que gracias a la inusitada sobreventa de pasajes y la quiebra de Avensa y Aeropostal permitió recomprar dos aviones de Servivensa que tenían los mismos años que los propios pues estaban a dos o tres años de cumplir los cuarenta años volando.

Al año 2006 les permitió recomprar dos viejos aviones más, junto con cuatro DC-9 "jóvenes" de principios de los años ochenta, en el juicio de liquidación de la Dutch Caribean Airlines, la compañía bandera de Curazao que acababa de quebrar, junto a otros dos más al año siguiente del mismo origen.

"Tras un intento fallido de comprar Aeropostal, llegamos a un periodo de alta competencia de tarifas" relata García. Pero nadie estaba preparado para atender la quiebra en 2001 de la gigante Avensa de propiedad privada y que dejó a todo el mercado desatendido justo en el momento en el que el barril de petróleo venezolano pasaba de ocho dólares a veintitrés en 2002 y a más de cuarenta antes de 2004 y García se encontraba en el momento y lugar adecuados para enfrentar el colapso total de las grandes aerolíneas. En otras palabras, una tormenta perfecta que generó la contracción del 80% de la oferta con un aumento del 150% de demanda, porque había llegado CADIVI.

Los años siguientes comenzaron a mejorar porque ahora los costos operativos eran subvencionados por el control de cambios y los pasajeros también comenzaban a disfrutar de viajes casi gratuitos. El factor de ocupación que se había mantenido por debajo del 50% en el pasado, ahora comenzaba a mejorar.

Estos son los años en los que es detenida por narcotráfico la familia que había comprado Aeropostal, quedando solo Simeón García y otros operadores menores, con un barril de petróleo que de los treinta dólares había alcanzado ciento cincuenta, multiplicando por seis la demanda artificial de vuelos nacionales, que de 1.801.089 pasajeros revenue durante el año 2.000, pasaron a cerca de seis millones y medio (6.490.227) en 2009.

Pero la suerte tiene sus límites y el primer gran revés vino cuando esta vez, el gobernador de Bolívar, comenzó su campaña de amenazas para meter preso a su socio Víctor Casado y tuvieron que vender sus medios de comunicación en 2005[504], al año siguiente el estado intervino la compañía eléctrica[505] y lo que comenzó con la confiscación de esa compañía por una deuda de 72 millones de euros[506] y terminó en la Fiscalía siendo acusado de financiar a la oposición y comprar negocios fuera del país con ese dinero en 2010. Al año siguiente, el propio presidente Chávez cerraría todos los negocios de "los reyes de los bingos"[507] en Venezuela y comenzaría una persecución, la cárcel y el exilio para la gran mayoría de los socios y colegas de Simeón.

De acuerdo a la información que manejaba la embajada de los Estados Unidos en Venezuela es el momento exacto el que el 45% de Aserca es vendida a "amigos del gobierno" y de nuevo la fortuna parecía sonreírle a García por el descenso de los precios del MD-80 en el mercado frontera, y después de comprar, en apenas tres años y medio veinticinco aviones DC-9 que eran en realidad poco más que chatarra, cuarenta por ciento del banco Banplus, triplicando a la vez su capitalización[508], un pequeño banco en la Florida llamado Faro BankCorp así como hoteles, concesionarios de autos, global rent-a-car en Orlando, South Florida y Fort Lauderdale, con la visión -de nuevo de acuerdo con los cables de la embajada- "apurar su marcha

---

[504] https://ipysvenezuela.org/propietariosdelacensura/crimen-y-castigo.html
[505] https://www.semana.com/intervienen-empresa-electrica-venezuela/35708/
[506] https://www.notimerica.com/economia/noticia-venezuela-gobierno-confiscara-activos-empresa-abastece-electricidad-ciudad-bolivar-20060821174401.html
[507] https://www.noticiascandela.informe25.com/2011/01/mucho-se-ocultaria-tras-bingos-y.html
[508] http://www.asobanca.com.ve/userfiles/documentos/BANPLUS2009S1.pdf

del país producto de las persecuciones políticas que creía vendrían contra él".

Aquella era la historia de una aerolínea de mercado frontera. De los doce DC-9 en libro, la mitad había llegado a los 40 años, apenas volaban dos y de los ocho MD-80, la mitad estaban en tierra, mientras que los 737 habían sido dados de baja.

La realidad es que el INAC había publicado en 2011 (sup. Derecha), mientras García en entrevista sostenía que no se hacía: "la vista gorda con los problemas que hemos tenido en los últimos meses, sobre todo con los retrasos (..) estoy consciente de que Aserca tiene muchas carencias (..) nosotros pagábamos dos tipos de salario: el salario económico y el de emociones (variable) en los últimos tres años no hemos podido pagar el salario de emociones", en otras palabras, la historia se repetía una vez más y todo parecía haber sido un sueño producto de una burbuja artificial de los precios petroleros.

Sobre el papel existían veinte aviones, de los que apenas volaban seis y el barril de petróleo le quedaban meses antes de colapsar y pinchar la burbuja y la situación lucía comprometida, de acuerdo al INAC, la compañía en dos años había presentado dieciocho fallas en sus motores y un accidente[509]. De hecho, de los 31 DC-9 que habían comprado -muchos para ser canibalizados-, apenas quedaban seis volando y con treinta años de promedio de operaciones,

En el reporte de Sostenibilidad de Aserca se puede leer que la merma en la calidad de los servicios posterior se debió a "las medidas

---

[509] Fuente Inac, informe de Flota, incidentes y accidentes.

como la congelación de tarifas desde 2007 hasta 2011" y García explicaba que estaba consciente de los retrasos en los vuelos y que "tenía muchas carencias"[510], también es el momento en que deja de pagar a proveedores importantes que más tarde lo demandarían, así como al sistema Sabre de reservaciones al que debían tres millones de dólares y por eso le suspendieron el servicio y tuvieron que chequear manualmente a los pasajeros[511].

La realidad es que llegado 2012 era muy difícil reflotar a Aserca, optando por comprar solo por cinco MD-80 de segunda mano, dos con veinte años[512] y tres con veintiséis de operaciones[513]. Cuando finalmente se dieron de baja los DC-9. Así, la otrora "compañía más grande de Venezuela" terminó contando con siete aviones con unos cinco años de vida residual y se disponía a enviar una parte a República Dominicana, mientras su otra aerolínea tenía tres aviones Boeing 757 y dos 767 arrendados.

Concretamente es en 2012, cuando esta otra aerolínea, Santa Bárbara, se decreta en reorganización comercial tras la salida de su presidente, el abogado y piloto Jorge Álvarez y fue colocado temporalmente el director general de Aserca quien duraría un año. Para el cargo de este último en Aserca fue nombrado el vicepresidente de Finanzas del grupo[514], hasta que, en agosto de 2012, ambos fueron sustituidos por otra encargada que dirigía la Fundación[515]. Es a partir de ese año que empiezan a suspender las rutas, primero Caracas-Madrid en enero de ese año y dando alquiler de un avión a Conviasa, la línea oficial de Venezuela mientras que el colapso fue tan grande que en los siguientes dos años se cerraron varias rutas en Latinoamérica, así como concretándose los cierres posteriores de Caracas-Tenerife, hasta quedar apenas con dos destinos en 2014.

---

[510] Aserca, Reporte de sostenibilidad, pag. 18
[511] https://wikileaks.org/plusd/cables/09CARACAS666_a.html
[512] Los ex China Eastern, YV493T y YV494T construidos en el 90 y el 91
[513] Dos examerican construidos en 1984 y un excontinental de 1986
[514] https://ve.linkedin.com/in/roberto-jorgez-alvarez-03383852
[515]

Sea como fuere, por la situación económica, el fin de Cadivi y su impacto en el mercado, la decisión de Simeón García fue cerrar progresivamente la aerolínea y marcharse del país a residir en la Florida, no invertir un centavo más en Venezuela y dejar prácticamente extinguirse a sus compañías mientras le prometía al presidente dominicano Danilo Medina cuantiosas inversiones que comenzaron con un ofrecimiento de 34 millones de dólares y aumentaron a 52[516] hasta llegar a los doscientos[517] y ya para 2015 había ofrecido inversiones en su aerolínea dominicana, con seis aviones Boeing 767[518], seis CRJ-200, diez MD-80 y cinco Boeing 757[519].

Puertas adentro, la operación contaba con los aviones de la aerolínea Santa Bárbara, junto a unos Bombardier (ex Lufthansa) lo que hace suponer que lo ocurrido desde al menos 2015, no fue otra cosa que un cierre programado de las aerolíneas venezolanas de García y por eso llegó a decir: "mis aerolíneas no quebraron, simplemente las cerré y entregué los certificados (..) no le debo nada a nadie (..) nadie me persigue en Venezuela".

De esta manera se pueden identificar tres escuelas distintas, la inicial de 1992 a 2002 cuando la aerolínea está permanentemente en situación de quiebra, administrada principalmente por su socio y su hermana y que termina operando en esa fecha con diez DC-9 con 35 años de uso, mientras que tuvo que recurrir a alquilar aviones Boeing 737 que no duraron tres años.

La segunda fase es la de expansión de Cadivi en la que recibiría seiscientos millones de dólares entre 2003 y 2012 en la que adquirirían nueve aviones con 25 años de uso junto a otros siete con un promedio de 32 años o en otras palabras chatarra de los desiertos

---

[516] https://infoturdominicano.com/rd/pawa-dominicana-concluye-1ra-etapa-de-expansion-con-el-inicio-del-vuelo-santo-domingo-miami/
[517] https://www.elcaribe.com.do/sin-categoria/pawa-realiza-vuelo-inaugural-habana/
[518] https://aerolatinnews.com/industria-aeronautica/pawa-contempla-incorporar-siete-boeing-767-con-capacidad-para-247-pasajeros/
[519] https://www.aviacionnews.com/2016/12/pawa-dominicana-planea-una-fuerte-expansion-en-2017/

muy probablemente para canibalizar sus aviones. Es también la fase en la que la embajada estadounidense sostiene que vendió parte de las acciones de la aerolínea, operan en el mercado de valores, sumando cien millones de dólares a su proceso de capitalización con el que compra los antiguos DC-9.

Pero en el ínterin, había creado su segundo intento de internacionalización esta vez en República Dominicana, llamado PAWA y volaba hacia uno de los micro-mercados más infernales del Caribe.

Una reflexión obligada, distinta y obligatoria sobre CADIVI

AEROLINEAS EXTRANJERAS	
AMERICAN AIRLINES TSV	1.862.644.921,00
AIR FRANCE TSV	743.188.999,00
COMPAÑIA PANAMEÑA DE AVIACION, S.A. TSV	625.248.696,00
IBERIA LINEAS AEREAS DE ESPAÑA S.A. TSV	449.554.866,00
DEUTSCHE LUFTHANSA AG TSV	428.361.365,00
AEROVIAS DEL CONTINENTE AMERICANO, S.A (AVIANCA) (ANTES AE TSV	377.594.659,00
AIR EUROPA LINEAS AEREAS C.A. TSV	311.670.092,00
LINEAS AEREAS COSTARRICENSE, S.A. TSV	287.964.032,00
TRANSPORTES AÉREOS PORTUGUESES TSV	286.261.072,00
LAN AIRLINES, S.A (ANTES LINEA AEREA NACIONAL CHILE SA) TSV	279.726.537,00
DELTA AIR LINES INC TSV	239.057.260,00
ALITALIA COMPAÑIA AEREA ITALIANA SA TSV	204.205.294,00
CONTINENTAL AIRLINES TSV	157.937.190,00
IBERIA LINEAS AEREAS DE ESPAÑA SOCIEDAD ANONIMA OPERADOR TSV	142.305.573,00
CIA.MEXICANA DE AVIACION, S.A. DE C.V. TSV	126.931.925,00
ALITALIA LINEE AEREE ITALIANE S.P.A. TSV	108.356.027,00
AIR CANADA TSV	82.882.052,00
AEROLÍNEAS ARGENTINAS, S.A TSV	81.431.385,00
INSEL AIR INTERNATIONAL B.V, SRL (ANTES INSEL AIR INTERNATION TSV	80.953.496,00
TAM LINHAS AEREAS, S.A. TSV	53.960.707,00
VRG LINHAS AEREAS,S.A (ANTES VIACAO AEREA RIO GRANDENSE) TSV	50.662.641,00
AEROVIAS DE MEXICO S.A. DE C.V. TSV	25.650.688,00
CARIBBEAN AIRLINES LIMITED, C.A. TSV	21.775.609,00
CUBANA DE AVIACION S A TSV	17.724.374,00
TIARA AIR NV, S.A. TSV	14.254.145,00
AEROVIAS DE INTEGRACION REGIONAL TSV	11.778.086,00
PERLA AIRLINES, C.A TSV	4.994.800,00
DUTCH CARIBBEAN AIRLINE N.V. TSV	1.586.892,00
	7.078.663.383,00
DEUDA (CENCOEX Y OTROS)	3.089.420.887,00
	10.168.084.270,00
CUPO TARJETAS EXTERIOR (2005-2013)	20.902.455.308,00
AEROLINEAS NACIONALES	
ASERCA AIRLINES, C.A. TSV	145.407.750,00
AVIOR AIRLINES, CA TSV	143.271.951,00
AEROPOSTAL ALAS DE VENEZUELA C.A. TSV	57.751.245,00
LÍNEA AEREA DE SERVICIO EJECUTIVO REGIONAL C.A. TSV	52.013.237,00
RUTAS AÉREAS DE VENEZUELA RAV, S.A. TSV	25.820.605,00
	424.264.788,00
	4,17

Cadivi, es decir, el último gran régimen de control de cambios venezolano, será recordado por siempre como uno de los más grandes clásicos del despelote y perdurará en las mentes de generaciones enteras. Para unos representa la corrupción mayor, para otros la oportunidad de viajar prácticamente gratis y subvencionados por el gobierno a conocer el mundo y para otros más, la posibilidad de ganarse un dinero extra que nunca viene mal. Pero este escrito es sobre transporte aéreo y conviene revisarse desde ese ángulo.

CADIVI y el 66/33

Desde 2007 hasta 2013 que es considerado como la etapa cumbre de los viajeros, las aerolíneas nacionales transportaron 64 millones de pasajeros, contra las aerolíneas internacionales que transportaron 58 millones. Pero las nacionales apenas recibieron el 4,12% de los recursos de funcionamiento y cero, repito cero, de los más de cuatro mil millones de capitalización.

Y aquí el primer problema es el de la programación cultural del venezolano, la mayoría al ver el cuadro de arriba, observará como algo normal que las aerolíneas extranjeras recibieran diez mil millones de dólares y las venezolanas esa minúscula cifra porque, al fin y al cabo, son extranjeras y viven en dólares y euros. Pero en realidad, no es lo normal y debería ser todo lo contrario. De hecho, lo normal es que trajeran dólares y que su balanza comercial estuviera en favor de Venezuela o como máximo, recibieran una fracción de lo que se les dio.

Y esto conviene explicarlo al detalle. Existe un estándar en todo país del mundo donde la política consiste en proteger a su industria y de allí parten las leyes de reciprocidad que gestionan, de una manera moderna y estandarizada, el espectro aeronáutico y de frecuencias desde la década de los cuarenta[520]. Eso es algo que sabemos todos, ya que equilibran las rutas y frecuencias lo que significa que un avión de Viasa, podía aterrizar en proporción a la ruta de Pan American o, en otras palabras, si usted desea aterrizar en mi pista, yo debo tener el derecho de aterrizar en la suya.

Pero no todo era tan fácil como la diplomacia equilibrada. Aeropostal podía tener un DC-3 y Pan American un Constellation, o después Viasa un SuperConstellation y PanAmerican un Boeing 707 y desequilibrar la ruta. Por lo que como dijo el famoso piloto Karel Van Miert, a la postre comisario europeo de transportes y competencia durante la integración de ese mercado a principios de los noventa: "En economía de mercado, los grandes comen a los pequeños" por lo que, a su juicio, había que "añadir la necesidad de salvaguardar la pluralidad democrática" porque esos pequeños "no pueden sobrevivir a la fuerte concentración del poder económico"[521].

Y es allí cuando las políticas de incentivo industrial, las reglas de juego y la promoción industrial -los colombianos están orgullosos de su LAN y los colombianos de su Avianca- incidieron mucho sobre estas políticas de competencia y a través de los años el manejo profesional de ese espectro de rutas y frecuencias ha dado un estándar

---

[520] La proporcionalidad comenzó en realidad desde mediados de los años treinta, pero no fue hasta finalizada la Segunda Guerra Mundial que la Conferencia Internacional de Aviación Civil, pidió la uniformidad y esto conllevó al primer convenio de 1950.
[521] The Internationalisation of Competition Rules. Brendan J. Sweeney. Routledge, 2009

del 66/33, o lo que significa que los estados respectivos se planifican e incentivan su industria aeronáutica para que lleve la mayoría de sus residentes y exista una compensación más o menos igual a un tercio de otros. En palabras sencillas, tu traes a los tuyos y yo llevo a los míos. Pan American traía y se llevaba en su mayoría a los residentes estadounidenses y Viasa debía hacer lo propio con sus locales.

¿Qué ocurre con la parte minoritaria? Pues existe una lógica del usuario de aerolíneas como por ejemplo el chileno que necesita ir a Delaware y preferiría usar Continental, como el residente de Birmingham que necesitaba ir a Valparaíso y usaba LAN Chile, o de aquellos países que usan líneas de Estados Unidos en tránsito y es allí donde radica la magia de las tarifas y la sana competencia dentro de los sistemas aeronáuticos. Por ejemplo, el de una agencia de viajes de Corea o Singapur que encuentra un paquete más barato a través de United Airlines para llegar a Caracas o el de un noruego o un húngaro que use a KLM o un sueco, Alitalia para lo mismo. Pero a su vez, eso actúa como un mecanismo de compensación financiero que en la práctica funciona como una balanza de pagos.

Vamos con un ejemplo de esto usando a Colombia. En el año 2019, arribaron 705.359 estadounidenses a ese país o lo que representa la misma cantidad de pasajeros revenue, que es lo suficiente para llenar -aplicando el factor de carga- doce vuelos diarios a los Estados Unidos. A esto se le debe sumar la cifra de más de cerca de 220.000 colombianos que viajan desde Estados Unidos, que es su lugar de residencia, lo que proporciona unos cuatro vuelos adicionales al día para un total de más de novecientos mil pasajeros.

Profundizando en este ejemplo, American Airlines, que sin duda es la mayor estadounidense en Colombia, transportó en 2019 a cerca de 780 mil pasajeros[522] y si posee el 65% del mercado entre las americanas, significa que al menos dos tercios de sus ingresos fueron de residentes y en dólares mientras que cerca de otro tercio fue en pesos colombianos y con estos puede pagar parte de sus gastos locales y el combustible, mientras tiene que traer dólares a Colombia para completarlos.

---

[522] https://www.reportur.com/aerolineas/2020/02/18/american-crecio-8-transporte-pasajeros-colombia/

Esto significa que las aerolíneas estadounidenses ingresaron por cuenta propia, cientos de millones de dólares y tuvieron que transformar parte de esos dólares a pesos, para pagar combustible y gastos. Y esto es lo que ocurre en todas partes, las aerolíneas de Argentina en 2019 llevaron a dos tercios de los pasajeros locales a sus destinos internacionales y el otro tercio son los que captan por el uso de sistema integral y viceversa. Se trata entonces de un proceso de compensación internacional que es clave para que funcione la industria.

Hay algo importante, esta no es una norma escrita sino un estándar natural que emerge de los números y del respeto existente a las industrias aeronáuticas de los países. En Chile, que fue la pionera de la protección tan temprano como en 1930, la proporción es 80/20, tres líneas están autorizadas para operar y trasladaron en 2019 a 288.164 de los cuales cerca del 80 fueron estadounidenses, mientras que su aerolínea transportó al 52% del total de pasajeros.

Por eso lo normal, en un país normal, es que las aerolíneas internacionales traigan a sus nacionales y en el caso por ejemplo de Iberia, entre 2007 y 2012 solo en sus nacionales y otras nacionalidades le daba perfectamente para tener cinco frecuencias a la semana, con un buen factor de carga, a lo que se podría sumar un 30% más de pasajeros venezolanos, para llegar a una frecuencia diaria, con un factor de ocupación sobre el 80% y es en la planificación estratégica de un estado, donde radica que su industria funcione o no.

Ya que hablamos de un país normal, usted podrá con toda razón explicar que en uno no habría control de cambios, pero quitando eso y situándonos en Finlandia en 1990 o en África del Sur en 2012, aún si hubiera existido uno temporal y en el mismo contexto de lo sucedido, las aerolíneas nacionales habrían sido las que recibieron los dólares y las internacionales, una fracción.

Pero ahora, revise nuevamente el cuadro de arriba y observará con preocupación que le dimos el mismo dinero a la aerolínea de Costa Rica, que a las dos más grandes de Venezuela, solo para llevar venezolanos a gastar su cupo.

CADIVI y el 33/66

Ya usted lo ha descubierto y es cierto. En un país normal, lo que se dice normal, el control de cambios tampoco les habría dado muchos recursos a las aerolíneas, porque su política de compensación en dólares les habría funcionado perfectamente. Pero el sistema de cabotaje propio de los venezolanos, imposibilitado y aislado, necesitaba protección.

Esto bien merece otra explicación. Un avión, como más tarde explicaremos, es un activo que funciona en dólares o euros. Se compra en esas monedas y, por ende, se deprecia y amortiza en esas monedas. Cada dieciocho meses, usted debe enviar a su avión a una reparación mayor y cada cinco a un overhaul, por lo que en cada boleto que usted venda, debe estar presente ese monto para depositarlo en un fondo de reserva de mantenimiento mayor.

En cada boleto deben estar presentes, la parte de los repuestos y consumibles, el seguro internacional del avión, el sistema de reservas y las tarifas internacionales obligatorias y eso, no importa si usted se encuentra en Estados Unidos, Kenya o Vietnam, le va a costar cerca de tres millones de dólares por avión si lo compró al armador y poco menos de dos millones si es usado.

De hecho, es más barato en Estados Unidos que en Tailandia por aquello que en finanzas aeronáuticas se denomina "Carga de Mantenimiento" o costos indirectos que no tienen las estadounidenses bien por su economía de escala, financiamiento en la cadena de suministros y cercanía. Pues no es lo mismo enviar a reparar un motor en Miami, que hacerlo en Venezuela y mientras más se aleja la aerolínea de los centros de suministros, más caro es, por no hablar de aquellas que compran aviones fuera de línea de producción.

Le pongo un ejemplo. Si usted compró en 2012 un MD-80 con veinte años de uso, debió amortizar y depreciar a razón de 523 mil dólares anuales y añadir otros cien mil para cubrir sus costos de haberlo puesto en marcha[523]. Pero a su vez, contemplar la posible

---

[523] Por supuesto que un buen mantenimiento puede alargar la vida útil de cualquier avión. Pero financieramente el proceso concluye a los treinta años porque se vuelve sumamente costosa la operación, esto si el avión se encuentra en línea de ensamblaje como un 737 y cuenta con los repuestos y una cadena sólida de suministros. En el caso del MD-80 en cadena descendente la lógica financiera indicaba la depreciación acelerada y el test de impedimento a partir de 2019.

compra al finalizar el proceso, de un Boeing 737 con veinte años y contar al menos con parte de ese nuevo costo para financiar la operación[524] y enfrentar cada año costos mayores de mantenimiento porque no es lo mismo un automóvil nuevo, a uno con veinte años y eso es la misma proporción en el sector aeronáutico. Volar con un MD-80 como nos afirmaba un alto gerente de mantenimiento, equivale a tener una línea de taxis con Brasilias. ¿se puede operar? Por su puesto, pero cuando usted llame a Boeing y lo pongan en espera por semanas, solo para atenderlo, entenderá los costos indirectos.

Un avión viejo, no es inseguro si se mantiene bien, pero como un automóvil de más de veinte años, tendrá pequeños desperfectos muy seguidos que, si bien no lo detienen completamente, imposibilita que vuelen con mucha más frecuencia que uno nuevo.

Y esto lleva a una de las distorsiones propias por no tener políticas aeronáuticas y que se ven como algo normal cuando en realidad son excentricidades financieras, como por ejemplo al tener una flota antigua y con problemas temporales constantes, es necesario contar con un avión de reemplazo que usualmente vuela menos que el resto de la flota porque debe estar disponible. Por lo tanto, ese avión tiene los mismos costos, pero no ingresa el dinero suficiente cargándoselo al resto de la flota.

Por lo tanto, Cadivi, siendo justos con los propietarios de las aerolíneas, les entregó el dinero justo o incluso menos en algunos casos, que el necesario para operar. Pero a su vez, no les entregó un solo centavo de inversión, depreciación o amortización.

---

[524] Un 737 con cerca de veinte años, puede costar entre los 15 y los 18 millones de dólares, más la inversión de un mantenimiento mayor y puesta a punto, lo que la inversión puede estar entre los 17 y los 20 millones de dólares.

Cadivi y la capitalización aeronáutica.

Para el año 2010, American Airlines tenía, una pérdida cambiaria de 53 millones de dólares que tuvo que enfrentar. De la noche a la mañana se había quedado sin la mitad de su dinero. Pero esto no era solo el problema pues como no le permitían repatriar sus ganancias y lo concerniente al capital -porque CADIVI estaba diseñado para descapitalizar- y para 2014 tenían contabilizados en los bancos más de seiscientos cuarenta millones de dólares a distintas tasas y se vieron en la necesidad de paralizar el ingreso en la moneda local, como un mecanismo de control de pérdidas y acusaron una pérdida de otros 43 millones de dólares.

Ya en el año 2015 aceptaron finalmente que: "hemos reconocido un cargo especial de $592 millones para cancelar todo el valor de los bolívares venezolanos que teníamos, debido a la continua falta de repatriaciones y al deterioro de las condiciones económicas en Venezuela"[525] al final, las pérdidas en el balance fueron verdaderamente monstruosas.

Al final, las pérdidas aceptadas por la estadounidense rondaron los ochocientos millones de dólares, que se dicen fácil, pero es el equivalente a haber comprado un Boeing 787 dreamliners y cuatro 737 Max con sus repuestos a este se le suman, los 150 millones de dólares perdidos por United y Delta, con lo que se pudo haber comprado otro Max-10[526], los dos Airbus A320neo que pudo haber comprado Iberia si no hubiera perdido ese dinero y no es necesario continuar, con el dinero que perdieron y la deuda pendiente, se pudo haber comprado para Aeropostal, seis Boeing 787 y diez 737-Max, así como construir un hangar de mantenimiento moderno.

Cadivi, como sabemos, no permitió la capitalización, ni la repatriación de dividendos, ni había capítulo para amortización o depreciación de activos aeronáuticos, mucho menos para programas de conversión, sustitución o inversión aeronáutica porque estaba desde un principio diseñado para descapitalizar a la industria. Pero lo que la mayoría si vio, fueron los seis 737 de Avior, adquiridos entre

---

[525] American Airlines Annual report pursuant to section 13 or 15(d) of the Securities Exchange act OF 1934 For the Fiscal Year Ended December 31, 2015
[526] Ibidem. United y Delta, Year Ended December 31, 2016

2003 y 2012[527], así como vio también el proceso de sustitución de flota de Aserca por los seis MD-80. Y todo esto fue realizado con esfuerzo propio a través del mercado de capitales, endeudamiento con bancos y no poco músculo propio. Por lo tanto ¿Cuánto dinero le entregó CADIVI a las líneas aéreas locales? Poco menos de un tercio de lo que en realidad hubieran requerido, entre inversión, operación y capitalización.

Como dijimos desde un principio, la programación cultural del venezolano impide defender a los empresarios y el fenómeno Cadivi impide hacerlo con propiedad. ¿Qué los empresarios tuvieron que buscarle la vuelta? Esa sería una discusión para hacerse en un terreno que lo permitiera, pero el país no está en condiciones de abrir un debate semejante, porque como Bouilloux-Lafont, cuando la política buscaba sacarlos de en medio, tuvieron que recurrir a sobrevivir.

¿Fue un buen negocio? Párese hoy en la rampa de Maiquetía y observe el aterrador presente en el que las pérdidas del capital con aviones que ya no vuelan, son mucho más que aterradoras que las de American Airlines.

CADIVI y el despelote suicida.

Mejor situémonos sobre la rampa en el internacional de Maiquetía en diciembre de 2012 como a las diez de la noche. La economía de Venezuela es más grande que la de Colombia y cien mil millones más que la chilena[528], la inflación si bien es una preocupación porque llegó al 21%, observa que ese año ya salieron 1,8 millones de personas a Estados Unidos, cerca de 800 mil a España y no deja de impresionar que otras 600 mil y 400 mil viajaran a Perú o a Francia y 715 mil a Bogotá por no hablar de tantas otras.

Pero aquí queremos que preste su atención a las puertas. Allí se encuentran los nuevos aviones de Aeropostal. No deja de

---

[527] YV-643C (2003), YV-917C (2004), YV-187T (2005), YV-234T (2006), YV-343T (2007), YV-340T (2007), YV-488T (2011)
[528] Venezuela 372b, Colombia 370b y Chile 267b

impresionarle los seis flamantes 787 dreamliners de la Boeing y frente a estos se encuentran ocho 737 Max, dispuestos para sus rutas de la mañana siguiente y un poco más atrás, los diez Embraer 175 recién comprados también a Brasil para las rutas de cabotaje, con una flota que promedia apenas 3.1 años, junto al hangar de mantenimiento que ha costado doscientos millones de dólares. Ha sido una de las inversiones más grandes acometidas por Venezuela y que le han costado cerca de tres mil quinientos millones de dólares.

Pero usted no está en cualquier rampa. Acometió la misma remodelación que los colombianos en El Dorado y le ha costado otros quinientos millones, así como el modernísimo tren rápido que construyó por mil millones más y que ahora lo lleva desde Caracas al aeropuerto en menos de veinte minutos. Todo esto le ha costado cinco mil millones de dólares.

Pero el gobierno no se ha quedado allí y ha invertido 1300 millones más en comprar dieciséis Embraer 175 y cuatro 737 Max para hacer una compañía de arrendamiento financiero y estimular al sistema privado para que se desarrolle, porque no le conviene el monopolio estatal y sabe que la competencia es lo más sano, para que pueda haber calidad de servicio y dos compañías locales cuentan con dos 737 Max y ocho embraers, más un Max más al que se ha prestado como fiador para que las privadas empiecen a tener línea de crédito. Pero no es gratis, el gobierno va a ganar dinero con esa operación y además ha obligado a los privados a buscar recursos y construir el hangar más moderno de mantenimiento para los Embraer.

En total, le ha costado todo seis mil trescientos millones de dólares. ¿Es eso mucho dinero? Eso lo hubiéramos podido financiar, apenas con el 20% del despelote cambiario, es decir en vez de haber regalado cinco mil dólares a cada viajero, le hubiéramos dado cuatro, en vez de esto tres mil doscientos y en vez de tres mil, dos mil cuatrocientos. Solo necesitábamos planificar lo mínimo, en vez de darle a las aerolíneas extranjeras diez mil millones, le hubiéramos dado ocho mil y nosotros invirtiendo en una buena aerolínea y llevando apenas un 20% de los venezolanos que se llevaron[529].

---

[529] Usamos la lógica que se empleó. El comentario no sugiere que estemos de acuerdo con esa entrega de recursos ya que en un país normal esto no ocurre, ni sus recursos se regalan de esa manera.

¿Qué hubo corrupción? No se puede ocultar. Pero debemos comprender algunas cosas importantes. En un país normal, las aerolíneas compran sus aviones en Boeing y Airbus, no van a desiertos a comprar chatarras, las aerolíneas ingresan en moneda local y extranjera, no necesitan dinero del estado. En la mayoría, los precios de las tarifas corresponden al mercado y a la viabilidad financiera de la industria, en un país normal no hay control de cambios, ni corralito de financiamiento industrial. Existe planificación aeronáutica y reglas de juego claras.

Pero dentro de ese mundo anormal, las compañías aéreas locales y únicamente entendidas como las de cabotaje que llevaron a sesenta millones de pasajeros, recibieron el dinero justo para operar precariamente. ¿Qué algunos empresarios usaron trucos para obtener tales recursos? Es innegable y consabido. Pero ese dinero se usó para operar. En un mundo normal, no habrían tenido que apelar a tales trucos.

Podemos leer los artículos de prensa que sacaron a manera de prueba de corrupción contra algunos operadores o podemos entender la otra versión, cuando Aserca tuvo 18 fallas mayores y tuvo que reemplazar seis motores durante ese lapso, los motores no se construyen en una fábrica de Maracaibo. Pero lamentablemente nuestra programación cultural, prefiere creer que el empresario se hizo rico gracias al control, aun cuando ya lo era y no compró los aviones con el control.

Y aquí nuevamente hay que ponerse en los zapatos de los industriales aeronáuticos a partir de 2006, cuando comienzan las expropiaciones de todo aquello que se considerara estratégico. Cuando vieron lo ocurrido con las comunicaciones, la electricidad, la alimentación, los bancos y comprendieron, que cada día podía ser el último.

Ahora estudiemos nuevamente el cuadro del comienzo y entendamos juntos, que la chatarra inviable que tenemos hoy, fue producto principalmente del Síndrome Bouilloux-Lafont y en segundo lugar del despilfarro masivo de recursos, pero nunca de la corrupción.

Aserca, la tercera escuela

La tercera fase administrativa es la misma que la de Avensa. Se trata simplemente la del declive que ocurre entre diciembre del 2012, el fin de Cadivi, la decisión de cerrar de forma programada en 2016 y su cierre. Enero es el mes en el que se suspende el control de cambios, las aerolíneas dejan de vender boletos y se acaba el mercado de "pasajeros fantasmas" que eran el 30% de los boletos vendidos[530], pero también el final de la subvención a los pasajeros que eran otro tercio más que ya no volarían haciendo que en los siguientes doce meses se vendieran solo la mitad de los pasajes del año 2013[531].

Entre diciembre y enero de 2013 habían renunciado buena parte de la alta gerencia que intuían que la empresa había llegado al punto de quiebre y Simeón García tuvo que recurrir a colocar de presidente de Aserca a su directora de la fundación "Alas Solidarias" que vivía en Miami desde 2007[532] y después a la vicepresidenta comercial que apenas tenía dos años y medio de experiencia en aerolíneas[533] ya que había sido la editora de la revista de a bordo de la compañía, con un empleado en calidad de encargado de la Dirección General y a el apoderado judicial de la aerolínea como Presidente de la Junta Directiva. Mientras eso ocurría su vicepresidente, quien había entrado en 1995 a la compañía como cargador de maletas[534] y había "ocupado posiciones importantes en varias ciudades del país"[535] fue posteriormente nombrado director comercial y con dos años en ese cargo fue nombrado gerente general de Santa Bárbara Airlines. Este último falleció a los pocos meses y fue sustituido por el gerente de presupuesto, que a los seis meses fue nombrado presidente de la

---

[530] https://www.hosteltur.com/112100_pasajeros-fantasma-llenan-vuelos-internacionales-venezuela.html
[531] https://www.analitica.com/economia/bajo-43-venta-de-boletos-al-exterior/
[532] https://www.diariocritico.com/noticia/425524/emprendedores-2020/lesly-simon:-las-manos-son-para-dar-no-solo-para-recibir.html
[533] https://ve.linkedin.com/in/lenis-toro-ditta-93-consultor-especialista-branding-marketing-estrategico-digital-rrss889866
[534] Revista Condor 7, Especial 23 aniversario de Aserca
[535] http://www.primera-clase.com/2010/03/10/roberto-denis-nuevo-director-comercial-de-aserca-airlines/"

aerolínea. En otras palabras, su experiencia para dirigir una aerolínea fue dieciséis meses como gerente de presupuesto y seis meses como vicepresidente[536].

El 7 de agosto de 2014 la aerolínea despide al último DC-9[537] y apenas puede mantener operando cinco aviones porque el resto carece de las divisas para comprar los motores mientras su aerolínea hermana, Santa Bárbara, apenas puede operar dos aviones[538]. A finales de 2014 los pasajes internacionales son cobrados en dólares, pero los nacionales (cuadro izquierdo) han quedado atrapados en el esquema cambiario, la devaluación, las tarifas congeladas con una inflación del 64% y la imposibilidad de adquirir dólares regulados, a tal punto, que el vuelo más barato podía costar cuatro dólares y el más caro diez, comenzando las pérdidas profundas para las aerolíneas locales.

Es aquí cuando Simeón García y su junta directiva deciden no invertir un centavo más y apostar por su aerolínea de República Dominicana. En Venezuela el "precio justo" de un pasaje para la superintendencia estaba siendo "reevaluado"[539] autorizándose en mayo un ligero aumento, pero frente a una inflación del 122% y una devaluación que había pasado de cien a cuatrocientos bolívares por dólar, el pasaje llegaría a costar dos dólares y para diciembre de 2015 uno[540].

---

[536] https://es.linkedin.com/in/alejandro-delgado-11989531
[537] https://aerolatinnews.com/industria-aeronautica/tendencias/aserca-airlines-despide-al-ultimo-dc9-de-su-flota/
[538] https://runrun.es/runrunes-de-bocaranda/142281/aerolineas-nacionales-de-120-aviones-solo-vuelan-62/
[539] https://www.americaeconomia.com/economia-mercados/finanzas/venezuela-en-2015-la-sundde-preve-adecuar-precios-de-72-rubros-de-la-econ
[540] https://finanzasdigital.com/2015/05/aeropostal-publica-sus-nuevas-tarifas-para-vuelos-nacionales/

García sostiene que llegó la última crisis. Desde 2015 habían comenzado "los obstáculos para ejecutar una competencia sana (..) las tarifas estaban ancladas sobre un dólar oficial que en el mercado abierto estaban 30 o 40 veces por encima de esa realidad (..) llegamos a volar Caracas-Maracaibo por un dólar cincuenta, Caracas-Margarita por noventa centavos" por otra parte se había acabado el control de cambios y el estado "no te iba a reconocer ningún compromiso que adquirieras (mantenimiento, repuestos, seguros etc.) haciendo inviable la actividad de una manera responsable".

"Los presidentes de aerolíneas tenemos una responsabilidad muy directa en caso de cualquier accidente (..) me monto en el año 2016 que es cuando realmente tomamos la decisión de continuar o no en el negocio de la aviación y es allí cuando se toma la decisión que se ejecuta hasta el primer trimestre del año 2018" al preguntarle cual fue la decisión "frente a la hostilidad del mercado (precios irrisorios congelados) era imposible sostener los estándares de seguridad y los compromisos como estaban asumidos (..) un ejemplo de eso eran los estándares IOSA en los que te auditan compañías privadas (..) pero esos compromisos generaban muchas más responsabilidades (y costos)".

"La decisión la tomó la Junta Directiva (..) se analizaron las siguientes variables (..) la operación recibía uno (dólar), costaba tres y había que invertir cinco ¿Cómo justificas frente a un auditor externo algo que es inviable?" de esta manera en 2016 comienza a ejecutarse el segundo cierre programado de una aerolínea en Venezuela.

Nadie lo sabía hasta ese momento salvo los miembros de la Junta, pero la aerolínea PAWA había dejado de pagar proveedores básicos y estaba insolvente, el 6 de julio le suspendieron los servicios de luz en el aeropuerto[541], mientras que la compañía concesionaria del aeropuerto exigiría un informe de solvencia de la aerolínea ya que: "desde inicios de este año, de manera reiterada, PAWA se ha

---

[541] https://elnuevodiario.com.do/83333-2/

retrasado no sólo con los pagos a Aerodom, sino a otros proveedores de servicios aeroportuarios, lo cual ha sido oportunamente notificado a las autoridades, igual que otras irregularidades, como la entrada clandestina de alimentos a las aeronaves por personal no acreditado como prestador de estos servicios" y explicó públicamente que "Aparentemente esa empresa no tiene la capacidad de cubrir sus gastos más básicos y operativos"[542]. García había renunciado en mayo a la presidencia[543] y unos meses más tarde renunciaría personal directivo clave[544].

El plan de cierre estaba en plena ejecución cuando en agosto empezaron a cancelar los vuelos de Aserca de Caracas a Dominicana[545] mismo mes en el que las autoridades cancelaban a Santa Bárbara la ruta de Panamá por "la poca capacidad operativa que tiene la aerolínea"[546] para quedarse solo con su vuelo a Miami que era operada en chárter "porque no dispone de ningún avión operativo".

Los últimos tres meses del grupo Cóndor en 2017 representan el colapso final, la aerolínea PAWA estaba intervenida, Santa Bárbara había dejado de volar y desmentía públicamente la quiebra[547] las autoridades la suspenderían en enero advirtiéndole de la suspensión definitiva[548] mientras que en Aserca funcionaban solo tres aviones que terminaron siendo apenas uno, pues no podían pagar los seguros de las aeronaves hasta que se le suspendió el permiso el 19 de febrero de 2018[549].

Al mismo tiempo que las redes sociales se publicaba la suspensión de las actividades de Santa Bárbara, ocurría lo propio en

---

[542] https://www.efe.com/efe/america/economia/empresa-dominicana-pedira-evaluar-la-solvencia-economica-de-aerolinea-pawa/20000011-3319640
[543] https://bohionews.com/aerolinea-pawa-dominicana-nombra-nuevo-presidente-ejecutivo/
[544] https://www.arecoa.com/aerolineas/2017/08/09/pawa-pierde-a-un-ejecutivo-clave-dimite-alexander-barrios/
[545] https://www.buscardetodo.net/2017/08/nuevo-comunicado-de-aserca-airlines.html
[546] https://runrun.es/internacional/322628/inac-suspende-ruta-entre-venezuela-y-panama-de-aerolinea-sba/
[547] https://runrun.es/nacional/332207/santa-barbara-airlines-reprograma-sus-vuelos-por-contingencia-operativa-y-desmiente-rumores-sobre-quiebra/
[548] https://www.elnuevoherald.com/noticias/america-latina/venezuela-es/article197484004.html
[549] https://www.desdescl.com/2018/02/suspension-de-operaciones-de-aserca-y.html

las redes sociales de Aserca y se conminaba a los pasajeros de PAWA a no presentarse en los mostradores del aeropuerto[550] pues en ese momento las autoridades estaban tomando el control de los activos descubriendo que, de siete aviones, solo uno podía volar[551] y se solicitó una investigación judicial por una deuda de 30 millones de dólares[552].

---

[550] https://airwaysmag.com/airlines/behind-the-scenes-the-demise-of-sba-aserca-pawa-dominicana/
[551] https://elnacional.com.do/autoridades-asumen-control-bienes-de-pawa-dominicana-de-7-aviones-solo-uno-puede-volar/
[552] https://www.diariolibre.com/actualidad/idac-y-jac-solicitaron-investigar-a-pawa-por-lavado-de-activos-EI9758879

CAPITULO VI
Venezuela, planificación vs. ganga

Los MD-80 llegan y terminan con la burbuja

¿Cuántos MD-80 en sus distintas variantes quedan volando en 2020 en aerolíneas comerciales fuera de Venezuela e Irán? La respuesta es simple: ninguno. De hecho, entre Irán y Venezuela se encuentran la mayoría de los aparatos y de allí hay que descontar otros doce aparatos que vuelan en chárter en Congo, Somalia, Chad, Ruanda o pertenecen a gobiernos del centro de África.

Solo una veintena de MD-80 quedan operando en los Estados Unidos, de los cuales la mayoría se encuentra en carga, otros pocos como aparatos de extinción de incendios y una sola línea de chárter opera cinco principalmente para el transporte de prisioneros y expulsión de inmigrantes o para vuelos hacia y desde Venezuela.

¿Cómo terminaron nuestras rampas con decenas de aviones que ya no podrán volar? Como hemos explicado en escritos anteriores, las redimensiones de líneas de ensamblaje traen siempre cosas buenas y malas y es bueno comprender nuestra historia actual partir de los activos aeronáuticos como el MD-80.

Sabemos que el 21 de diciembre de 1999 ocurrió un hito en la historia de la aviación. Boeing hizo entrega del último MD-80 a TWA[553] y explicó que la conversión a otro modelo sería aceptada en los acuerdos de compra con descuento, todo en un plazo que no debía exceder los diez años a partir de esa fecha. Esto quería decir que todas las aerolíneas que habían comprado un MD-80 podrían establecer convenios a descuento en Boeing para eliminar el aparato de sus flotas si lo sustituía por otro modelo de la compañía.

El 17 de abril del año 2007 la industria de las aerolíneas fue sacudida por la noticia de la Junta Directiva de American Airlines[554], cuando explicaron que el avión MD-80 sería reemplazado a partir del año 2008 a través de un convenio de conversión con Boeing y el cronograma se ejecutaría en un plazo de apenas diez años. La noticia cayó como una bomba y se expandió en la industria como el fuego,

---

[553] https://boeing.mediaroom.com/1999-12-21-Boeing-Delivers-Last-Ever-MD-80-To-TWA
[554] https://news.aa.com/news/news-details/2007/American-Airlines-Accelerates-737-Deliveries/default.aspx

porque American Airlines operaba más de un tercio de los aviones construidos y seis meses más tarde, explicaron a los mercados el "mayor acuerdo de la historia con Boeing".

La noticia era aún más relevante, porque a diferencia de lo ocurrido con el famoso DC-9 que se le permitió operar durante 30 años después de su cierre de su línea de producción, conllevaba el fin del camino para toda una gigantesca flota de más de dos mil aviones operando -contando el DC-9 y los 727- más unos doscientos militares en distintos países, cortando una década de vida a todos los aparatos. El problema, no solo eran los nuevos aviones con más prestaciones y menos consumo de combustible, sino el motor que también había sido sacado de la línea de producción y que apenas quedaba operando en estos aparatos y en algunos aviones de la Fuerza Aérea norteamericana, japonesa y.

De hecho, ese motor fue el que le permitió operar al DC-9 durante treinta años, porque había suficientes componentes y motores en las líneas de producción, ya que el DC9-81 no era otro que el MD81 y en flotas como la del M-82,83 y88, también quedaban volando algunos 707 y cerca de setecientos 727 junto a unos cuantos de la Fuerza Aérea norteamericana o el carguero Kawasaki C-1 que en su conjunto representaban cinco mil motores.

Por eso el problema de la noticia era extremo para quienes tenían un Boeing 727-100 o 200 o cualquier MD-80. Japón ordenó ejecutar de inmediato (en 2008), el reemplazo de los aviones que usaban el motor y explicó en los medios que el C-1 sería reemplazado por completo en 2018 por el nuevo C-2[555].

Desde que se recibió la noticia del final de las líneas de producción, el 727 había sido urgentemente eliminado de los balances y entre el 2000 y el 2007 no quedaría operando alguno en las grandes líneas estadounidenses, salvo en FEDEX, uno de los mayores operadores del 727-200 que operaba con la misma turbina, había

---

[555]https://web.archive.org/web/20090211083036/http://www.chunichi.co.jp/hold/2008/ntok0011/list/200711/CK2007111002063769.html

decidido "cambiar los aviones por tecnología más limpia"[556] deslistando 177 aviones entre 2001 y 2013, fecha en la que se dio el vuelo de despedida al último 727-200 de la flota[557].

La industria no perdió un segundo de tiempo y menos en Europa. Los grandes operadores del MD-80 como Alitalia los retiraron de inmediato apelando a la renta de Airbus A319-320, mientras que el mayor operador, Scandinavian, se dio un plazo de 6 años para convertir su flota[558] y reemplazó sus 33 aviones en 2012. A estos los siguieron SwissAir quienes lo hicieron también en ese plazo de tiempo[559]. Iberia hizo lo propio en su balance desde 2007 y los retiró de inmediato de la flota como lo informaron en el balance: "En el ejercicio 2008 el Grupo reclasificó los aviones de la flota MD, para los cuales existen acuerdos de venta que prevén su entrega durante los próximos ejercicios" ejecutando los "280 millones de euros de amortización acumulada y 54 millones de euros de provisiones por deterioro" para adquirir A320[560].

Lo mismo ocurrido en Japón[561] ocurrió en China, quienes sacaron de inmediato de circulación a sus flotas de MD-80 y Latinoamérica no fue la excepción, México los sacaría del camino en los siguientes tres años[562] mientras que la Argentina Austral, los dio de baja entre 2008 y 2012[563]. Aerolíneas Argentinas que se debatía entre la declaración de quiebra y la reestructuración sacó de sus balances a todos los MD-80, mientras trató de vender apenas 3 aviones en el mercado secundario y las operadoras como Aero

---

[556] https://s21.q4cdn.com/665674268/files/doc_financials/annual/2002/2002annualreport.pdf
[557] https://newsroom.fedex.com/newsroom/end-of-an-era-as-fedex-express-retires-last-b727/#:~:text=MEMPHIS%2C%20Tenn.%2C%20June%2021,world's%20largest%20express%20transportation%20company.
[558] https://www.flightglobal.com/sas-views-re-engined-a320/737-as-possible-md-80-successor/92547.article
[559] https://www.swiss.com/corporate/EN/media/newsroom/press-releases/press-release-20080711
[560] http://media.corporate-ir.net/media_files/irol/24/240950/IberiaAnnual/InformeCuentasAnuales2009.pdf
[561] https://monocle.com/monocolumn/business/jal-hits-turbulent-times/
[562] https://www.informador.mx/Economia/Aeromexico-sustituye-su-ultimo-avion-MD-80-20090615-0017.html
[563] http://linea-ala.blogspot.com/2014/11/que-fue-de-los-md-80-de-austral-lineas.html

República -que operaba 12- en leasing, no renovó los contratos y eliminó toda su flota entre el 2007 y el 2009[564].

Aquello era un verdadero frenesí y el 90% de la flota no era para la venta, los estaban sacando del balance y llevándolos a las empresas de chatarra, avalando el hecho de que en 2018 no habría más repuestos ni motores.

En los Estados Unidos los primeros en salir de los aviones fueron los pequeños operadores, seguidos de Alaska que operaba 48 y desde la noticia generaron su plan radical de 18 meses, para reemplazar los aviones como bien lo indicaron en sus balances[565], la estampida fue tan radical que en rueda de prensa presentaron a sus inversionistas al último MD-80 a ser sustituido por un 737-800, habiendo logrado la transición cuatro meses antes de la fecha pautada en el programa[566]. Spirit Airlines también se deshizo de los existentes en apenas dos años, explicó en sus balances que: "(3) Los cargos especiales incluyen: (i) para 2007, montos relacionados con el retiro acelerado de nuestra flota MD-80"[567] y se declaró la aerolínea más verde de los Estados Unidos, comparándose contra aquellos que seguían usando el MD-80[568], para el 2011 había sacado a todos los MD-80 de sus balances y el resto ya es conocido, que fueron los problemas de American y Delta para deshacerse de sus arrendamientos operativos y financieros.

Pero la burbuja especulativa del dólar preferencial y de la fantasía de llegar a los 22 millones de pasajeros transportados, imposibilitaba tomar decisiones financieras objetivas y mucho menos realizar análisis sobre el gigantesco cambio que se estaba dando en el planeta y en los balances financieros de las compañías, que llegaría a deslistar dos mil aviones y cinco mil turbinas para el año 2019.

---

[564] https://www.planespotters.net/airline/Aero-Republica
[565] https://investor.alaskaair.com/static-files/793c489e-36e7-450d-ac2c-12a9648ebba1
[566] https://investor.alaskaair.com/news-releases/news-release-details/alaska-airlines-completes-transition-all-boeing-fleet
[567] https://s24.q4cdn.com/507316502/files/doc_financials/4Q11-10K.pdf
[568] https://www.sun-sentinel.com/travel/fl-xpm-2012-08-09-fl-spirit-greenest-us-airline-20120809-story.html

En las aerolíneas venezolanas- la decisión de compra del MD-80 fue eminentemente operativa y no financiera, de hecho, llegaron dos años más tarde de la decisión de American Airlines de eliminar la aeronave de su flota en los siguientes diez años y cuando todas las aerolíneas europeas y asiáticas tenían un plazo de desincorporación mucho más radical.

Los últimos MD-80

American Airlines operaba para el año 2000, doscientos sesenta y seis aviones MD-80 de los cuales el 54% era arrendado[569] y entonces ocurrió la quiebra de la famosa TWA cuya proporción de aviones alquilados era casi del 95%, de esta manera American Airlines heredó otros 102 aviones MD-80 de los cuales 75 eran también alquilados[570], para un aplastante número de 378 McDonnell Douglas.

Sin embargo, no existían expertos en el mundo a mediados de la década de los ochenta, que pensaran que el MD-80 pudiera sobrevivir a las nuevas generaciones y tecnologías de aviones de la Boeing y Airbus[571] simplemente porque la compañía McDonnell Douglas estaba muy enfocada comercialmente en sus muy rentables contratos militares (Ah-64, C-17, F-15 y F-18) y esa era precisamente la razón por la que Boeing deseaba adquirirla. Este gigante aeronáutico era socio de Lockheed Martin y estaba tratando de competir por el nuevo programa del Joint Strike Fighter[572], pero no tenía los medios y la experiencia de McDonnell Douglas, por lo que se llegó al acuerdo de fusión[573].

Para Boeing era un juego de ganar-ganar, comprando a su rival no solo podría competir por los contratos militares, sino quitarse de encima a un adversario comercial y la realidad es que McDonnell Douglas no había tenido mucho éxito en comparación con sus

---

[569] https://americanairlines.gcs-web.com/static-files/189de47f-8804-4996-a20e-abb5812892b8
[570] https://americanairlines.gcs-web.com/static-files/123ffd62-03b5-490e-bf04-dcf06c885f30
[571] https://www.nytimes.com/1984/03/18/business/a-new-lift-for-mcdonnell-douglas.html
[572] Fue un programa militar para la creación del nuevo avión de caza táctico de Estados Unidos. Boeing compitió con el X32 y perdió contra LockheedMartin y su F35
[573] https://www.sec.gov/Archives/edgar/data/12927/0000012927-97-000020.txt

competidores[574] y era peor mientras más grande era el avión. Del icónico DC-10 -al que todos recuerdan con especial afecto- apenas se habían construido 243 unidades para el mercado estadounidense, pero la llegada de la década del ochenta exterminó al celebre avión pues durante los primeros cinco años solo se pidieron 14 aviones de pasajeros en los siguientes diez años para United[575].

Pero la compañía tenía otro problema, el avión que lo reemplazaría, el también icónico MD-11 había sido un verdadero fracaso económico y al no poder competir con los nuevos diseños y tecnología a partir de 1995, la demanda fue prácticamente desapareciendo[576] a tal punto que el jefe de Airbus explicó que las ordenes se extinguieron porque era tan costoso, que sus tres turbinas consumían más que las cuatro del nuevo Airbus[577]. En los estados financieros de las compañías se podía ver que por cada MD-80 ordenado, se ordenaban nueve 737[578] y la tendencia de la industria era hacia su total desaparición. En los últimos cuatro años antes de la fusión, apenas se construía un MD-80 al mes, principalmente para el mercado internacional.

De hecho y tras la fusión, buena parte de las pocas ordenes fueron retiradas y solo se entregarían tres MD-80 y seis MD-11 que estaban en líneas durante el año de 1998[579]. Era evidente tras la llegada del nuevo 737 denominado como Nueva Generación, cuyas capacidades y economía -para las aerolíneas de primer nivel- dejarían obsoletos a los clásicos a tal nivel, que si los primeros 737 clásicos recibieron 3.303 ordenes, los segundos recibirían 6.445[580], es decir

---

[574] En comparación con el triple de aviones A330 construidos, igual que el 777 del que se han construido 1.669, o los más de mil 767.
[575] Los restantes fueron construidos para la Fuerza Aérea.
[576] https://www.nytimes.com/1998/06/04/business/demand-off-boeing-to-stop-making-md-11.html
[577] https://www.forbes.com/sites/tedreed/2014/11/15/good-bye-md-11-too-bad-nobody-ever-loved-you/?sh=7548823b40d5
[578] https://d1lge852tjjqow.cloudfront.net/CIK-0000012927/a5117704-a271-4abf-b386-ed94a76f14bf.pdf
[579] https://d1lge852tjjqow.cloudfront.net/CIK-0000012927/41f376a4-0300-4e22-adce-508e3bee3d84.pdf
[580] https://www.boeing.com/commercial/?cm_re=March_2015-_-Roadblock-_-Orders+%26+Deliveries/#/orders-deliveries

duplicarían su participación y en otras palabras la oferta sería de 4,6 ordenes por cada una de las 1.384 recibidas por los distintos MD-80[581], solo que en la mitad del tiempo y eso sería una nimiedad en comparación con el nuevo 737MAX cuyas ordenes en apenas dos años, superaron las tres mil unidades, hasta alcanzar las 5.929 antes del famoso problema.

Sin embargo y pese al gigantesco éxito de los nuevos 737NG, la flota de MD-80 aun gozaba de continuidad operativa pues operaban cerca de 875 aparatos, de los cuales 623 se encontraban en los Estados Unidos e incluso hasta 2005, solo unos 450 estaban en poder de American y Delta. El fin del siglo XX había traído como consecuencia la fusión de las constructoras Boeing y McDonnell Douglas en 1997[582] y la consecuencia económica obvia fue que se daría prioridad a la línea del avión 737 frente a su menguado rival.

Lo que nadie esperaba era lo rápido en lo que se darían los acontecimientos pues el gobierno aprobó la fusión con el veredicto antimonopolio del 23 de Julio de 1997[583] y apenas tres meses más tarde, el 4 de noviembre se notificaría públicamente que serían descontinuadas las líneas de ensamblaje del MD-80 y el MD-90[584] y justo un semestre más tarde, se haría lo propio con el MD-11[585] del que apenas se habían entregado 65 aviones en toda su historia para las líneas estadounidenses y canadienses[586], cifra que contrastaría con los 665 aviones Boeing-767 entregados en la misma región y con las 1.223 entregas a nivel mundial en proporción de diez aviones por cada MD-11 construido.

Aquello representaba la estocada mortal pues el diseñador de sus motores, la Pratt&Whitney, había anunciado públicamente en 1985 que motivado al escrutinio del gobierno sobre la turbina "no

---

[581] Libro de ordenes de McDonell Douglas, transferido a Boeing Corp.
[582] https://www.nytimes.com/1996/12/16/news/boeing-to-buy-mcdonnell-douglas.html
[583] https://www.irishtimes.com/business/boeing-merger-with-mcdonnell-douglas-approved-1.87284
[584] https://www.latimes.com/archives/la-xpm-1997-nov-04-mn-50053-story.html
[585] https://money.cnn.com/1998/06/03/companies/boeing/
[586] Los restantes 135 aviones fueron entregados en Europa, Asia y Latinoamérica

descartaba deshacerse en un futuro" de su caballo de batalla[587], de esta manera había iniciado su ciclo de reemplazo que duraría una década. Pero la realidad es que se trataba de una decisión financiera y comercial, las nuevas turbinas eran mucho más eficientes, el anuncio del retiro del Boeing 727 junto a la sustitución de motores en las nuevas líneas clásicas del 737-300 y la baja demanda de ordenes por el MD-80 representaban una realidad que no se podía ocultar: "la mayoría de los aviones que usaban esa turbina, estaban yendo directamente al cementerio". Era necesario un cambio urgente y este vino finalmente en forma de reestructuración corporativa[588] para evitar la bancarrota.

De esta manera la corporación cerró todas las líneas de ensamblaje que daban perdidas o que carecían de futuro al no tener demanda, cortando a su vez cerca de 4.000 empleos[589] y entre estas líneas, se encontraría la de la turbina del MD-80[590]. Entre 1998 y 99 se cerraron las plantas y finalmente se publicó la entrega de la última turbina JT8-D el 23 de septiembre de 1999, lo que había obligado a la MD a construir el nuevo MD-90 con la misma turbina que usaban los 737 y algunos modelos de Airbus.

Pero como hemos hablado antes, cuando ocurre el fin de una línea de producción, financieramente se dan veinte años de uso al producto, porque se van cerrando progresivamente las líneas de su cadena de suministro. Es decir, si usted posee una compañía que tiene bancos de motores para reparar y hacer overhaul de los del MD-80, sabrá que su negocio será impactado progresivamente y poco a poco tendrá menos motores que reparar y lo mismo ocurrirá con las piezas especiales desde su tren de aterrizaje hasta su cabina.

Esto financieramente se denomina programa de conversión y los constructores incluso financian esos programas para que los

---

[587] https://www.nytimes.com/1985/09/20/business/pratt-whitney-s-workhorse.html
[588] https://www.wsj.com/articles/SB997738775190836329
[589] https://www.washingtonpost.com/archive/business/1992/12/26/pratt-whitney-layoffs-reflect-downsizing-trend/1284ff8d-256d-4d3f-8fea-86bae32da9f4/
[590] https://www.nytimes.com/2001/10/17/business/company-news-united-technologies-to-cut-5000-jobs-in-two-divisions.html

industriales migren a otros bancos de motores. Por otra parte, el resultado obvio es que cada vez se va encareciendo el producto, hasta que incluso se termina en subastas, porque ya usted lo que tiene es un producto vintage.

Una pesadilla financiera en las aerolíneas

Alitalia	90	2014
Alaska Airlines	48	2014
Spirit Airlines	37	2014
Scandinavian Airlines	82	2013
Iberia	39	2013
Spanair	64	2012
Aeromexico	53	2012
China Northern Airlines	27	2010
Lion Air	20	2010
Japan Airlines	19	2010
Avianca	18	2010
Austral Lineas Aereas	28	2009
Midwest Airlines	15	2009
Aero Republica	12	2009
China Southern Airlines	23	2007
Continental Airlines	70	2006
Austrian Airlines	29	2005
Japan Air System	34	2004
US Airways	31	2004
Korean Air	16	2002
Reno Air	32	2001
TOTAL	**787**	

Cuando las aerolíneas recibieron la noticia del final de la línea de producción de motores y aviones, comenzaron a deslistar aceleradamente sus aviones a tal punto que 27 grandes operadores, optaron por eliminarlos en un plazo muy corto y así, 787 aviones, fueron deslistados de líneas de vuelo antes del año 2014[591]

Para un director de operaciones o de mantenimiento, el cierre de una línea de ensamblaje, junto a la turbina representan un verdadero dolor de cabeza porque sugiere problemas de disminución de una flota y el aumento de otra. Es decir, comienza un periodo de transición programada en la que los pilotos y el mantenimiento van migrando de certificaciones y en no pocos casos, afrontan la renuncia anticipada del personal.

Pero lo que es un dolor de cabeza para el director de Operaciones o Mantenimiento es una verdadera pesadilla para el Director de Finanzas, pues tras el anuncio del cierre de una línea de producción hay un impacto económico tremendo en depreciación, amortización, retorno de inversión e impedimento o deterioro de la aeronave en los balances. Es decir, después de la noticia pública, un avión que tenía algún valor en los balances que sirviera como respaldo financiero, ahora tenía valor cero y el plazo en el que el avión se amortiza y se cuenta con el dinero para reemplazarlo se acelera

---

[591] De los cuales 351 fueron deslistados antes del 2001.

radicalmente, causando un impacto tremendo en las aerolíneas que lo operan.

La segunda parte de la pesadilla se encuentra en la cadena de suministros, cuyo valor comienza a incrementarse en la medida en que los repuestos primordiales comienzan a escasear, aumentado los costos de mantenimiento en un alto porcentaje. Y otra parte de la pesadilla ocurre con los aviones arrendados, cuya vigencia de contrato es leonino, pues el contrato no pierde el valor en libro -como ocurre con los propios- y usualmente es de doce años para las aerolíneas, lo que impide que un director financiero pueda maniobrar para cambiar la flota o llegar a acuerdos con financiadoras para su reemplazo, como fue el caso de American y Delta Airlines.

Pero había un cuarto problema que hacía más complicada la pesadilla. No solo se conocía que el MD-80 había llegado a su fin, sino que el MD-90 carecía de mercado al solo ser ordenadas 63 aeronaves por las líneas estadounidenses en 1990 y apenas diez en los siguientes cinco años, frente a las 1.116 ordenes de los nuevos 737 en el mismo período. Era evidente que con el surgimiento de nuevas tecnologías con la entrada al mercado de las nuevas generaciones de aviones (Boeing 737NG y A-320) se encarecía el costo de reposición, de unos 30 millones que podía costar un MD-90 a cerca de 68 millones de las nuevas tecnologías[592] o, en otras palabras, más del doble.

En palabras simples, un director financiero que tuviera que amortizar una aeronave, no solo tenía que extraer de la operación lo suficiente cada año para garantizar la inversión original, sino el doble de ese valor para poder adquirir el nuevo avión. El salvavidas llegó gracias a una realidad financiera y comercial del fabricante, a Boeing, cuya competencia con el A320 le estaba empezando a salir cara, le interesaba sobre manera que los ochocientos aviones potenciales migraran al 737 y le hizo una oferta de conversión a las aerolíneas que compensaba la falta del valor residual del mercado del viejo aparato

---

[592] http://www.boeing.com/boeing/commercial/prices/

y llegó a descontar -de acuerdo al volumen de ordenes- hasta el 50% del precio de lista a los nuevos 737[593].

Y dio en el clavo, pues la mayor operadora europea Scandinavian adquirió 56 aviones 737 en los siguientes dos años y procedió de inmediato a deslistar de balance a los MD-80. Fue esta la misma razón por la que Delta Airlines que, en noviembre de 1989, había llegado a un acuerdo con Boeing para adquirir 160 aviones MD-90 y cien 737, retiraría su oferta billonaria[594] y solo terminaría recibiendo 16 aeronaves, comprando únicamente ciento ochenta Boeing 737-800 y 900ER con los que reemplazó la flota de MD-80 y 90.

Todo eso se encontraba dentro de la lógica contractual de conversión con Boeing. De esta manera todas las aerolíneas que lo suscribieron sabían que, al 31 de diciembre de 2019, no habría volado en ninguna línea aérea de pasajeros, algún MD-80.

Además de las compañías europeas que comenzaron a deslistar masivamente al aparato, la primera estadounidense en tomar esa decisión y sacar del mercado aceleradamente a sus 60 aviones MD fue Continental que en un plazo de cinco años los vendió o envió al cementerio de aviones. Su último MD-80 fue vendido a la española SwiftAir y apodado "Real Madrid" en 2006.

Si Europa no tardó cinco años para deshacerse de la mayoría de sus MD-80, en los Estados Unidos en el año 2005, la compañía Alaska Airlines que había tenido en su inventario 48 aviones MD-80, solo operaba 26 y en el primer trimestre su junta directiva optó por anunciar el retiro de la flota y su sustitución por el 737[595] por esto, en el tercer trimestre de 2008 se anunció el retiro del último MD-80 del inventario[596] y el anuncio de la compra de 737 que los llevaría a ordenar 123 de estos aviones. Para el año 2006, Spirit Airlines que había sido propietaria de 34 aviones, tomó la decisión de eliminarlos

---

[593] https://www.wsj.com/articles/SB10001424052702303649504577494862829051078
[594] https://www.latimes.com/archives/la-xpm-1989-11-15-mn-1716-story.html
[595] https://investor.alaskaair.com/static-files/2eaf742f-6a37-461c-ace8-114193aa8c34
[596] https://investor.alaskaair.com/static-files/2cf6c4b3-14ae-4edc-ba29-d14b299699eb

de su balance en los siguientes tres años, la decisión fue adelantada de tal manera que para el 2008 se anunció la total desaparición del avión en los balances.[597]

El final de una época.

Para el año 2015 aún quedaban en los balances de las compañías estadounidenses unos 206 aviones

American Airlines	365	2019
Delta Air Lines	117	2019
Far Eastern Air Transport	16	2019
Allegiant Air	28	2018
TOTAL	**526**	

(de los 526 listados) ya que cerca de 172 habían terminado en el cementerio y unos 132 habían ido a parar a manos de aerolíneas pequeñas principalmente en Irán[598] y Venezuela. Pero se había acelerado dramáticamente la desincorporación de las aeronaves.

De las que quedaron operando en Estados Unidos, Allegiant Airlines, que en un momento pensó que operarían hasta 2022, se convierte en la primera que decide la reconversión de flota para 2019[599]. Pero vista la debacle de costos, en el año 2014 quedan en su balance 53 aparatos y establecen que su retiro será inmediato en lo que lleguen los nuevos A-320[600]. Al año siguiente quedan 49 de los cuales 8 pasan a retiro[601] y es cuando explican públicamente que saldrán anticipadamente de sus balances. Fue tan rápido que todos los aviones fueron retirados al tercer trimestre (30 de septiembre) de 2018[602]

Por eso, además de leer los estados financieros -y sobre todo el de los trimestres- es necesario también estudiar las de las aerolíneas para comprender las razones por las que las estas operan determinados aviones que parecen obsoletos. Y aquí conviene volver sobre las palabras de Simeón García cuando compra los DC-9 solo

---

[597] https://www.sec.gov/Archives/edgar/data/1498710/000149871012000008/save-20111231x10k.htm
[598] Los 9 aviones con los que opera Zagros, con 33 años de uso llegaron entre 2011 y 2014, Los diez de ATA Airlines llegaron en 2012, salvo tres que llegaron entre 2019 y 2020 y los siete de Kish Airlines arribaron entre 2010 y 2014.
[599] https://www.tampabay.com/news/business/airlines/in-a-first-allegiant-air-buying-12-new-airbus-aircraft/2287377/
[600] https://ir.allegiantair.com/static-files/248409cc-7cd2-4681-9848-40cbffb43d88
[601] https://ir.allegiantair.com/static-files/2f5ea5ad-7045-4855-9d5e-4163f951b47f
[602] https://ir.allegiantair.com/static-files/5a0d9d7d-2492-4d6b-a36e-684ebc851666

porque Avensa los usaba, esto se repitió posteriormente con el MD-80 porque Delta Airlines supuestamente los usaría hasta muy entrado en siglo XXI. Y es allí cuando un error de percepción nos puede llevar a rampas en el tercer mundo, cona aerolíneas que compraron aviones 727, el año antes de que prohibieran su uso por ruido, o compras de MD-80 incluso en 2019, poco antes de que se decidiera su eliminación del mercado.

Pero si se estudian los reportes anuales, entenderemos que el año 1999 la famosa compañía TWA se encontraba al borde de la quiebra y anunciaba una reestructuración profunda[603], acosada por las pérdidas y su pesada estructura de costos, estaba prácticamente condenada a la bancarrota. Se trataba de una corporación que apenas tenía 9 aviones propios y 174 aviones arrendados[604] con contratos leoninos de costos fijos (unos tres billones al año) que la hacían imposible de maniobrar financieramente. El resultado hoy conocido es que aplicó por el Chapter 11 y American compró la aerolínea por apenas 500 millones de dólares, así como el compromiso de seguir con los contratos de los 102 MD-80 que poseía TWA.

Y así fue que American Airlines que poseía 276 de estos aparatos, de los cuales 148 estaban arrendados[605] pasó a tener 362 aviones sin contar con los siete que vendió a Fedex para ser transformados en cargueros, teniendo una carga financiera enorme con 216 contratos de arrendamiento que eran muy difíciles de deslastrar en 2002[606]. Para el año siguiente el CFO de American solo había podido deshacerse de dos y estaba estudiando la posibilidad de enfrentar el certificado operativo de arrendamientos de 62 aparatos[607].

De esta manera para el 2004 había logrado sacar de balance diez aparatos y enviar 17 a storage[608], para el año 2005 ya eran 327

---

[603] https://sec.edgar-online.com/trans-world-airlines-inc-new/10-k-annual-report/1999/04/01/section4.aspx
[604] https://sec.report/Document/0001068800-00-000051/
[605] https://americanairlines.gcs-web.com/static-files/8cc782e1-b5e9-46ba-8ac4-da8215701794
[606] https://americanairlines.gcs-web.com/static-files/123ffd62-03b5-490e-bf04-dcf06c885f30
[607] https://americanairlines.gcs-web.com/static-files/19e6e464-616f-4921-a8ae-d48e788cfe3d
[608] https://americanairlines.gcs-web.com/static-files/08a65bf9-fadc-48b8-b64b-a6f11a241469

aparatos⁶⁰⁹ y para el año siguiente solo continuaban operando 300, pues 25 habían sido enviados a storage para su venta o deslistaje de balance. Sin embargo, en estos cinco años, el mayor logro del CFO de American, fue quitarse los contratos más onerosos habiendo reducido 70 contratos de arrendamiento operativo

Para el 31 de diciembre de 2007, continuó la depuración teniendo ya 300 aviones, con menos operativos ya que había enviado otros 24 a storage (37 aviones en total)⁶¹⁰, al año siguiente deslistó otros nueve y para diciembre de 2009 contaba con 258 aparatos⁶¹¹, al siguiente lograron disminuir los contratos de arrendamiento a la mitad de los recibidos⁶¹² y la flota estaba compuesta por 224 aviones de los cuales dos estaban en storage. Doscientos aviones y ochenta contratos de arrendamiento operativo⁶¹³ llegan al momento en el que ocurren los ataques a las Torres Gemelas.

Apenas dos semanas más tarde de los ataques, American Airlines se declaró en protección de quiebra y comenzó un proceso de reestructuración que la llevó a una serie de cambios hasta diciembre de 2013 que culminó con 163 aviones MD-80, siendo su más importante estrategia no solo haber deslistado doscientos, sino haber reducido a 44 los contratos de arrendamiento⁶¹⁴ y son precisamente estos los que les impiden salir de los aviones más rápido. Por eso es importante visualizar lo ocurrido en los balances:

- **139 aviones** en 2014[615] de los cuales 44 bajo contratos de arrendamiento
- **97 aviones** en 2015[616] de los cuales 36 bajo contratos de arrendamiento
- **57 aviones** en 2016[617] de los cuales 36 bajo contratos de arrendamiento
- **45 aviones** en 2017[618] de los cuales 32 bajo contratos de arrendamiento

---

[609] https://americanairlines.gcs-web.com/static-files/29e3f354-61dd-45ef-90d6-2a6e164371d6
[610] https://www.sec.gov/Archives/edgar/data/6201/000000451508000014/ar022010k.htm
[611] https://americanairlines.gcs-web.com/static-files/c72f5d20-8aa0-4b7c-b7e7-2849c5fdbe9f
[612] https://americanairlines.gcs-web.com/static-files/6a61b53e-8682-45ad-8d83-6dc67f04ba26
[613] https://americanairlines.gcs-web.com/static-files/80772db5-5f14-4917-a64f-3a7f725d7167
[614] https://americanairlines.gcs-web.com/static-files/c48f557c-d563-49dd-83a2-71411b581128
[615] https://www.sec.gov/Archives/edgar/data/4515/000119312515061145/d829913d10k.htm
[616] https://www.sec.gov/Archives/edgar/data/4515/000119312516474605/d78287d10k.htm
[617] https://www.sec.gov/Archives/edgar/data/4515/000119312517051216/d286458d10k.htm
[618] https://www.sec.gov/Archives/edgar/data/4515/000000620118000009/a10k123117.htm

- **30 aviones** en 2018[619] de los cuales **27 bajo** contratos de arrendamiento y solo quedan **3 propios**

Esto es importante de visualizar porque como en toda historia hay varias versiones, la de los planificadores venezolanos que solo veían que delta o American tenían sus MD-80 y esos les garantizaba la viabilidad o la de la estrategia clara del CFO de esas compañías para deshacerse de los aviones propios, evitando incumplir con los acuerdos de tribunales y con los arrendadores principalmente de TWA y en la medida en que llegaban los nuevos aviones 737-800.

¿Cuál versión era la correcta? Cuando se venció el plazo de los contratos en marzo de 2019 no quedó ningún MD-80 en American y para el reporte anual habían salido del balance de la compañía explicando que el 16 de septiembre, se fijó como el vuelo final del último MD-80 al desierto[620]

Los problemas de Delta

Delta Airlines no había heredado los mismos problemas que American Airlines ya que la mitad de sus 117 aviones eran propios, otros 33 se encontraban bajo arrendamiento de capital y apenas 21 aviones se encontraban en arrendamiento operativo[621] por lo que el director financiero pudo tomarse las cosas con un poco más de calma y optó por explotar la aeronave hasta el máximo de vida financiera, expuesta en los balances para mediados de 2019.

Sin embargo, para el año 2016 fijan en el calendario para la entrega de ciento dieciocho A320 y 737-900[622], así como un acuerdo con Bombardier para adquirir 75 aviones en dos años[623] lo que

---

[619] https://www.sec.gov/Archives/edgar/data/4515/000000620119000009/a10k123118.htm
[620] https://www.nbclosangeles.com/news/local/american-airlines-retires-the-last-of-its-iconic-md-80-jets/1965767/
[621] https://d1lge852tjjqow.cloudfront.net/CIK-0000027904/b6fb372e-7846-4f19-9c5d-393ee94cd026.pdf
[622] https://www.sec.gov/ix?doc=/Archives/edgar/data/27904/000002790417000004/dal1231201610k.htm
[623] https://d18rn0p25nwr6d.cloudfront.net/CIK-0000027904/96460059-638a-4067-b1a7-e173fdf49a38.pdf

representaba que para 2018 tendrían los nuevos aviones de reemplazo. En 2017 tenían 109 aviones y es cuando se acuerda el retiro prematuro del MD-88 y su depreciación acelerada[624]. Para cualquier analista, la información publicada a los accionistas hablaba claramente de un cambio de flota inminente y esto llegó al año siguiente cuando anunciaron el retiro acelerado de la flota de MD-88[625].

De hecho, la noticia del cambio vino con 17 aviones pasados a storage de inmediato y otros doce fueron pasados a retiro al año siguiente[626]. Al año siguiente pasarían a retiro 21 estaban en storage y decidieron retirar en 2022 los MD-90[627]. De esta manera al primer trimestre de 2019 existían 79 aviones de los cuales buena parte ya no operaban[628], 74 aviones en el segundo trimestre[629] de los cuales 21 fueron a storage, 64 en el tercer trimestre[630] (18 en storage), terminando al 31 de diciembre de 2019 con 47 aviones, de los cuales la mitad ya no volarían más.

Es de esta manera que antes de la pandemia, en el primer trimestre de 2020, solo quedan 18 aviones listados de los que apenas un puñado volaban, por lo que la Junta Directiva decide retirarlos en julio[631] pero un mes más tarde adelanta, motivados por la pandemia, el final de ambos aviones MD80 y MD90 a tal punto que el 30 de junio ya todos habían salido de balances.

---

[624] https://www.sec.gov/ix?doc=/Archives/edgar/data/27904/000002790418000006/dal1231201710k.htm
[625] https://d18rn0p25nwr6d.cloudfront.net/CIK-0000027904/1b58e244-f144-431a-afb7-1aaceed67f10.pdf
[626] https://d18rn0p25nwr6d.cloudfront.net/CIK-0000027904/5fcae838-aa00-4be0-95dd-1824e4f97799.pdf
[627] https://d18rn0p25nwr6d.cloudfront.net/CIK-0000027904/1fe7420e-4781-437f-92c3-08991a2d6695.pdf
[628] https://d18rn0p25nwr6d.cloudfront.net/CIK-0000027904/a92a52c3-c880-42ba-9f90-1ac8a807d338.pdf
[629] https://d18rn0p25nwr6d.cloudfront.net/CIK-0000027904/43093a3a-581e-4dc0-8f23-499bb7031e64.pdf
[630] https://d18rn0p25nwr6d.cloudfront.net/CIK-0000027904/83d169c7-5483-4822-9507-77abc96b41d0.pdf
[631] https://d18rn0p25nwr6d.cloudfront.net/CIK-0000027904/c966782d-775f-40d9-a265-8a93121de63e.pdf

Para el segundo trimestre de 2020, ya no quedaba operando un solo avión comercial de líneas aéreas en Europa, Asia o América (sin contar Venezuela) y en los Estados Unidos apenas quedan siete aviones en una línea chárter especializada en transporte de presos y deportaciones[632] cuyo dueño está migrando a A-320 y compró otra aerolínea con equipos 737-800.

Es necesario comprender, que los venezolanos compramos diez MD-80 entre 2018 y 2021.

Los MD-80 en la república islámica.

Algunos acudirán a Wikipedia para apelar que hay más aviones volando como es el caso de Irán. Pero como siempre estos números parten de una realidad que puede estar en una data que no necesariamente refleja la realidad, como es el caso de los cuatro aviones de Andes, que es una línea que no opera realmente desde finales de 2018 y que solo tenía un avión. De esta manera en Irán hay que descartar a dieciocho aviones que estaban arrendados por la compañía ucraniana Khors Aircompany[633] que deslistó todos los MD-80 tras haber sido impuesto de sanciones por los Estados Unidos[634] y siete que eran arrendados por Bulgarían Air Charter a diferentes aerolíneas iraníes[635].

De la misma manera se presta a la confusión de que una nueva línea aérea llamada European Air Chárter adquirió en abril de 2021 siete MD-80. Porque se trata de la misma compañía (Bulgarian) que cambió de nombre y que solo opera tres, pues el resto son aviones retornados de Irán tras las sanciones. Es así como muchos de esos aviones que reflejan las fuentes de Wikipedia, simplemente no existen en realidad.

---

[632] Interview with Benjamin Shih, Section Chief of Detention, Compliance, and Removals in ICE's Office of Acquisition Management, March 1, 2019 en https://jsis.washington.edu/humanrights/2019/04/23/ice-air/#_ftn16
[633] https://www.planespotters.net/airline/Khors-Aircompany
[634] https://www.bloomberg.com/news/articles/2017-09-14/u-s-sanctions-11-people-and-companies-for-iranian-activities
[635] https://www.planespotters.net/airline/European-Air-Charter

Es cierto que existen algunos MD-80 volando en la República Islámica y que estos son importantes en sus rutas domésticas[636], pero el único que reflejan las fuentes de Irán Air (EP-CBD), está en realidad parqueado desde 2018, ya que era arrendado y tras las sanciones a Khors fue dado de baja. Quedan entonces los ocho de ATA Airlines, siete en Zagros, cinco en Caspian Air, cinco de Iran Airtours y otros seis aviones operando en Kish Air.

En otras palabras, de los 56 aviones MD-80 que reflejan las estadísticas, solo existen en realidad 31. Pero dos razones los hacen no ser contados en la lista global, la primera es que existen básicamente porque las sanciones impiden que las aerolíneas iraníes adquieran aviones nuevos. La realidad es que aerolíneas como Zagros Airlines había firmado en 2016 un convenio con Embraer por veinte aviones[637] y otro con Airbus por veintiocho Airbus A320, con la finalidad de renovar el 100% de su flota entre 2016 y 2019[638], mientras ATA Airlines lo había hecho también, de los cuales ya hoy posee seis[639] para no contar con los MD-80 para el mismo año. A esto se le suma las propuestas de Teherán en 2016 de comprar hasta cien Embraer y otros ochenta Boeing[640] (para subvencionar a sus aerolíneas) y en total fueron 39 mil millones de dólares de acuerdos solo con Boeing y Airbus, como parte de una renovación total de entre 300 y 400 nuevos aviones que reemplazarían la flota de los MD y muchos otros de una de las flotas más viejas del mundo.

Por lo tanto, no se trata de que existan por que sean requeridos, sino porque no les queda más remedio o en otras palabras para el 2020 -como en el resto del planeta- no hubieran existido. La segunda razón, es porque no representan mercado secundario, no se puede negociar con ellos repuestos, bancos de motores, ni convenios

---

[636] https://simpleflying.com/iran-aviation-md-80/
[637] https://www.azernews.az/region/93765.html
[638] https://www.airbus.com/newsroom/press-releases/en/2017/06/zagros-airlines-places-a-commitment-for-28-new-airbus-aircraft-.html
[639] https://financialtribune.com/articles/domestic-economy/108821/ata-airlines-acquires-three-embraer-planes
[640] https://www.forbes.com/sites/dominicdudley/2021/04/20/iran-tries-to-revive-16-billion-deal-for-80-boeing-jets/?sh=7624dd94419f

de alguna clase porque las sanciones lo impiden y por ello, no existen en las estadísticas reales, ni representan mercado secundario.

La realidad es que, salvo los casos de Somalia y Congo, Papua Nueva Guinea o algunos chárteres en Bulgaria y los traslados de prisioneros, no quedan líneas aéreas que operen estos aviones fuera de Irán y Venezuela.

El colapso a partir de 2013

Enero de 2013 marca la pauta de la reactivación económica mundial tras el anuncio del Banco Mundial[641], de la superación de la crisis financiera global que llevó casi a la bancarrota a las aerolíneas internacionales. La revista Forbes hablaba del renacimiento de la industria[642] y es aquí donde varias noticias impactan a la aerolínea, la primera es que American Airlines se dispone a salir de la protección de quiebra (Capitulo 11) y el anuncio de la aceleración de su programa de cambio de flota, mientras que Delta anuncia la salida de toda su flota de DC-9, junto con una salida programada de 36 MD-88 en los siguientes dos años, junto a la paralización progresiva de buena parte de la flota restante, con el objetivo de ahorrar combustible tras la llegada de los nuevos 737 de nueva generación.

Esto es importante, porque un aspecto a tomar en cuenta es que hemos hablado de que el MD-80 estaba activo en los balances financieros como patrimonio, pero eso no significaba que volaran. Los pocos existentes en American Airlines estaban aparcados y apenas un par de decenas volaban, como bien lo explicaba la revista Forbes[643], esto indicaba que las aerolíneas estaban dispuestas a canibalizar sus repuestos y que el proceso lógicamente se estaba

---

[641] World Bank. 2013. Global Economic Prospects, January 2013 : Assuring Growth Over the Medium Term. Washington, DC.
[642] https://www.forbes.com/sites/tedreed/2013/02/25/airlines-not-yet-where-they-want-to-be-make-21-cents-per-passenger/?sh=31ed7cbe5e22
[643] https://www.forbes.com/sites/danielreed/2016/08/29/few-travelers-will-shed-a-tear-over-its-demise-but-the-mcdonnell-douglas-md-80-changed-our-world/?sh=1f82dbe73640

acelerando, lo que significaba que la depreciación colectiva, conllevaba al fin del valor de la Flota de Laser (Scrap Value).

Una aerolínea que contara solamente con esos aparatos debía entrar en 2013 y urgentemente, en un proceso de aceleración de la depreciación y un programa a cinco años para reestructurar su flotilla de aviones, de cara a un 2019 donde simplemente ya no habría más aviones volando en los Estados Unidos, lo que significaría no solo el valor cero de la flota, sino falta de repuestos, imposibilidad de mantener los motores y altos costos operativos.

Pero ninguna de estas noticias impactó tanto al sector como el desplome de los precios petroleros. El barril de petróleo, que se había cotizado en 106,65 dólares en 2013 llegó a los 45 dólares en 2014 y posteriormente a los 30 dólares para no recuperarse. Mientras que la economía que apenas había crecido un 1,3% en 2013 entraría en recesión al siguiente año y ya no se detendría hasta nuestros días. Se habían desplomado toda posibilidad de continuar con el mercado artificial de boletos y esto ocurriría en los siguientes meses.

Los siguientes aviones a Venezuela llegaron entre el 1 de enero y el 1 de marzo, que fue justo cuando las siguientes noticias impactaron a las aerolíneas locales con el anuncio del final del control de cambios (Cadivi) y la reducción radical del cupo a los destinos de Aruba y las Islas (300$) y de Florida (500$)[644], esto junto con una persecución enorme a los viajeros que no volaban y pedían sus cupos[645] y la deuda acumulada con las aerolíneas (3,6 billones de dólares) construyeron la tormenta perfecta en el mercado de viajeros, pues todo apuntaba a lo que ocurrió meses más tarde cuando los pasajes comenzaron a cobrarse en dólares y las deudas de las aerolíneas llevarían a su salida de Venezuela (lo que en efecto llegaría), que fue la suspensión de la venta de boletos en bolívares[646].

---

[644] https://historico.prodavinci.com/2014/09/07/economia-y-negocios/asi-quedo-el-cupo-viajero-de-cadivi/
[645] https://www.reportero24.com/2013/10/03/aerolineas-alav-envio-a-cadivi-datos-de-raspacupos-que-no-viajan/
[646] https://www.hosteltur.com/133750_aerolineas-suspenden-venta-pasajes-venezuela.html

Y cuando la realidad impactó en los bolsillos de los viajeros, pasó de volar todo el mundo de todas las clases, a solo quienes podían pagar cuatro veces el precio de un boleto[647], pues las líneas aéreas comenzaron a cobrarse la deuda con el gobierno.

Esto hizo que, de la noche a la mañana, el aeropuerto que había batido todos los récords de su historia hasta 2013 comenzara su rápido deterioro hasta quedar desierto en pocos años. El impacto en la demanda de boletos para 2014 fue de tal magnitud que las aerolíneas bajaron más de la mitad de sus asientos, pasando de vender 3,3 millones de boletos, a 1,45 millones[648],

El colapso fue tan formidable, que de anunciar que el: "Aeropuerto de Maiquetía rompe cifra récord de movilización diaria de pasajeros" con [649]1.2445.672 a los Estados Unidos en 2012 pasaron a poco más de cuatrocientos mil y de los cerca de ochocientos mil a España terminarían en 108 mil. Los responsables de IATA y ALAV en rueda de prensa[650] explicaron que: "Esto ha provocado una crisis en el sector que ha experimentado una reducción" de tal nivel que "trece aerolíneas han cesado operaciones en el país y se han retirado del mercado".

El problema es que todo estaba por empeorar.

Un director financiero visto este escenario, habría hecho un análisis de mercado y sobre todo un análisis de deterioro el cual sugería varios problemas. El primero era que al valor patrimonial de cada corporación que valía cientos de millones de dólares estaba siendo severamente afectado y para el 2019 todo el valor de una inversión de cientos de millones de dólares en activos aeronáuticos tendría valor chatarra. El segundo era una enorme flota de decenas de aviones MD-80 que enfrentaban una depreciación imposible, unas

---

[647] https://www.infobae.com/2013/10/15/1516179-los-vuelos-venezuela-5-veces-mas-caros-que-la-region/
[648] https://www.americaeconomia.com/negocios-industrias/este-ano-decrecio-en-50-en-venezuela-la-oferta-de-asientos-para-vuelos
[649] http://www.minci.gob.ve/aeropuerto-de-maiquetia-rompe-cifra-record-de-movilizacion-diaria-de-pasajeros-del-ano-2012/
[650] https://www.hosteltur.com/116228_venezuela-pierde-50-su-conectividad-aerea-aun-debe-3700-m-24-aerolineas.html

posibilidades casi nulas de retorno de inversión y unos costos fijos enormes frente a una adquisición de dólares que ya no estarían disponibles y pendía sobre estos el mismo destino que el del 727.

2015 era el último momento para tomar decisiones de proteger activos (a perdida) y transformar las compañías, pero al no contar con una opinión financiera, volvieron a privar las visiones operativas de explotar el mercado que supuestamente habían dejado atrás las aerolíneas que sí habían tomado decisiones financieras.

Simeón García se hizo estas preguntas ¿Cómo pueden operar las aerolíneas con un pasaje a un dólar? Y tomó la decisión de cerrar la suya. El resto utilizó la visión de siempre de que triangular los pasajeros a Miami era un negocio redondo, sin tomar en cuenta que lo que estaban haciendo era descapitalizarse y perder absolutamente toda la inversión.

Las aerolíneas pronto cayeron víctimas de las decisiones que la llevaron a un síndrome de arenas movedizas o en otras palabras, mientras más se movían, más se hundían.

Los problemas de futuro de las aerolíneas

Existen tres directores en las aerolíneas que especialmente se encargan de garantizar la sostenibilidad operativa[651], El encargado de Mantenimiento que al recibir una noticia como la del fin de una línea de ensamblaje (airframe, motores, repuestos y componentes) sabe que su tiempo es limitado a encontrarlos cada vez más difícil y caros, aumentando las posibilidades de terminar canibalizando sus aeronaves. Uno de ellos nos explicó: "A partir de 2017 nos damos cuenta que cada vez es más difícil encontrar las piezas de repuesto y que hay que hacer milagros para adquirirlos. Otra cosa es que cada vez hay menos dinero para encontrar los componentes en el mejor estado (da algunos ejemplos)", "Es como si tuviéramos una

---

[651] Entendida como Sostenibilidad a Futuro, no se debe confundir con la Continuidad Operativa.

Brasilia[652], o peor aún una línea de taxis con brasilias y nos piden que los llevemos cada vez más lejos, claro que los podemos reparar, pero cada día que pasa es más difícil y caro hacerlo (..) el (encargado de planificación de flota) ha sido nuestra voz permanente (..) debimos comenzar a cambiar a un 737-400 en 2016[653]".

Si esto nos lo explicaba un vicepresidente de mantenimiento el encargado de mantener la flota de un 737-200 del que quedaban menos de 50 operando en el mundo, principalmente en Africa, nos explicaba: "es algo que hablamos día a día. No hay bancos de reparaciones de motores, no hay bancos de repuestos y tienes que hablar directamente con la compañía que los produce y es una maquina contestadora. Ni siquiera te recibe la propuesta a veces" explicaba consternado. Desde la visión de otro alto gerente de cadena de suministro del MD-80, nos explicaba lo mismo: "nuestro suplidor está asociado con Boeing y le dan prioridad a la distribución de las piezas de aviones nuevos. No les interesan los viejos y por eso cada vez es más difícil encontrar repuestos"[654]

Después se encuentra el encargado de la planificación de flota, que es quien visualiza la continuidad operativa a futuro de la aerolínea y quien en el caso de otra aerolinea nos explicó: "Mi aviso del Widespread fatigue damage y la línea de validación vino de hace muchos años (..) pero desde hace al menos tres (2016) la alerta estaba en función a que las líneas grandes lo estaban desechando al MD (..) es allí cuando notifico de una manera más drástica y cuando empiezo a notar la tendencia de los grandes operadores mundiales a dejar la flota, cuando Allegiant que era un operador grande y Spirit comienzan a sacar su flotilla y meten los A320 y American los lleva al desierto (..) la alerta se hizo más fuerte cuando la gente que reparaba los vidrios (Window Doctor) salieron del mercado del MD-80 y

---

[652] La Brasilia fue un auto compacto fabricado en la Volkswagen de Brasil y Mexico desde mediados de 1975 hasta el fin de su línea de producción en 1982. Fue exportado a Nigeria y Venezuela donde fue relativamente popular hasta que salió del mercado y los repuestos excaseaban convirtiendo al pequeño automóvil en un dolor de cabeza para sus propietarios.
[653] Entrevista con el Director de Finanzas
[654] Entrevista con varios vicepresidentes y directores.

HoneyWell -que había sido comprada por Boeing[655]- ponía los precios que le daba la gana o simplemente no contestaba ni devolvían el componente suministrado fue cuando empiezo a presionar la necesidad de cambio (..) no es sino cuando American y Delta eliminan la mayor parte de su flota cuando la Junta se da cuenta (..) pero aun así tomaron las decisiones, yo dejé claro que lo que pararía al MD era su motor"[656].

El tercer director que garantiza la sostenibilidad operativa de una aerolínea, no es otro que el de Finanzas y en el caso de algunas aerolíneas nunca existió. Los puestos financieros fueron principalmente ocupados por especialistas operativos en manejo de razón corriente y pagos de proveedores sin ninguna visión financiera de largo plazo y por eso cuando se le pregunta a la alta gerencia porque no existe un pensamiento de largo plazo que es un estándar de la industria (diez-quince años) responden que: "aquí nunca da tiempo para sentarse a planificar, ni es necesario hacer las cosas a largo plazo. El día a día es lo que importa y vivimos resolviendo un problema a la vez"[657]

De esta manera las finanzas aeronáuticas de las compañías simplemente consistieron en comprar lo más barato, aunque terminara descapitalizando a una compañía y en contabilizar los ingresos semanales y pagar a los proveedores haciendo el personal de tesorería fueran simples especialistas en caja. Los balances financieros estaban completamente alejados de los estándares de la industria aeronáutica, la contabilidad se llevaba como si fuera una empresa de cualquier rubro, no existía siquiera noción básica sobre el conocimiento de los costos de propiedad, ni los mínimos elementos de salud y sostenibilidad financiera. De hecho, en la mayoría de las compañías, no existe alguien que hasta 2020 conociera o aplicara los términos EBITDAR, ROE, ROA o cualquier modelo básico de informes de gestión financiera u operativa.

---

[655] https://www.boeingdistribution.com/index.jsp
[656] Ibidem
[657] Entrevista con un alto gerente de aerolíneas.

Tampoco se conoce o maneja algún indicador relevante de la industria (RPK, ASK, CASK etc.) márgenes y ni siquiera se contempla la salud financiera de la flota, ni existe un modelo o alguien que sepa en las compañías que entrevistamos, lo que esto significa.

De esta manera, al ser netamente operativos (RC) privilegiaron las operaciones en función a costo de oportunidad, pues los aviones MD-80 eran verdaderamente una ganga -por no tener futuro- así como privilegiaron la oferta de asientos, sobre los criterios de planificación de flota a futuro y de sostenibilidad sin saber que no habría jamás un retorno de la inversión y aún peor, que no tendrían posibilidad de renovar la flota a partir de 2019 y así líneas aéreas que habían llegado a valer cientos de millones de dólares en 2013 con unas inversiones aeronáuticas superiores a los 80 millones, de pronto pasaron a costar lo que produjera ese año y así llegó la Pandemia.

CAPITULO V
Aserca, volando de nuevo hacia un micro-infierno

Eliminando del presente análisis toda posible corrupción, gerenciar una aerolínea cuando se vive un espejismo irreal con veintiún millones de pasajeros en 2013 y habiéndoles entregado miles de millones de dólares preferenciales construir nuevas aerolíneas se convirtió en un negocio rentable para algunos. Bastaba con contratar la experiencia en los hangares, operaciones y aeropuerto de profesionales con la experiencia que tenían Viasa, Aeropostal y Avensa (como hicieron nuevas aerolíneas que surgieron a raíz del control de cambios) y el resto lo haría el dinero fácil.

Lo verdaderamente complicado es operar una aerolínea en un ambiente competitivo y en un mercado real y eso es lo que les pasó a algunos empresarios venezolanos cuando creyeron que el espejismo de mercado sería para siempre o era un producto de exportación. Cuando un mercado como Aruba, que tradicionalmente embarcaba 63 mil pasajeros en promedio hasta 2008, pasa a los ciento veinte mil al año siguiente y terminó en 250 mil al final del control de cambios el espejismo hizo que se planificara en función a una irrealidad total y lo mismo ocurrió con Curazao que quintuplicó sus visitantes, que usualmente eran cerca de 50 mil, mientras que República Dominicana con apenas 38 mil pasajeros en 2006, pasó a tener 308 mil al final de los controles y esto, sin contar los pasajeros en tránsito. De pronto, un mercado caribeño de 130 mil pasajeros al año, se encontró con un mercado ficticio de más de un millón de pasajeros que viajaba a comprar o simplemente quedarse con el efectivo de su cupo de divisas y se planificaron las flotas en función a ese espejismo. Incluso la aerolínea de Trinidad y Tobago que operaba con pequeños aviones turbohélice, tuvo primero que alquilar más al enfrentar a un aumento tan increíble en la demanda, hasta colocar aviones 737 para poder cumplir con la demanda y recibiría más de veinte millones de dólares preferenciales. Lo mismo ocurrió con la aerolínea de Curazao, la Insel que arrastrada por la vorágine de Caracas pasó a contar con ocho aviones MD-80 para transportar en su mayoría a los cientos de miles que ahora iban a la isla solo a consumir su cupo gratuito y tras el colapso, la empresa entraría en cesación de pagos a los pocos años y se declararía en bancarrota en 2017 siguiéndola incluso hasta sus compañías arrendadoras.

Fue tan evidente que en las páginas de Wikipedia de esta aerolínea y la de Tiara Air, se culpa de su bancarrota a la crisis económica de Venezuela, cuando la realidad es que nunca debieron crecer como lo hicieron porque no hay tal cosa como un mercado que crece un 50% cada año.

Pero no solo se sobredimensionaron las líneas del caribe, sino que surgieron nuevas aerolíneas en las islas con capital venezolano y que rápidamente quebraron cuando se acabó el control de cambios como la extinta DAE de Curazao siguiendo los intentos de Simeón García de crear su aerolínea Aruba Airlines N.V, que más tarde sería adquirida por empresarios del estado Zulia y que comenzarían nuevamente a volar en 2016. De allí que todos los intentos de construir aerolíneas en Ecuador e incluso intentos en Bolivia fracasaron junto al no menos conocido intento de construir una aerolínea en República Dominicana.

Por lo tanto, no solo fue Simeón García el que voló al Caribe, sino que la realidad, es que el Mal Holandés, fue un verdadero huracán en el Caribe holandés.

Introducción al caso Pawa dominicana y sus enseñanzas.

De todos los intentos insensatos de crear nuevas aerolíneas basadas en el espejismo venezolano, el caso PAWA debe ocupar un lugar de honor, por ser intentada su construcción en un país que ostenta el segundo récord de quiebras tras Venezuela, con 25 aerolíneas en su historial[658]. PAWA, había sido creada en 2001 para ser una filial de Pan Am que había ofrecido, el año de su quiebra, varios Boeing 727 para iniciar la flota y tras la bancarrota no se llevó a cabo el proceso de creación. Dos años más tarde, apenas se trataba de una compañía en papeles que operaba con aviones arrendados en chárter de turismo con dos pequeños aviones turbohélice "British Aerospace BAe-3101 Jetstream 31"[659].

---

[658] https://elnacional.com.do/25-lineas-aereas-dominicanas-han-quebrado-en-los-ultimos-38-anos/
[659] Matriculas HI-817 y HI-841

Esta minúscula aerolínea es adquirida por una corporación dominicana dedicada a ofrecer servicios a líneas aéreas llamada Servair que, en mayo de 2007, recibió el Certificado de Operador Aéreo (AOC) 121 de parte del Instituto Dominicano de Aviación Civil (IDAC) y en octubre de ese mismo año comenzó a operar. Al año siguiente, Simeón García compra el 25% de la compañía[660] y hace entrega de un DC-9 con 35 años de uso[661] y al siguiente otro aún más viejo exalitalia con 42 años volando[662]. Lógicamente frente a una situación de esa naturaleza la realidad es que la compañía solo terminó operando un avión para rutas en las que nadie estaba realmente interesado, y como explicó el propio García los dominicanos representaban: "apenas el 20% de los vuelos" que tenían un factor de ocupación muy bajo, pues no podía competir en el mercado dominicano frente a los gigantes estadounidenses y regionales que tenían el monopolio de los pasajeros

El asunto empeoró cuando PAWA intentó el mercado estadounidense, así como Puerto Rico American y Jet-Blue bajaron las tarifas a tal nivel que los aviones, aunque salieran con buen factor de ocupación daban perdidas profundas y rápidamente entró en quiebra técnica a finales del 2009.

La compañía se declaró en reestructuración financiera en 2010, cuando Simeón García (49%) y la familia Espada (51%) adquieren la aerolínea en junio y tras nueve meses[663], en octubre de ese año se logra reflotar nombrando a Mirtha Espada como nueva presidenta de la aerolínea. Algunos conocedores sostienen que la familia Espada eran "una pantalla" para sortear la ley dominicana de

---

[660] Original before the Department of Transportation, Office of the Secretary Washington, D.C. [Lu Application Of Pan American World Airways Dominicana, C. Por A., D/B/A Pawa Dominicana Docket OST oou-z. For grant of an Exemption pursuant to 49 U.S.C (Dominican Republic-Miami and Ft. Lauderdale, FL)
[661] EL N949N, entregado el 10 de abril de 1973 a la extinta North central Airlines
[662] El I-DIKI entregado a Alitalia el 25 de septiembre de 1967
[663] Es factible que tanto el ejemplo de Servair, como el de la familia Espada simplemente fueran socios minoritarios y que existieran como mayoritarios para ser reconocidos como Empresa dominicana ya que la ley obliga a que la mayoría accionaria se encuentre en poder de dominicanos.

propiedad[664] pero lo que ocurre aquí es interesante, porque cuando García en 2011 negocia los MD-80 para Aserca[665], uno de estos es reenviado a R. Dominicana que comenzó a operar en Julio del 2011, fecha en la que se reinician las operaciones de la aerolínea.

La realidad es que los vuelos continuaron saliendo vacíos porque no contaban con un mercado natural ni podían contra las tarifas de la competencia y la compañía entró en cesación de pagos hasta que en febrero vuelve a estar en quiebra técnica y paraliza sus actividades en mayo de 2012 siéndole eliminado el certificado de operaciones hasta 2014.

Y es allí, cuando se ha concluido el control de cambios en Venezuela, cuando la burbuja de pasajeros ficticios venezolanos estalló, que Simeón García adquiere la nacionalidad dominicana "por decreto 5-16, a título de naturalización privilegiada"[666] y adquiere -o simplemente sinceriza- la propiedad de la aerolínea que ya había quebrado tres veces. Y también es el momento cuando el avión ex-alitalia de 1969 es sacado del balance de Aserca Airlines y enviado a PAWA con 45 años de uso junto con cinco aviones alquilados al año siguiente a la compañía Sky Holding Company.

De esta manera, en agosto de 2015 Pawa reinicia por cuarta vez, con 58 empleados sus operaciones a Aruba y Curazao, en noviembre a Antigua, el cual suspende posteriormente y es en 2016 cuando logra operar las rutas de San Juan (octubre) y Miami (noviembre). Pero la competencia era sencillamente desoladora, los aviones eran atacados por ser viejos y las aerolíneas internacionales tenían el dominio completo del sistema de comercialización y las subestructuras económicas.

La compañía continuó dando perdidas tremendas el primer año tras no poder competir con las líneas estadounidenses, pérdidas que se repiten a lo largo del primer semestre de 2017 hasta que, en

---

[664] https://www.skyscrapercity.com/threads/-aerolíneas-pawa-dominicana-7n-pwd.640163/page-279
[665] Se compraron tres aviones examerican, el N246AA, el N248AA y el N450AA
[666] https://www.diariolibre.com/actualidad/idac-y-jac-solicitaron-investigar-a-pawa-por-lavado-de-activos-EI9758879

julio entra en cesación de pagos y la compañía Aerodom pide a la Junta Aeronáutica Civil comprobar la solvencia de la aerolínea[667] para dos meses más tarde suspenderle los servicios tras: "innumerables y facilidades otorgadas"[668] para cumplir con los pagos.

PAWA, que había entrado en quiebra técnica durante los dos semestres seguidos de 2016 a 2017, entró en una cuarta y última reestructuración tratando de salvarse de la quiebra técnica y planteando una sinceración de su flota de aviones a tres Bombardier más pequeños que no llegarían a incorporarse porque enfrentaría la cuarta bancarrota que sería la final entre noviembre y febrero del siguiente año.

PAWA Airlines había quebrado nuevamente por cesación de pagos en noviembre de 2017, fecha en la que Santa Bárbara Airlines cesó sus operaciones[669] y el 22 de mayo Aserca entregaría su certificado tras 25 años de vida[670] y la última, las más antigua de todas Aerotuy, unos meses más tarde "tiró la toalla"[671]. El control de cambios y la planificación financiera basada en espejismos cobraría la vida de todas las compañías venezolanas, creadas a principios de los años noventa, tras la quiebra de las anteriores por las mismas razones.

¿Un start-up en República Dominicana?

Cuando a principios de 2016, las líneas aéreas Aruba Airlines[672] Insel[673] y Tiara[674] entraron en una situación de quiebra técnica, que los llevó a solicitar ayuda de los gobiernos de Aruba y Curazao por no poder siquiera pagar las nóminas de sus empleados,

---

[667] https://www.efe.com/efe/america/economia/empresa-dominicana-pedira-evaluar-la-solvencia-economica-de-aerolinea-pawa/20000011-3319640
[668] https://puntacana-bavaro.com/2017/11/23/continuan-los-problemas-pawa-dominicana-aerodom-le-suspende-servicios-falta-pago/
[669] https://talcualdigital.com/sba-cesara-operaciones-definitivamente-dos-meses/
[670] https://a21.com.mx/aerolineas/2018/05/23/es-oficial-aserca-airlines-cesa-operaciones-en-venezuela
[671] https://www.ch-aviation.com/portal/news/70819-venezuelas-lta-throws-in-the-towel
[672] https://aviacionaldia.com/2016/02/aruba-airlines-con-problemas-a-la-vista.html
[673] https://www.ch-aviation.com/portal/news/51172-curaaos-insel-air-turns-to-government-for-financial-aid
[674] http://curacaochronicle.com/main/tiara-air-flies-to-pay-debt/

la situación le sonrió un poco a Simeón García con sus tres intentos anteriores fallidos de arrancar PAWA. Mientras esto ocurría, el start-up de low-cost AVA Airways, que estaba por iniciar sus operaciones en las islas, habló con el gobierno de Aruba para hacerse cargo de las operaciones, pero sería rechazada abandonando la plaza y entonces el Caribe se quedó coyunturalmente sin servicio de vuelos directos durante dieciocho meses. El nefasto cuadro empeoraría cuando los Jet regionales de Copa que triangulaban Aruba, Curazao y Saint Martin cesaron sus operaciones.

De pronto una tormenta perfecta parecía beneficiar al empresario venezolano, pues a todo esto se añadió que los seis Antonov comprados a Cubana de aviación en 2012 se habían quedado también coyunturalmente sin repuestos por el trance político entre Ucrania y Rusia[675] y la crisis venezolana había arrastrado a la isla que ahora tenía que verse obligada a suspender buena parte de sus gastos, temiendo un nuevo "Periodo Especial"[676] lo que la obligó a suspender sus vuelos a muchos destinos internacionales a principios de 2016, para poder atender el mercado nacional y los turistas internacionales. La crisis llevó a la paralización de la flota de Antonov en abril del 2017[677] y a tomar la inusual medida de trasladar a los pasajeros de la ruta en autobús.

Fue esta coyuntura la que hizo que, de unos tres mil pasajeros cubanos, insuficientes para cubrir un vuelo cada tres semanas, aumentara el flujo artificial a 16,869 en 2016 y posteriormente a 35,291 en el apogeo de la crisis de Cubana de Aviación, siendo PAWA la única línea aérea disponible que cubriera la ruta de la Habana a Santo Domingo. Esto le permitió a la aerolínea de García una frecuencia a la semana durante 2016, que fue aumentada a dos frecuencias semanales durante 2017, cuando ocurrió la debacle

---

[675] https://havana-live.com/noticias/cubana-de-aviacion-suspende-vuelos-nacionales-hasta-septiembre-como-minimo/
[676] https://www.dw.com/es/cuba-de-vuelta-a-los-90/a-19396370
[677] http://www.venceremos.cu/guantanamo-noticias/9063-suspende-guantanamo-venta-de-boletos-de-avion

posterior de la ruta pues llegó de nuevo la competencia directa, contabilizando apenas 4.555 pasajeros en total al año siguiente, de los que PAWA apenas embarcó a 2.745.

El grueso de los pasajeros de PAWA había llegado gracias a la situación de pre-quiebra de las líneas del Caribe aportando 48.688 pasajeros desde Saint Marteen, 42.295 pasajeros desde Aruba y 30.831 desde Curazao o lo que es el 100% de los pasajeros que desembarcaron en Santo Domingo durante 2017. Pero no eran pasajeros naturales, sino aquellos que se habrían embarcado de manera directa en cualquier otra aerolínea o en otras palabras, los nuevos pasajeros de PAWA se veían obligados -como hoy en Venezuela- a usar vuelos de conexión y por lo tanto era una situación completamente coyuntural, porque esas rutas eran cubiertas directamente y sin hacer escalas por las pequeñas líneas aéreas que tenían sus rutas naturales y una vez que se reactivaron los vuelos directos, PAWA se quedó, como en el caso cubano, sin pasajeros.

La única ruta que le dio algún dividendo en 2017, no era otra que la de Miami con 76.211 pasajeros transportados, pero de nuevo ocurrió en buena parte por el factor suerte, ya que fue el año en el que Delta y United se fueron de Venezuela y American redujo su oferta de vuelos a dos diarios[678], pero ese no era el único factor, el boleto que costaba 500 dólares a principios de año[679] se disparó a casi el doble haciendo la opción de conexiones -más barata- una posibilidad por competencia de costos.

Y eso fue lo que ocurrió a PAWA, producto de distintas coyunturas de quiebras, la inusual situación venezolana y sin competencia local en las rutas[680], llegaron a operar un vuelo semanal a la Habana, un vuelo a la semana a Aruba, Curazao y Bonaire, un vuelo a la semana a San Juan en Puerto Rico, otro más a St. Martin y un vuelo diario a Miami ocupado en buena parte por los pasajeros

---

[678] https://www.bbc.com/mundo/noticias-america-latina-40742696
[679] https://aviacionaldia.com/2017/02/cuanto-cuesta-un-pasaje-aereo-desde-venezuela-al-exterior.html
[680] Hoy seis aerolíneas competirían localmente contra PAWA

que llevaba Aserca. Vuelos que aumentaban y disminuían sus frecuencias de acuerdo a la demanda. En otras palabras, las operaciones podrían hacerse con un solo avión que cubriera todas las rutas y tenían cuatro -narrowbodies- de 163 asientos, con costos fijos prohibitivos, pues operaban a mercados indirectos de muy bajo costo, en uno de los aeropuertos más caros de la región.

PAWA necesitaba una urgente reestructuración y eso fue lo que intentaron, frente a un mercado tan comprometido de pasajeros coyunturales y de bajo costo, optaron por reducir el tamaño de sus aviones y adquirir tres Bombardier CJ-200 y un solo avión 757-200 para Miami y Nueva York. Pero cuando entraron los otros operadores, todo estaba perdido para PAWA, simplemente porque en pueblo pequeño, el infierno es grande.

De los huracanes y su impacto financiero

ATLANTICO	TORMENTAS	HURACANES	HURACANES MAYORES	RECORD
2020	30	14	7	SI
2005	28	15	7	SI
2017	17	10	6	
2008	16	8	5	
2010	19	12	5	
2011	19	7	4	
2016	15	7	4	
2019	18	6	3	
2006	10	5	2	
2007	15	6	2	
2009	9	3	2	
2012	19	10	2	
2014	8	6	2	
2015	11	4	2	
2018	15	8	2	
2013	14	2		
PROMEDIO	16	7	4	

Simeón García en su "derecho a réplica"[681] sobre las acusaciones de fraude, sostiene que la tercera quiebra -imputable como socio- en República Dominicana se debió en parte a los daños de los huracanes Irma (categoría 5) y María (el mayor del año) en su paso por el Caribe entre 6 y el 25 de septiembre respectivamente. Es cierto que el primero causó daños enormes en Saint Martin y que su aeropuerto cerró durante meses, en Cuba ocurrieron inundaciones, un apagón nacional[682] y algunos hoteles cerraron por algunas semanas. Pero ninguno de los huracanes tocó las islas de Aruba y Curazao, así como en el caso de Antigua, sus hoteles continuaron abiertos[683]. En el caso del Huracán María la destrucción fue grande

---

[681] https://www.maibortpetit.info/search?updated-max=2018-12-10T10:16:00-08:00&max-results=20&reverse-paginate=true&start=14&by-date=false
[682] https://www.efe.com/efe/espana/sociedad/raul-castro-cifra-los-danos-del-huracan-irma-a-cuba-en-13-185-millones-de-dolares/10004-3474450
[683] https://m.shermanstravel.com/advice/update-caribbean-islands-damaged-by-hurricane-irma

en Puerto Rico pero el aeropuerto reinició parcialmente sus operaciones al día siguiente[684] y las reactivó durante la semana.

Y esto es algo que tienen que tener muy en cuenta los planificadores de rutas y flotas en República Dominicana con respecto al Caribe. Un mínimo análisis de riesgo, sugiere que la región se ve afectada anualmente en promedio por dieciséis tormentas tropicales y siete huracanes de los cuales cuatro van a alcanzar la categoría 3 o más entre los meses de abril y noviembre. De hecho, los que más daño han causado en la historia -los más mortales- han ocurrido históricamente entre agosto y octubre[685].

Pero en los casos de Aruba y Curazao los turistas continuaron llegando, con un crecimiento sostenido en relación al año anterior[686] y en el caso de Cuba, durante esos meses -agosto y noviembre- aumentó un 20% el número de turistas que arribó a la Isla[687], por lo que los pasajeros continuaron inalteradamente sus viajes hacía la mayoría de los destinos de PAWA con la única diferencia de Saint Martin, que es un caso atípico y que duró cerca de un mes cerrado hasta su reapertura para vuelos comerciales el 10 de octubre[688] y sin tomar en cuenta que la mayoría de sus turistas llegan por cruceros y estos solo se detuvieron durante un par de semanas ya que continuaron llegando a un ritmo mayor durante los meses siguientes[689].

De esta manera un planificador de rutas y flota debe entender que el comportamiento del flujo de pasajeros es estacional, los mejores seis meses los va a tener entre noviembre y abril, así como en la temporada baja va a sufrir el embate promedio del clima

---

[684] https://www.efe.com/efe/usa/puerto-rico/aeropuerto-de-san-juan-sufrio-86-millones-en-perdidas-por-el-huracan-maria/50000110-3539949
[685] https://www.nhc.noaa.gov/outreach/history/
[686] https://www.e-unwto.org/doi/pdf/10.18111/9789284419029
[687] ONEI, Cuba, Series Estadísticas Turismo 1985- 2019 Enero-Diciembre 2019 en http://www.onei.gob.cu/node/15806
[688] https://www.sxmairport.com/news-20171005-Rebuilding-of-SXM-Airport-terminal-building-will-commence-soon.php
[689] https://www.travelagentcentral.com/destinations/stats-port-st-maarten-sees-a-29-increase-visitors-2018

adverso, entendido como la temporada de huracanes que comienza precisamente en abril y concluye en noviembre.

Es cierto que Saint Martin aún no se ha recuperado y que los informes del Banco Mundial estipulan que la Isla volverá a su normalidad y será completamente reconstruida para 2022[690]. Es correcto también que los turistas que llegaban vía aérea se detuvieron de inmediato a partir de los primeros días de septiembre y que se redujo a casi un tercio en 2018[691]. Pero también lo es, que la temporada alta de la Isla es entre noviembre y abril y que el flujo de pasajeros regulares -no turistas- que fueron a Saint Martin conservó su ritmo habitual una vez reabierto el aeropuerto y creada una estructura provisional que no afectó en lo absoluto a PAWA desde el 1 de enero hasta el 5 de septiembre.

De esta manera la aerolínea suspendió sus cinco vuelos a la semana a Saint Martin ese día[692] y reanudaría tres frecuencias el 10 de octubre[693], por lo que culpar a una pequeña ruta y en el último trimestre de temporada baja, de la debacle económica de toda una compañía carece de sentido.

La verdad es que ya estaban en default selectivo, Aerodom había mandado dos oficios por impago y dos meses antes del impacto del huracán Irma empezaron los problemas graves cuando Aerodom, la corporación de servicios aeroportuarios, informó ya públicamente el 7 de julio que: "desde inicios de este año, de manera reiterada, PAWA se ha retrasado no sólo con los pagos a Aerodom, sino a otros proveedores de servicios aeroportuarios, lo cual ha sido oportunamente notificado a las autoridades (..) Aparentemente esa empresa no tiene la capacidad de cubrir sus gastos más básicos y operativos (..) Luego de innumerables acercamientos y promesas de

---

[690] https://documents1.worldbank.org/curated/ar/983771585801657882/pdf/Sint-Maarten-Tourism-Recovery-2020-2022-Priority-Action-Plan.pdf
[691] https://www.e-unwto.org/doi/pdf/10.18111/9789284422456
[692] https://hoy.com.do/pawa-dominicana-suspende-vuelos-por-paso-de-irma/
[693] https://aerolatinnews.com/industria-aeronautica/aerolinea-pawa-dominicana-reanuda-sus-vuelos-hacia-st-maarten-y-antigua/

pago incumplidas, Aerodom inició acciones legales"[694], el otro problema es que la: "Junta de Aviación Civil tenían conocimiento desde hace mucho tiempo (..) de retención de arbitrios que confrontaba esa línea aérea" pues también se habían retrasado varias veces en la cancelación de impuestos[695].

En efecto a partir del 7 de julio suspendió el servicio eléctrico de las oficinas de PAWA y envió una comunicación a la JAC para que iniciaran el procedimiento de investigación por insolvencia[696].

En otras palabras, los retrasos de pagos que habían comenzado en enero, fueron en aumento con todos los proveedores de servicios e impuestos sin que los huracanes tuvieran algo que ver, pues la compañía se encontraba en quiebra técnica y cesación de pagos por US$1,062,809.61 y ya en noviembre comenzaría su bancarrota formal al acumularse las deudas mayores que llegarían a los 32 millones de dólares, sin contar los impagos a la compañía matriz y los arrendamientos.

El problema de PAWA -como el de Air Dominicana- no fue otro que la mala planificación basada en ficciones y estudios sin profundidad. Si St. Martin tenía un problema no era precisamente los huracanes, sino una oferta de 60 mil asientos/año, para 26 mil pasajeros pagos que apenas cubrían los costos operativos por que los impuestos consumían toda posibilidad de que la ruta fuera rentable[697]. A esto se le sumaba una flota sobredimensionada que apenas despegaba una vez al día por avión, con un factor de 35% el primer año[698] y que nunca superó el 48%. De esta manera algo que en Venezuela podía ser rentable por una flota que fue rescatada de la chatarra, los mínimos sueldos del sistema, prácticamente la carencia

---

[694] https://www.diariolibre.com/economia/aerodom-dice-pawa-adeuda-un-millon-de-dolares-por-servicios-aeroportuarios-YX7572133
[695] https://elnacional.com.do/el-caso-de-pawa/
[696] https://www.efe.com/efe/america/economia/empresa-dominicana-pedira-evaluar-la-solvencia-economica-de-aerolinea-pawa/20000011-3319640
[697] https://www.diariolibre.com/actualidad/ms-50-del-precio-de-boletos-areos-se-paga-en-impuestos-MKDL209498
[698] Declaraciones de García en https://www.forbes.com.mx/pawa-la-aerolinea-que-quiere-conectar-al-caribe/

total de beneficios, las miles de formas de evadir impuestos y la gasolina regalada, no era igual en un país con los impuestos aeronáuticos más altos de la región, el combustible más caro y concesionarios internacionales, el sistema completo arrojaba unas pérdidas catastróficas, en un aeropuerto diseñado para la economía de escala y no para una compañía local.

La línea bandera (o el efecto político)

El concepto de Línea Bandera -como en buena parte con VIASA- está íntimamente vinculado al pundonor dominicano, desde lo acontecido con Dominicana de Aviación. Pero en la política de este país está profundamente asociado con la soberanía y envuelto en una mitología de éxito y buena imagen, que como en el caso de VIASA, distorsiona todo análisis objetivo. Pero puede ser comparable al hecho de que venga un dominicano a Venezuela, con dos aviones de treinta años y diga que él si puede ser quien construya nuestra línea bandera.

En dominicana, ocurrió lo mismo que en el caso venezolano. Es bastante más fácil crear una línea aérea en dictadura cuando Pan Am y las necesidades de la segunda Guerra Mundial financiaron la expansión de los aeropuertos y crearon los programas de arrendamiento con venta posterior[699] de aparatos que habían sobrevivido al conflicto bélico, con buena parte de los pilotos habiendo sido veteranos estadounidenses, que hacerlo después con la brutal competencia y el escaso financiamiento. Por eso para 1962 fecha en la que la dictadura ha caído y se le ha expropiado al dictador la aerolínea de la cual era accionista[700], Dominicana de Aviación tenía apenas dos DC-3, dos DC-4 y cinco Curtis C-46[701] con más de quince

---

[699] Historical Dictionary of the Dominican Republic, Eric Paul Roorda, Rowman & Littlefield, 2016. Pág. 33
[700] La fortuna de Trujillo de Juan Bosch, Editora Alfa y Omega, 1985. Pag.83
[701] World Survey of Civil Aviation: Mexico, Central America, and the Caribbean Area, United States. Business and Defense Services Administration, Business and Defense Services Administration, 1962. Pag.10

años volando[702] y que ahora operaban en toda la región porque la Fuerza Aérea estadounidense había inundado al mercado también en Nicaragua, el Salvador, Guatemala y Haití.

La Aerolínea, como en el caso de Aeropostal, era en realidad inauditable porque funcionaba a partir del caudillismo de la época y no había distinción entre lo civil y lo militar, los aparatos eran usados para el disfrute personal o las aventuras de los caudillos militares y era, más que una línea aérea, un apéndice funcional del régimen dictatorial y por esa razón entrada la mitad de la década se los sesenta simplemente estaba paralizada. Fue en 1968 que se le trata de dar un impulso a la línea aérea que "estaba prácticamente en quiebra y sin flota"[703].

El único avión funcional de carga que volaba a Miami había sido un ATL-98 Carvair construido en 1944[704] (derecha) y que se estrelló contra unos edificios en junio de 1969.

De esta manera, mediante una intervención del presidente Joaquín Balaguer se concluyeron dos acuerdos entre gobiernos, el primero con VIASA que aportaría asesoría y arrendaría un avión DC-9[705] y el segundo la firma de acuerdo por cinco años, prorrogable con la compañía Iberia, en la que la línea Bandera cedería el 40% de sus ingresos, contra la cancelación de deudas anteriores y un préstamo de 500.000 dólares -cuatro millones de hoy-, la construcción de un hotel llamado Iberia, junto a las garantías para comprar un DC-9

---

[702] Equipment of the Foreign Scheduled Common Carrier Airlines, Foreign Air Division, Bureau of Air Operations, Civil Aeronautics Board, 1951. Pág. 13
[703] Las alas de España: Iberia, líneas aéreas (1940-2005), Javier Vidal Olivares, Universitat de València, 2011. Pág. 103
[704] En realidad se trataba de un Douglas DC-4 reconstruido como carguero al que se le dio una apariencia muy extraña y del que solo se construyeron o transformaron 21.
[705] El libro amarillo de los Estados Unidos de Venezuela: presentado al Congreso Nacional en sus sesiones de ... por el ministro de Relaciones Exteriores. Venezuela. Ministerio de Relaciones Exteriores. 1968 pág. cxcix

directamente a la Douglas y con ello se intentaría reflotar a la aerolínea. Mientras esto ocurría la compañía Douglas arrendaría hasta la entrega otro avión DC-9[706].

Pero quiso el destino que la Douglas entregara el flamante nuevo avión el 19 de diciembre de 1969[707] y que, a menos de un mes de su vuelo inaugural, las dos turbinas colapsaran por contaminación de agua en el combustible acabando con la vida de todos los pasajeros[708]. De esta manera la aerolínea dominicana tendría que recurrir nuevamente al arrendamiento de un avión a VIASA y continuar el oneroso contrato de arrendamiento operativo con la Douglas que haría que la compañía diera pérdidas cuantiosas durante todos los años de la década de los setenta.

Para 1973, Iberia se había retirado de los acuerdos con deudas que superaban los cuatro millones de dólares[709], habiendo a su vez perdido los diecinueve millones invertidos y el arrendamiento con la Douglas había desaparecido gracias a la compra, en mayo de 1972 de un avión 727 a la Boeing. Pero en ese año comenzó el terremoto financiero producto de la crisis del petróleo que elevo en un 40% el precio ese año, lo duplicó en 1975 y sería sextuplicado al llegar a 1979, alcanzando su apogeo en 1980 pasando de 3,39 dólares por barril a 37,42 dólares.

Si durante todos los sesenta y los setentas, la línea aérea solo había producido perdidas con algunas excepciones anuales[710], estas se profundizaron por la crisis petrolera hasta 1984 cuando, de acuerdo al presidente dominicano: "la compañía Dominicana de Aviación ha empezado a dar beneficios luego de cinco años seguidos de perdidas continuas"[711] cumpliéndose veinticinco años de subsidio gubernamental a sus operaciones.

---

[706] https://www.planespotters.net/airframe/mcdonnell-douglas-dc-9-10-n120ne-frontera-flight-holdings/r761k1
[707] https://www.boeing.com/commercial/
[708] https://aviation-safety.net/database/record.php?id=19700215-0
[709] Equivalentes a 26 millones de hoy. Tomado de las alas de España: Iberia… pág. 110
[710] El Congresista, Números 70-74, 1977, pag.9
[711] Discurso del presidente Salvador Jorge Blanco en Discursos presidenciales, Volumen 1, Salvador Jorge Blanco, Publicaciones ONAP, 1983. Pag. 483

En 1985 se dieron puntualmente beneficios, pero duraron poco. Para 1986 y 87 las perdidas continuaron[712] hasta que Iberia se hizo cargo en 1990, en su programa de expansión de las líneas aéreas latinoamericanas. La aerolínea española basaba su propia estrategia de supervivencia en la compra de sus rivales hispanoamericanas, siendo Viasa y Aerolíneas Argentinas las que más hicieron gastar sus exiguos recursos. Aquello era de un despropósito colosal, la compañía española que había sido reestructurada en 1977 por sus pérdidas profundas y recurrentes, con graves problemas sindicales con los pilotos y controladores, había logrado sobrevivir a costa de más pérdidas en los primeros cinco años de la década de los ochenta, siendo su primer año de ganancia tras la reestructuración 1986[713]. Tomando en cuenta esa realidad, Iberia tenía quince años de pérdidas recurrentes y los siguientes tuvo apenas dos más de ganancias porque a partir de 1990 las perdidas volvieron anualmente.

Es de esta manera que Iberia no pudo operar ni Viasa, ni Aerolíneas Argentinas y se había retirado nuevamente a principios de los noventa, de LAN Chile y Dominicana de Aviación que simplemente había vuelo a perder todo su capital luego de otra década de perdidas profundas. Tras la mitología de muchos aviones nuevos, la realidad es que Dominicana solo pudo encargar el DC-9 que se accidento a las pocas semanas de su vuelo inaugural, había ordenado un 727 en 1972 y otros dos en 1975 de los que la Boeing solo entregó uno[714]. El resto fueron pocos aviones usados como los Constellation, el 707 arrendado en los setenta y la compra de otro más en los ochenta[715] así como el famoso 747-100 que duró menos de diez meses operando antes de ser vendido por no poder siquiera mantenerlo[716].

---

[712] Tomado de La Década Perdida de Bernardo Vega, Fundación Cultural Dominicana, 1991. Pág. 84
[713] Diario ABC JUEVES 29- 1- 87 ECONOMÍA (Millones de pesetas) 1984 Resultados explotación Resultados extraordinarios Pérdidas y ganancias Cash- flow Ingresos totales Gastos totales Cifras provisionales
[714] https://www.boeing.com/commercial/
[715] https://dominicanavuela.com/icono-los-cielos-boeing-707-paso-la-aviacion-dominicana/
[716] https://dominicanavuela.com/la-corta-historia-del-famoso-boeing-747-en-dominicana-de-aviacion/

Pero eso importa realmente poco frente al poderoso mensaje de un 747 que representa a Dominicana en el mundo, y frente a ese imaginario colectivo del votante dominicano, los políticos se han agrupado en torno al anhelo de construcción de un sueño imposible o muy difícil, que un grupo de empresarios inviertan cientos de millones en una línea aérea nacional y juntos estar dispuestos a subvencionar las perdidas recurrentes.

Por eso uno de los criterios más importantes de lo ocurrido con PAWA fue ese impacto en el imaginario colectivo y político. García debió evitar a toda costa usar el concepto de: "Línea bandera" en sus promociones[717] ya que este fue un factor crucial en los ataques a través de los medios de República Dominicana.

Pero continuemos con la historia, tras la quiebra de Dominicana de Aviación en 1995, todos los gobiernos en sus planes han formulado la necesidad de crear una Línea Bandera como soporte a la soberanía aérea del país, sin que esto sea realmente factible. Allí que esté presente el esfuerzo en el Plan de Gobierno de Hipólito Mejía[718], posteriormente durante el gobierno de Leonel Fernández se creó Air Dominicana[719] un Start-Up que contaba con el 40% de propiedad del gobierno y varios accionistas como el propietario de Air Europa con 25% e inversiones importantes del gobierno dominicano[720] y que tardó dos años en volar[721] culminando

---

[717] Como el presente estudio no fue requerido hasta la fecha, el Plan de Negocios escogido expresa que el origen de su creación está fundamentado en la necesidad de "una línea bandera que pueda permanecer en el tiempo" (pág. 2), igual siguieron el modelo de PAWA de formato tradicional (pág. 10), mientras que las siguientes páginas hasta las once cumplen las mismas formalidades basadas en cifras macroeconómicas, para centrarse posteriormente a explicar lo mismo que ocurrió con su predecesora. Es decir, explotar solo una porción de los mercados, contando con pasajeros no naturales incluidos los viajeros estadounidenses (pág. 15) y a los residentes dominicanos en ese país que, de acuerdo con las cifras del Plan de Negocios, representa un mercado potencial de 1,5 millones de dominicanos (aunque no cuenta a sus descendientes).

[718] (Pag. 79) https://www.opd.org.do/Partidos%20Politico/Plan%20de%20Gobierno%202012-2016%20Hipólito%20Mej%C3%ADa.pdf

[719] https://hoy.com.do/negocian-crear-nueva-linea-area-nacional/

[720] https://www.preferente.com/noticias-de-transportes/noticias-de-aerolineas/editorial-en-contra-de-juan-jose-hidalgo-de-un-periodico-dominicano-238477.html

[721] https://www.diariolibre.com/economia/asociacin-de-pilotos-pide-auditar-a-air-dominicana-MJDL238307

en una estrepitosa quiebra apenas dos años más tarde[722], perdida que según los conocedores se debió a la mala planificación y a los altos costos[723]. A este se le unen los tres intentos de Leonel Fernández con el rescate de la anterior[724], con la iniciativa de los propietarios brasileños de GOL[725] así como su intento de crear un HUB en Dominicana[726] y el intento conocido de PAWA.

Por eso es necesario traer a colación los consejos de pilotos experimentados de República Dominicana como Juan José Rivera: "No es lo mismo empezar con aviones de 30 años a romper brazos con American Airlines y United, que empezar como una filial (..) con estrategias globales y un plan de trabajo para dominar un 18% del mercado en 5 años (..) a los que quieren revivir ese muerto en Dominicana, soy de los que dice que hoy en día es mucho más difícil que una línea con aviones viejos o alquilados operando en un mercado regional dominado en su totalidad por mega grupos aeronáuticos subsista, el mundo y el mercado aeronáutico de hoy en día es muy diferente al de hace 20 o 30 años"[727]

Y esto es importante porque se trata de la visión técnica preponderante, entrar en Dominicana con un avión de 45 años de uso (HI965) y otro con 27 (HI914) como intentó PAWA, para sustituirlos después por otros cuatro con promedio de 26 años de operaciones (HI977-78, 989-90), no es precisamente lo que quiere el gobierno Dominicano que pretendía una inversión de trescientos millones de dólares para su AIR DOMINICANA.

Entonces, para simplificar lo ocurrido, si García hubiera hecho un análisis de riesgos, se habría encontrado con el riesgo

---

[722] http://leyconcursal.org/air-dominicana-en-quiebra/
[723] https://www.caribbeannewsdigital.com/es/noticia/república-dominicana-quiebra-de-air-dominicana-apunta-"falta-de-gerencia"-"precipitación"-y-
[724] https://www.elvalleinformativo.com/2012/10/danilo-muestra-interes-en-retomar-linea.html
[725] https://www.diariolibre.com/actualidad/idac-confirma-empresarios-quieren-operar-lnea-bandera-nacional-EEDL594101
[726] https://www.arecoa.com/dominicana/2013/04/11/avanzan-tramites-para-el-hub-de-gol-en-republica-dominicana/
[727] https://dominicanavuela.com/un-dominicano-en-cielos-japoneses-entrevista-al-capitan-juan-jose-rivera-2da-parte/

político. Construir una línea bandera significaba entrar en el debate político que atañe únicamente a los dominicanos, atacaban el pundonor y el nacionalismo de un sector de los dominicanos, enfrentar a un sector de izquierdas fuerte en contra de una línea privada que sostenga que representa la bandera de República Dominicana y esto generaba críticas feroces y más si en vez de inversiones llegaban aviones con más de 30 años.

García creaba expectativas en una población que extrañaba su línea bandera y en caso de colapso o problemas, generaría reacciones apasionadas que a su vez generaría fricciones políticas. De allí que, frente a un simple caso de quiebra técnica, podía concluir en tribunales y en casos penales contra los dueños, lo que significaba apuntarse a la concreción o la ruina de un Plan de Gobierno determinado o de una presidencia.

Hacerlo como se hizo, concluiría en su uso en campaña con el nombre de la aerolínea, para después con los cambios entrar en conflicto con la siguiente presidencia. Estas fueron las razones por las que la García debía obviar ese concepto en las publicidades y comunicaciones corporativas e hizo todo lo contrario.

El cabotaje dominicano

Uno de los aspectos más importantes para una línea aérea, es el flujo de caja proveniente del cabotaje o mercado nacional y crear un sistema integrado que permita captar clientes. En los mercados grandes más de dos tercios de los ingresos provienen siempre de la actividad los pasajeros domésticos, sea American Airlines[728], Iberia, AirFrance o regionales como Aeroméxico y Avianca[729] con sus

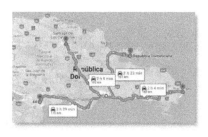

---

[728] https://www.forbes.com/sites/greatspeculations/2019/11/15/how-much-of-american-airlines-revenues-comes-from-domestic-passenger-travel/?sh=4762476d480f
[729] https://www.ad-cap.com.co/wp-content/uploads/2015/07/Cobertura-Avianca-2014.pdf

redes de pasajeros locales que ayuden a funcionar a una línea aérea nacional. Pueden también existir líneas aéreas especializadas como LATAM, que tiene a su vez pequeñas empresas dedicadas al cabotaje en distintos países que le proporcionan flujo de caja importante, igual que Copa Airlines con Copa Colombia y Wingo. Pero una línea aérea que no cuenta con pasajeros nacionales y solo compite por el segmento internacional y por pasajeros internacionales, esta lógicamente en aprietos en el siglo XXI.

Incluso en Cuba con una distancia de once horas entre Santiago y La Habana se justifica el cabotaje. Pero en una isla en la que todo está a dos horas de la capital, el asunto se torna sumamente complejo y costoso. Y eso es lo que ocurre precisamente en la Isla en la que se conjugan tres aspectos muy difíciles para una aerolínea. El primero la ausencia de un mercado de cabotaje turístico pues:

1. Si hay líneas aéreas que sirven el cabotaje turístico (PUJ-SDQ), pero el promedio de los últimos diez años es de 41 pasajeros diarios, llegando a su punto más alto en 2015 con 66 para luego disminuir a 30 diarios.
2. Las autopistas colocan a La Romana o Punta Cana a menos de hora y media o dos horas respectivamente en coche o a poco más de tres horas Puerto Plata.
3. Todas las líneas aéreas extranjeras tienen destinos directos a los tres aeropuertos turísticos principales, por lo que no hay un aeropuerto que, como en Venezuela, centralice y distribuya las operaciones.
4. El tipo de turista del Caribe, busca hoteles en la playa principalmente todo incluido. Solo una minoría viaja internamente y lo hace en coche.
5. Líneas como American Airlines tienen rutas directas hasta cinco aeropuertos de ciudades no turísticas.
6. Los pasajes en autobús desde Punta Cana hasta Santo Domingo varían desde los 5 dólares en autobuses

públicos, hasta los 44$ en autobuses ejecutivos[730]. Pero una familia puede optar por ser recibida en el aeropuerto (SDQ) en una SVU de lujo con chofer bilingüe o una minivan (con wifi) y ser llevada al hotel de escogencia por 41,35 dólares[731] por ocupante, pero esto le aumenta los costos de manera importante al viajero del Caribe y eso en la planificación de vacaciones cuenta.

7. Ese mismo pasaje en avión le costaría a la familia, el doble del dinero, sin contar con los traslados aeropuerto-hotel-aeropuerto.

Si esto es en cuanto a los destinos turísticos por excelencia, la ausencia de viabilidad financiera del cabotaje local es más difícil aún pues:

8. Los costos de cabotaje, pese a la disminución de los impuestos por el Covid-19,[732] siguen siendo muy altos para desarrollar ese mercado interior.
9. La mitad de la población vive en el Distrito Nacional (Santo Domingo) y sus alrededores (San Cristobal y ciudades cercanas) a menos de 30 minutos del centro de la capital.
10. El 70% de la población vive a menos de hora y media en vehículo.
11. En la medida en la que se alejan de los centros poblados y motores económicos el mercado disminuye o en palabras simples, los más alejados son quienes menos pueden volar en avión.
12. Mientras que la segunda ciudad más grande (Santiago de los Caballeros) se encuentra a dos horas por autopista.

---

[730] https://www.metroserviciosturisticos.com/horarios
[731] https://transekur.com/booking/
[732] https://www.hosteltur.com/lat/143936_republica-dominicana-eliminara-los-impuestos-a-los-vuelos-domesticos.html

13. Los pasajes en las líneas de autobús son extremadamente baratos y los trayectos sumamente cortos.

El tercer punto es simplemente el Mercado Global, el 70% de los habitantes de República Dominicana se encuentran en la pobreza o en un sector denominado como población vulnerable, mientras que la clase media, conceptualizada por línea de ingresos es la que sobrevive con más de 300 dólares al mes, mientras quienes ganan más de 1.500 dólares al mes representan apenas al 3% de la población. Este es pues el panorama global, la línea aérea tiene pocas posibilidades de tener cabotaje turístico y menos aún el local, pues quienes podrían tener nivel de ingresos para pagar los pasajes, son una exigua minoría.

Pawa y los 25 fantasmas del Caribe.

"De haber sabido que antes que yo, lo había intentado cinco empresarios más grandes y fracasaron, no habría planteado a la Junta esa inversión (..) República Dominicana no está adaptada para una línea aérea bandera (..) mi peor error fue salir de Venezuela"[733] expresaría Simeón García quien terminó solicitado por "estafa en contra del Estado, abuso de confianza y lavado de activo"[734].

Los diez errores fundamentales de Simeón García en dominicana fueron:

1. Contar con los mercados extranjeros (venezolanos y los dominicanos no residentes), para construir una aerolínea nacional,
2. Creer que el Caribe tiene mercado importante, en el Caribe,
3. Hacer competir su aerolínea con su filial venezolana,
4. Utilizar el concepto de: "línea bandera", sin tener músculo financiero para ello,

---

[733] Entrevista a Simeón García en https://www.youtube.com/watch?v=2uAWvkEFYE0
[734] https://elnacional.com.do/piden-captura-internacional-de-presidente-de-pawa-dominicana/

5. No hacer un estudio de mercado y rutas
6. No efectuar un análisis financiero (Hub, costos en Dominicana y en rutas)
7. Sobredimensionar la flota y utilizar aviones no aptos para el mercado dominicano,
8. Conceptualizar su aerolínea en formato tradicional, sin valor agregado y
9. Creer que el modelo venezolano, es replicable en aeropuertos internacionales competitivos y
10. Tratar de evadir los costos, mediante subterfugios.

Esto los hizo crear un Plan de Negocios basados en estudios macroeconómicos, cifras gruesas, quimeras, buenos deseos y sin tener un solo número, elemento o dato real basado en estudios de comportamiento, análisis de costos, de mercado y competencia o cualquier otro elemento que les pudiera ayudar a construir una línea aérea verdaderamente dominicana. El resultado fue la sobredimensión, la falta de pasajeros y de mercado, el desdén de los dominicanos, la quiebra posterior y las acusaciones en tribunales por evasión de impuestos, lavado de activos y fraude al estado.

A pesar de sus cuatro intentos, PAWA nunca pasó de ser un Start-up, conceptualizada como una línea en formato tradicional sin valor agregado, sobredimensionada, con una flota no apta para el mercado, no solo pretendía capturar un mercado contra los gigantes, sino que eliminó de entrada la posibilidad de atacar la mayor proporción de mercado.

De esta manera el plan de PAWA estaba basado en números irreales cuando en su plan de negocios hablaba de "todas las cifras macro daban (..) millones de pasajeros, crecimiento (..) para

Hogares por Línea de Ingreso

Quintil de ingresos	Hogares	Personas	Ingreso Total		Ingreso laboral		Ingreso transferencia	
IV	642.719,00	1.864.854,00	USD	776,76	USD	619,06	USD	157,70
V	643.117,00	1.616.277,00	USD	1.624,91	USD	1.312,03	USD	312,88

Quintil de ingresos	Personas por Hogar	Percapita Ingresos	Ingresos diarios
IV	2,90	267,71	8,92
V	2,51	646,55	21,55

cdn.bancentral.gov.do   documents   estadísticas   encuesta-de-gastos-e-ingresos   ENGIH_2018.pdf?v=1584030541423

cualquiera en el sector era como darle un caramelo a un niño". Pero las cifras no estaban basadas en un estudio real de mercado cuyos resultados se pueden simplificar de la siguiente manera, la mayoría de la población no se puede dar el lujo de pagar un pasaje de avión y además, consideraría un gasto absurdo hacerlo.

Sobre las "otras" cifras macroeconómicas.

De acuerdo con el Ministerio de Planificación de República Dominicana, en 2020 "268,515 dominicanos y dominicanas cayeron en la pobreza general"[735] por culpa de la Pandemia de Covid-19 hasta alcanzar poco menos de un cuarto de la población. Algo que históricamente ha descendido ligeramente en los últimos veinte años.

Sin embargo, el problema en Dominicana es que esa pobreza y "no pobreza" es como un acordeón que depende del año y la accidentalidad de la economía pues el sector de población vulnerable, es decir, aquel que sobrevive con menos de 300 dólares al mes o diez dólares diarios, si bien desde el punto de vista monetario no es pobre, tampoco es de clase media y representa la mayoría del país perpetuamente en riesgo de caer en el rango de "pobreza monetaria" y que en conjunto, con la población pobre, representan históricamente al 70% de los dominicanos[736] (cuadro derecho).

En otras palabras, el promedio mensual de ingreso de los hogares de República Dominicana, de acuerdo al Banco Central[737] es de 21,53 dólares diarios, que representan 641$ mensuales para una familia de cuatro personas. Es decir, cada dominicano vive al borde de la pobreza, en promedio con 5,38$ diarios. El 70,8% de estos viven en un hogar con techo de metal (zinc) y el "33,7% tienen paredes de paredes de madera, tabla de palma, tejamanil u otros"[738].

En estos hogares, el 70,2% tiene algún miembro en condición de informalidad laboral, tienen altas privaciones en materia de aseguramiento de salud y la mitad de estos también enfrentan privaciones de electricidad[739].

---

[735] https://mepyd.gob.do/publicaciones/boletin-pobreza-monetaria-a6-no8
[736] Evolución de la población de la República Dominicana por estratos de ingreso en 2000-2015 según definición del BM/PNUD, Ministerio de Economia y Planificacion.
[737] https://www.bancentral.gov.do/a/d/4795-banco-central-presenta-los-resultados-de-la-encuesta-nacional-de-gastos-e-ingresos-de-los-hogares-engih-2018
[738] https://siuben.gob.do/wp-content/uploads/siubenlibrocalidaddevida.pdf
[739] https://siuben.gob.do/wp-content/uploads/2019/07/libro-ipm-rd-26062017.pdf

Así, la clase establecida en los percentiles IV y V, que viven con más de 9 dólares diarios, representa un universo de 650.000 habitantes en toda República Dominicana.

De esta manera cualquier línea aérea que pretenda competir por el segmento *"Tradicional"* debe entender que su mercado es de apenas setecientas mil personas de un universo de más de diez millones de habitantes.

Ahora bien, si esta línea pretendía competir en el segmento *"Tradicional"* rivalizando con las líneas aéreas estadounidenses, debe entender que el quintil de ingresos que puede demostrar arraigo y obtener visas estadounidenses está en el rango de ochocientos mil dominicanos (activos) de los cuales viajan en promedio, medio millón de manera anual a los distintos destinos por lo que solo representan **diez vuelos diarios a distintos destinos**.

AÑO	2011	2012	2013	2014	2015	2016	2017	2018	2019	2020
VISAS	66,276	73,663	59,333	62,752	93,783	146.901	205,46	140,586	102,784	62,978
TOTAL ACTIVAS	140	199	262	356	503	708	849	952	1.015	
REALES	114	162	213	289	409	576	690	774	825	

Nonimmigrant Visas Issued by Issuing Office

Del mercado real dominicano

Uno de los grandes errores de PAWA, fue no haber hecho un estudio real sobre los dominicanos y su mercado. Como en el caso de García, que escogió un mal HUB (SDQ), basado en quimeras sobre el "principal aeropuerto" por una especie de deseo mimético con el aeropuerto de Venezuela[740] y sobre los millones de dominicanos que vuelan a la Isla y desde esta a los Estados Unidos.

Basar principalmente su teoría en un aeropuerto que estaba dejando de ser importante y en los dominicanos que viven en Estados Unidos, en capturar una cuota importante de turistas norteamericanos, así como a estudiantes dominicanos (en USA), sin

---

[740] El Aeropuerto Simón Bolívar tradicionalmente engloba el 87,32% del trafico internacional y es el principal HUB de conexiones internas. Los planificadores no se dieron jamás por enterados de que eso no ocurre en Republica Dominicana,

tomar en cuenta a los dominicanos en su país y sin aportar detalle alguno sobre a donde viajan o cuáles son sus tendencias en el mercado. Es a los efectos tan extraño como si en Aserca su plan de negocios no tomara en cuenta a los venezolanos para viajar.

Por eso la principal debilidad del Plan de negocios de PAWA estuvo precisamente en la ausencia de un análisis real de mercado en la que fundamentar una propuesta de negocios.

De los estadounidenses

Las cifras del número de dominicanos residentes en los Estados Unidos, de acuerdo con el Departamento de Homeland Security representa **1.511.045**[741] dominicanos naturalizados desde 1959. Es decir, ese es el mercado que puede legalmente viajar a su país de nacimiento, y a esto se le suman los familiares y cónyuges, así como los descendientes de segunda y tercera generación, que podrían fácilmente duplicar esas cifras.

Pero un análisis de mercado si bien puede tener como referencia las cifras macroeconómicas para demostrar el estado general y las tendencias, debe contar también con un estudio que contemple las rutas que opera la aerolínea, es decir si por ejemplo doscientos mil dominicanos viajan a Europa o a Moscú, pues la realidad es que eso importa poco para el presente de una aerolínea que no cubre esas rutas. De esta manera, la ruta de Santo Domingo no se podía medir por las cifras generales ya que, descomponiendo estas cifras, solo una minoría de aquellos millones, llegaba a su aeropuerto[742].

He allí donde las cifras macro pueden causar daño a cualquier planificación, pues no corresponden al mercado natural ya que la ruta que operaría PAWA comprendía apenas el 19,93% de los estadounidenses que arribaban a la Isla. Cifra que, si bien no era nada

---

[741] https://www.dhs.gov/sites/default/files/publications/immigration-statistics/yearbook/2019/yearbook_immigration_statistics_2019.pdf

[742] 1,295,065 estadounidenses volaban a Punta Cana, 191.176 a Cibao, 130.962 a Puerto Plata y finalmente solo 404.581 pasajeros volaban al HUB de SDQ[742].

despreciable, sugería profundizar en la necesidad de otros análisis complementarios, como su cotejo con el respectivo estudio de rutas.

PASAJEROS DIARIOS		2015	2016	2017	2018	2019
New York	Las Américas,	1.191	1.275	1.304	1.304	1.315
Miami-Florida	Las Américas,	568	557	685	600	605
Newark	Las Américas,	198	177	175	294	588
Fort Lauderdale-Hollywood	Las Américas,	265	319	330	358	330
Orlando-Florida	Las Américas,	103	89	99	133	275
Boston-Massachusetts	Las Américas,	125	133	152	164	222
Atlanta	Las Américas,	144	156	164	175	178
		2.593	2.706	2.909	3.028	3.513

Si descompo- nemos a su vez a estos pasajeros, desde su HUB de origen, encontra- remos que de estos 404.581 pasajeros pagos (de Estados Unidos), el 81,56% llegan principalmente desde destinos como Nueva York-Newark, Boston, Atlanta y Orlando (Cuadro superior), quedando un mercado real para competir por 81,342 Pasajeros revenue[743] o rev-pax (en adelante), de Miami, para un total general de 605 pasajeros diarios (estadounidenses, residentes y no residentes).

Y esto fue lo que le ocurrió a PAWA con la ruta SDQ-MIA en la que más de dos tercios eran venezolanos, pero en realidad no competían por millones de pasajeros en 67 vuelos diarios como pensaban, ni por atraer a millones de dominicanos, sino apenas por ocho vuelos de interconexión -lo que dejaba fuera a PAWA- y apenas cuatro directos, nada menos que contra American Airlines que tiene el monopolio de cuatro vuelos diarios -como en Caracas- desde 1992 y contra Delta, Spirit y Frontier que compiten contra American. Siendo las tarifas de menos de doscientos dólares (fuera de temporada).

Podía haber logrado construir una línea aérea productiva y sostenible. Sin duda, pero tardó cuatro intentos y muchos años en comprender el mercado y cuando trató de revertirlo era demasiado tarde.

---

[743] Tomado del ingles: Revenue passengers - The total number of paying passengers flown on all flight segments".

Del Hub en Santo Domingo y los errores de PAWA

De la misma forma hay que tener cuidado con las ilusiones estadísticas. Es cierto que el crecimiento de los visitantes a República Dominicana ha sido importante y de 2.978.024 de Rev-pax en el 2.000 pasaron a 4.124.543 una década más tarde, para dispararse a 6.446.036 en 2019[744] y que además pasó de tener el 15% del mercado del Caribe a ostentar un 24% en 2019 o del 1,8% de toda la región ostenta un orgulloso 2,9%. Pero ha sido un crecimiento motivado a una política inteligente y altamente competitiva focalizada en Punta Cana y Puerto Plata.

1. El total de pasajeros a Santo Domingo pasó de 1.440.845 en el año 2000 a apenas 1.974.846 en 2019. (solo aumento de 37,06%), mientras que
2. Los pasajeros a Punta Cana en 2000 fueron 868.576 contra 3.564.965 (aumento de 310%).
3. Los pasajeros del Cibao pasaron de 31,233 en 2000 a 843.330 (2.520%).
4. Esto ha hecho que rutas como SDQ-MIA estén prácticamente paralizadas desde hace 20 años[745] con un promedio de 220 mil pasajeros.

Por lo tanto, el principal error de PAWA, fue basar su Plan de Negocios en unas estadísticas irreales ya que el aeropuerto de Santo Domingo, no es el equivalente al aeropuerto de Maiquetía. Es cierto que en la década de los ochentas representaba el 85% del total de pasajeros, pero descendió al 63% a mediados de los años noventa, solo recibió al 43,33% de los pasajeros en el año 2.000 y para el 2019 representó apenas el 27,71% del tráfico aéreo, calculándose que recibirá menos del 20% del flujo para el año 2030[746].

---

[744] https://www.bancentral.gov.do/a/d/2537-sector-turismo
[745] Fuente Estadística de la JAC 2005-2019, por rutas.
[746] https://www.bancentral.gov.do/a/d/2537-sector-turismo

En otras palabras, el HUB SDQ no era una Maiquetía en la que llega el 90% de los pasajeros y es redistribuido hacia Margarita y el resto de Venezuela, sino uno en el que solo ingresan el 27,71% distribuidos de la siguiente manera:

1. Residentes   472.425
2. No residentes 1.502.421
3. De estos los principales puntos de origen son:
    a. 479.976 desde Nueva York   (24,3%)
    b. 441.771 desde Florida   (22,37%)
    c. 254.852 desde Europa   (12,90%)
    d. 150.386 Filadelfia, Atlanta y Boston (7,62%)
    e. 160.161 de tránsito en Panamá (8,11%)
    f. 69.329 desde Venezuela (3,51%)
    g. 56.808 desde Bogotá (2,87%)

Es sumamente importante decantar aún más las estadísticas para evitar distorsiones, como por ejemplo el punto (e.) pues una interpretación errada es que el Aeropuerto de Tocumen sea un punto de origen importante de pasajeros que pueden ser explotados. En este caso solo 11.879 residentes de Panamá visitaron República Dominicana en 2019 lo que es equivalente a 32,5 Rev-pax diarios, lo que daría dos vuelos a la semana, suponiendo que se capturara el 100% de los pasajeros, compitiendo contra COPA. Por lo tanto, ese mercado ya viene en tránsito desde distintos países y no es explotable en esa locación y eso no era más que una quimera.

La realidad es que no existían esos millones de pasajeros.

De los dominicanos residentes en Estados Unidos.

A la base mínima estadística de la que partiría un examen objetivo, basado en un análisis real de mercado, se le debe cotejar con los análisis de comportamiento de los pasajeros. El primer error de un plan de negocios como el de PAWA se encuentra no solo en basar las teorías en cifras macroeconómicas y globales, sino en proporcionarle a las estadísticas valores solo mesurables en deseos e ilusiones.

Los dominicanos que se han nacionalizado en los Estados Unidos están agrupados en primera, segunda y tercera generación. La primera es aquella naturalizada con más de 35 años de residencia en ese país y que está representada por 820,357 ciudadanos[747] y sus descendientes ya estadounidenses, la sigue una cifra de 291,422 que representan a una segunda generación con 25 años o más de residencia y una tercera con 503,978 dominicanos que consiguieron su residencia hasta el año 2019.[748]

De esta manera cerca de dos tercios de los dominicanos juraron a la bandera norteamericana hace más de 25 años y posiblemente emigraron mucho antes. Sus hijos de segunda generación son norteamericanos que entraron al *Meltin Pot*, hablan mal el castellano y buena parte de estos están casados con parejas de otras nacionalidades. De este millón y medio de naturalizados, 845,677 son elegibles para votar en las elecciones norteamericanas y otros trescientos mil lo serán en los próximos años[749] de estos, el 75% se decanta por el Partido Demócrata[750] y es interesante porque, de acuerdo al censo, los votantes naturalizados registrados para votar, tienden a hacerlo masivamente (90,87%) en las elecciones estadounidenses.

---

[747] Incluye los naturalizados en la década 1950-1959
[748] https://www.dhs.gov/sites/default/files/publications/immigration-statistics/yearbook/2019/yearbook_immigration_statistics_2019.pdf
[749] https://dominicanosusa.org/wp-content/uploads/2019/02/DUSA-Dominicans-on-the-Hill-V2.pdf
[750] https://dominicantoday.com/dr/world/2020/09/28/75-of-dominicans-with-the-right-to-vote-in-the-us-support-joe-biden-according-to-poll/

A esto se le añade una segunda generación que ya es norteamericana. Un estudio de la Universidad de Macaulay en los centros poblados de clase media baja[751] de Washington Heights/Inwood, sostiene que la primera generación de dominicanos: "Reconocen que sus hijos poco a poco se vuelven "más estadounidenses", a medida que se sumergen en la cultura de su hogar y de alguna manera pierden la cultura del hogar de sus padres"[752], mientras que otro de la universidad de Columbia, realizado en suburbios de clase media sostienen que: "Las familias inmigrantes que llegan a los suburbios de clase media están equipadas para aprovechar los recursos que su lugar de residencia les puede permitir. Vivir en este tipo de lugar marca un logro del Sueño Americano"[753] y esto ha hecho que esta segunda generación lograra alcanzar un lugar más preponderante en la economía, la política y las artes, que sus padres[754].

En sentido contrario a esta estadística, apenas 30.118 dominicanos votaron por su presidente en 2004[755] siendo 20.510 los votos emitidos en el Estado de Nueva York y apenas poco más de 2.000 lo hicieron en estado de la Florida, la cifra apenas a aumentado en el total para 2020, pues solo votaron 129,241 dominicanos en el mundo en las últimas elecciones[756], de estos no más de 50.000 votaron en Nueva York en 2020[757]. A este respecto Nathanael Concepción, director del Observatorio Político Dominicano (OPD): "No estamos ya frente al grupo dominante del migrante en el exterior. Ya no es aquel que fue el papá que se fue, la mamá, ya son los jóvenes que nacieron en Estados Unidos, que hablan el inglés mejor que el

---

[751] https://www.osc.state.ny.us/files/reports/osdc/pdf/report-2-2016.pdf
[752] https://macaulay.cuny.edu/seminars/sezgin09/index-14470.html
[753] https://academiccommons.columbia.edu/doi/10.7916/D8NW119Q
[754] Encountering American Faultlines: Race, Class, and the Dominican Experience in Providence de Jose Itzigsohn, Russell Sage Foundation, 2009 tabla 3.1
[755] https://www.opd.org.do/index.php/analisis-partidos-politicos/604-dominicanos-en-el-exterior-de-la-participacion-a-la-representatividad
[756] https://www.diariolibre.com/usa/actualidad/solo-el-2179-de-dominicanos-en-padron-del-exterior-voto-para-elegir-al-nuevo-presidente-de-rd-PI19999125
[757] https://citylimits.org/2020/07/16/los-votantes-dominicanos-en-nueva-york-eligen-nuevo-presidente-en-la-isla/

español, que no tienen el mismo vínculo con el país que tienen sus padres, y eso es un tema que el país tiene que entender"[758]

Es lo mismo que debe entender un planificador de rutas y analista de mercado en una línea aérea, que pretende conseguir a extranjeros para llenar sus rutas y así deben verse los dominicanos que se marcharon hace 25 años y la segunda y tercera generación, es decir de un universo de más de dos millones, el 93,56% son estadounidenses, que viven y se relacionan diariamente como estadounidenses.

De la misma manera en la que escogen el estándar de vida estadounidense, la escogencia de líneas aéreas para al menos el 90% de los dominicanos que viven en el extranjero, responde principalmente a esta realidad. De estos millones solo un tercio de no residentes vuela una vez al año a visitar a sus amigos y familiares, pero el resto del año lo hacen en cabotaje en sus líneas aéreas (Iberia, Lufthansa, Alitalia, American, Jet Blue etc.) y gozan de los privilegios, programas de fidelidad etc., de estas líneas aéreas. Por lo que el espejismo de un mercado de millones, se reduce a esta realidad del comportamiento y no de una simple estadística.

Como en Caracas, el pasajero que viaja por American, Delta o United lo hace por un criterio específico, dejando a los indecisos o a la cacería de precios bajos, el resto del mercado, en Dominicana existe el mismo comportamiento, la clase media vuela por American y la de menores recursos lo hace por Jet-blue. Por eso es tan necesario en un estudio de mercado, contar con las variables sociodemográficas verdaderas y no con sueños e ilusiones, pues eso cuesta mucho dinero.

---

[758] https://www.diariolibre.com/usa/actualidad/dominicanos-en-el-exterior-son-mas-en-el-padron-pero-votan-menos-AJ18115115

Composición social de los dominicanos-estadounidenses.

Siguiendo el análisis de las posibles fallas, era un poco sentido común el hecho de que si en realidad fuera tan gran negocio como lo parecía, nadie hubiera sido exitoso u otras aerolíneas, propiedad de dominicanos fueran tan pequeñas. Era tan lógico como el hecho de que un dominicano de 40 años, nacido en Estados Unidos, tendría en su cartera la tarjeta de American o Delta con sus millas.

Y de allí a que un verdadero plan de negocios contara con una verdadera evaluación del mercado. Si ya se tiene cuántos son y de dónde llegan y se tiene cuál es su comportamiento, lo siguiente es evaluar en qué nicho de mercado van a operar.

De acuerdo al censo de los Estados Unidos, para el año 2019, los dominicanos reportaron un ingreso promedio de 44,000 dólares, mientras que el resto de la población reportaba ingresos familiares promedio de 65,000 dólares[759]. Esto quiere decir que el dominicano promedio es un 31% más pobre que la media. A esto se le añade que, de acuerdo con el censo, el 26,3% de los dominicanos en Estados Unidos viven bajo la línea de pobreza[760]. Un 56% de estos, está asegurado por el gobierno o carece de seguro. Esto quiere decir que la inmensa mayoría de los dominicanos vive en el estatus de clase baja y esta problemática disminuye en la ciudad de Nueva York a un 19%, siendo el 57% restante de clase baja y un 24% alcanzó el estándar de clase media[761].

Pero en la ruta de Boston, por ejemplo, la situación es más crítica ya que el "40% de la población dominicana vive por debajo de la línea de pobreza", el 52% restante vive como clase baja y "solo el 8% ha alcanzado el estándar de vida de clase media"[762]. Otra diferencia es que mientras en Nueva York el 43,7% son las mujeres

---

[759] https://www.migrationpolicy.org/article/inmigrantes-de-la-republica-dominicana-a-los-estados-unidos#ingresos_pobreza
[760] https://www2.census.gov/library/publications/2013/acs/acsbr11-17.pdf
[761] https://clacls.gc.cuny.edu/2021/03/30/dominican-population-in-nyc-after-1980/
[762] http://www.bostonplans.org/getattachment/0c0adc76-aeb3-4f86-91bc-b804681466f3

las cabezas de hogar[763] en Boston la cifra alcanza el 59% y los niveles educativos son bajos, pues solo el 22% de los dominicanos han alcanzado un *bachelor degree* o superior, en comparación al 65% de los inmigrantes venezolanos o argentinos[764].

Esto es importante, porque para un planificador el contexto social es vital para determinar cuál será su mercado en el plan de negocios y en el caso de PAWA la idea fue ser una compañía tradicional en su conceptualización de target de negocios, es decir atacan a un mercado de cifras generales (en buena parte inexistente) y lo conciben como parte de un estudio o análisis tradicional, alejado del low cost, ultra low cost o hibrido, sin ancilliary revenue, productos a la medida y demás elementos que deberían constar en un Plan de Negocios real para que se trate de una línea aérea dominicana que compita realmente en el sector tradicional.

Del perfil de Pawa

República Dominicana es un mercado muy particular. De la misma manera que los planificadores de PAWA se centraron en un HUB y una flota que no llenaba los requisitos para ser un verdadero negocio, basaron sus expectativas en que el negocio en Dominicana funcionara como el de Caracas, con la idiosincrasia del venezolano.

Pero lo que funciona en una Venezuela en la que tradicionalmente tres millones de pasajeros recurrentes, compuesta en una buena parte de inmigrantes italianos, españoles y portugueses junto a millones de venezolanos de clase media, no funciona en una isla del caribe. Para el año 2012 el producto interno bruto venezolano era de 352 billones contra apenas sesenta de República Dominicana y el per cápita era de la mitad de los venezolanos[765] haciendo que la

---

[763] https://www1.nyc.gov/assets/planning/download/pdf/data-maps/nyc-population/nny2013/chapter4.pdf

[764] https://www.pewresearch.org/fact-tank/2020/04/07/education-levels-of-recent-latino-immigrants-in-the-u-s-reached-new-highs-as-of-2018/

[765] https://www.imf.org/external/datamapper/NGDPDPC@WEO/OEMDC/ADVEC/WEOWORLD

burbuja creada por la temporal subida del barril de petróleo colmara los vuelos nacionales e internacionales.

Por esa razón, planificar la compañía dominicana, proyectando esas ilusiones, como lo que sucedió con PAWA cuando en su Plan de Negocios: "La aerolínea ha optado por Miami, porque supone la segunda concentración de dominicanos en Estados Unidos, después de Nueva York, con más de 175.000 dominicanos que residen en la parte sur de la Florida"[766] una ruta que apostó por "dos vuelos diarios que busca atender la gran demanda que genera el mercado étnico"[767] con una gigantesca campaña publicitaria, desde el vuelo inaugural hasta su cierre logró transportar 76.211, es decir un vuelo diario. Por lo que tuvieron que bajar en marzo las expectativas, que fue el único rentable y tratar de atacar el mercado de NYC.

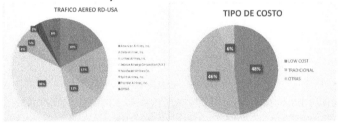

Y esto se debe principalmente a que la clase media dominicana -como en Caracas- desde hace casi treinta años vuelan tradicionalmente con American Airlines (18,89%), cuya expansión ya está presente en los aeropuertos de Santo Domingo, Punta Cana, Puerto Plata, el Cibao y Samaná. Seguidos de Delta Airlines (18,19%) y United (12,14%) que en total -junto con otras tradicionales y chárteres- acaparan el 46% del mercado (norteamericano).

A esto hay que añadir que, la mayoría de los dominicanos y extranjeros vuelan principalmente en Jet-blue que acapara el 38,57% del mercado y el lowcost es mayoritario con Spirit (5,25%), Soutwest (3,91%) junto a Frontier (3,05%) que ocupan el 48% de las

---

[766] https://www.arecoa.com/aerolineas/2016/11/16/aterrizaje-historico-de-pawa-en-miami/
[767] https://www.arecoa.com/aerolineas/2016/11/16/aterrizaje-historico-de-pawa-en-miami/

preferencias, dejando el 6% a otras aerolíneas que cubren otros destinos y aeropuertos secundarios.

Al PAWA, operar como aerolínea "tradicional" o FSC (Full Service Carrier) dejó de lado la parte mayoritaria del mercado, para competir contra American, Delta, United por una cuota del mercado estadounidense y contra COPA, LATAM y Avianca en el mercado regional.

De la flota y los aviones md-80.

"Hay muchas cosas que uno percibe, pero que uno no quiere todavía decirlas porque no tenemos todavía la certeza, pero todo indica que fue algo dirigido, de que fue una quiebra inducida, fraudulenta" dijo el presidente de la JAC con respecto a PAWA[768]. Uno de los principales problemas que tienen los venezolanos allí se puede observar a través de las críticas a esa aerolínea:
1. Sobredimensión (presidente de la JAC)
2. Empleo-manía (expresidente de PAWA)[769]
3. Aviones viejos y alquilados que generaban fallas continuas en las aeronaves y la contraproducente publicidad negativa[770],
4. Inversión mínima,
5. Falta de liquidez para afrontar las pérdidas.

Pretender constituirse como Línea Bandera, obteniendo privilegios del estado, sin invertir un centavo, fue realmente lo que hizo que el gobierno dominicano interviniera radicalmente a PAWA, sin darle mayores posibilidades de defensa.

---

[768] https://www.diariolibre.com/actualidad/idac-y-jac-solicitaron-investigar-a-pawa-por-lavado-de-activos-EI9758879
[769] https://eldia.com.do/pawa-dominicana-nombra-a-gary-stone-como-su-nuevo-presidente-ejecutivo/
[770] https://noticiassin.com/pais/pasajeros-se-amotinan-en-avion-de-pawa-dominicana-por-falla-de-motor-587590

MIA-SDQ	ONE WAY	R-TRIP	VUELO	TIPO	AÑOS
FRONTIER	USD 74,00	USD 125,80	F958	Airbus A320-251N	2
SPIRIT	USD 82,00	USD 139,40	NK3108	Airbus A319-132	16
AMERICAN		USD 225,00	AA 1026	738-Boeing 737	10,8
		USD 318,00	AA 1481	738-Boeing 737	10.8
		USD 391,00	AA2096	738-Boeing 737	10.8
		USD 225,00	AA 1706	7M8-Boeing 737MAX	2,7
		USD 318,00	AA 2727	321-Airbus A321	1,3

Pero el problema que tenía PAWA también era ¿Cómo competir en el formato tradicional (Full Service Carrier), con MD-81 y 82 con un promedio de 30,7 años? Contra un servicio que permite escalas, con aviones muy nuevos y con tecnología interior avanzada.

American antes de la Pandemia (cuadro superior) presentaba una oferta de cinco vuelos diarios (en pico) a Santo Domingo desde su Hub de Miami. Con ofertas que iban desde los 225 dólares en vuelos de madrugada, hasta los 391 dólares. Para el último trimestre del año sigue presentando cinco vuelos diarios[771] desde las 8:00am hasta las 5:25pm todos con 737-MAX con tres años de operaciones, tarifas promedio de 200 dólares ida y vuelta, internet de alta velocidad directo al device de escogencia y una tarifa ejecutiva de 583$. Mientras se esperaba que estas tarifas bajaran aún más de aprobarse la fusión de rutas con JetBlue.

De esta manera, la única ventaja competitiva de una aerolínea local, con aviones sin tecnología contra las grandes en Miami, es la tarifa. Un avión obsoleto, cada vez con más presión en su mantenimiento y problemas de repuestos, sin tecnología de entretenimiento, con una sola frecuencia en el SLOT que otorgue el aeropuerto dominado por la competencia y en formato tradicional, solo podía competir con un Plan de Negocios muy bien elaborado para aumentar el factor competitivo al máximo.

Y de nuevo hay que decirlo, cuando luego de muchos años y fracasos se comprendió, ya era demasiado tarde.

---

[771] AA1330, AA2727, AA987, AA1481, AA2891

El monopolio de las grandes y sus repercusiones

Aerolíneas	PAX 2019	OPS 2019	PAX/FL	LF
Jetblue Airways Corporation (N.Y.)	2.904.062	22.095	131,44	81,13
American Airlines, Inc.	1.422.206	9.804	145,06	84,34
Delta Airlines, Inc.	1.369.959	8.822	155,29	82,32
United Airlines, Inc.	914.341	6.135	149,04	81,80
Spirit Airlines, Inc.	395.347	2.959	133,61	83,08
Southwest Airlines Co.	294.101	2.792	105,34	80,15
Frontier Airlines, Inc.	229.915	1.596	144,06	82,16
TOTALES	7.529.931	54.203	PROM	82,14
PAWA /MAXIMO HISTORICO (2017)	288.530	3685	78,30	54,75%

Sin lugar alguno a dudas las consecuencias para PAWA no fueron otras que su rentabilidad y eso es lo que al final importa. Para hacer rentable una aerolínea debe ocurrir una planificación de flota muy eficiente basada en la rentabilidad y el manejo de los costos y eso destruyó a PAWA.

Con una competencia con un Load factor promedio del 81,14%, PAWA apenas logró el 54,76% muy por debajo de los costos de equilibrio, con un promedio del 31,56% en sus tres años de operación, lo que la hizo entrar en perdidas profundas permanentemente hasta su bancarrota.

Pero el problema de la "economía de escala" es que tiende a monopolizar el sector y en este caso las compañías estadounidenses representan nada menos que el 54% de los pasajeros y el 55% de las operaciones. Pero esto amerita un análisis especial toda vez que se descuenten los pasajeros de la región, los europeos y asiáticos. Pues esos 3.764.966 Rev-pax, representan el 89,54% del total transportado desde y hacia los Estados Unidos.

En otras palabras, tienen el monopolio total de las rutas y apenas dejan de lado los vuelos chárteres de interconexión de Venezuela y algún mercado residual sin importancia. Es aquí donde JetBlue y American Airlines por si solos transportan a 2.163.134 que es un número similar (98,92%) a los 2.186.722 estadounidenses que desembarcaron en República Dominicana en 2019. Dejándole a United, Delta y las demás aerolíneas 1.601.832 pasajeros, que representan nada menos que a la cantidad restante de dominicanos, residentes y no residentes que visitan República Dominicana.

Cuando se tiene tanto poder concentrado en apenas cuatro aerolíneas, todo se ordena a través de los intereses de esas gigantescas corporaciones. De esta manera American Airlines es escogida por la Asociación de Agencias de Viaje dominicanas (ADAVIT) como "la aerolínea Más leal a las agencias de viaje y eficiente en el servicio al cliente"[772] mientras que American Airlines premia a las diez mejores agencias de viaje (85% del mercado) anualmente[773], al menos durante los últimos diez años[774][775]. De la misma manera que organiza a los propietarios de estas agencias a través de compañías filiales como *American Airlines Vacations*[776]

Es a partir de este entendimiento y monopolio absoluto, que a través de Sabre (la filial de reservas de American) las agencias de acuerdo a la presidente de ADAVIT: "No se trata, por ejemplo, de emitir un boleto de Santo Domingo a Miami, ahora hay que vender un viaje, con todo lo que ello implica, hotel, transporte… Es decir que antes vendíamos boletos solamente, hoy vendemos viajes"[777] y al usar SABRE ya no solo se trata de ganar un 6% del boleto, sino entre un 10 y un 15% de todo el paquete general.

Y eso no es solo con las agencias, los hoteles y los operadores turísticos, sino con los bancos. Pues las gigantes tienen productos financieros con prácticamente toda la banca dominicana. Es allí donde una línea aérea local debe contar con un verdadero plan que sea capaz de sortear ese monopolio de escala, pues JetBlue y American representan dos tercios de los ingresos de esas agencias de viaje, que a la vez son las que escogen principalmente más de seiscientos mil paquetes al año.

---

[772] https://tusolcaribe.com/2011/12/american-airlines-es-reconocida-por-adavit/
[773] https://www.pressreader.com/dominican-republic/el-caribe/20140425/282187944018425
[774] https://hoy.com.do/reconocen-a-agencias-de-viaje/
[775] https://bohionews.com/american-airlines-celebra-logros-de-agencias-de-viajes-en-republica-dominicana/
[776] https://www.swissinfo.ch/spa/r-dominicana-turismo_propietarios-de-agencias-de-viajes-se-reúnen-en-punta-cana/46538186
[777] https://www.arecoa.com/agencias/2014/10/08/adavit-antes-vendiamos-boletos-hoy-vendemos-experiencias-de-viajes/

Del monopolio Aerodom-Vinci

Otro de los grandes errores de PAWA fue no haber realizado un estudio de Riesgos y Vulnerabilidades, así como estudios de impacto financiero de estos monopolios y sus repercusiones en la salud financiera de la compañía.

"¿Qué pasa?" expresa Simeón García, "Las políticas de estado no están diseñadas para que tengan una línea aérea (..) nos dimos cuenta, cuando hablamos con la autoridad aeronáutica era como el cuento del huevo y la gallina. ¿Para qué voy a cambiar leyes si no tenemos línea aérea y para que voy a dar ventajas para algo que no existe?", dijo el presidente Danilo Medina. "Dame algo para yo cambiar las leyes (..) el Aeropuerto era un lugar donde tu no podías darte tus propios servicios, tenías que subcontratar todo y yo le decía (al presidente) esto no puede ser (..) los precios los ponía esa compañía y no eran discutibles (..) y la realidad es que esos precios estaban diseñados" para las aerolíneas estadounidenses.

Esta es una realidad que debe entender cualquier planificador financiero, no solo el impacto de la competencia de las gigantes y su influencia en las agencias de viaje y los tours-operadores, sino el impacto de las gigantes en las corporaciones internacionales que viven de estas.

Y aquí hay que comprender una realidad inobjetable, Aerodom no es una concesión a un operador regional, forma parte del grupo francés Vinci Airports[778] que es a su vez filial del grupo industrial francés del mismo nombre y que ingresa cerca de 50 billones de euros al año. Tiene concesiones en 35 aeropuertos en el mundo, desde Chile, hasta Japón, es accionista mayoritaria del aeropuerto London Gattwick[779] y acaba de ganar la concesión para siete grandes aeropuertos de Brasil[780].

---

[778] https://www.vinci.com/publi/vinci_concessions/2019-vinci-airports-activity-report.pdf
[779] http://www.mediacentre.gatwickairport.com/press-releases/all/21_05_19_jetblue_to_begin_gatwick_new_york_flights.aspx
[780] https://g1.globo.com/economia/noticia/2021/04/07/leilao-de-aeroportos-atrai-interessados-para-todos-os-3-blocos.ghtml

Por lo tanto, lo más importante que se debe entender no es que se trata de una multinacional de aeropuertos que ingresa 4,9 billones de euros, sino que el 90% de ese dinero proviene de sus "Líneas Aéreas Socias" que no son otras que las gigantes. Y es a estas a las que -como en el caso de las agencias dominicanas- la corporación atenderá primariamente. Y cuando se denomina socios, es también porque Vinci, por ejemplo, compró a American Airlines su filial de servicios de vuelo WFS[781] por lo que no solo es la dueña y señora de los aeropuertos, sino también su prestadora principal de servicios.

Es así que en el nombre del Congreso de la República y por autoridad que se le confiere por la "Resolución 121-99 que aprueba contrato de concesión aeroportuaria a la empresa Aeropuertos Dominicanos Siglo XXI"[782] y por Ley se le da la prerrogativa de imponer sus condiciones en todo lo relativo al aeropuerto, desde alquileres, manejo de rampa y carga, combustible, electricidad, vehículos y un sinfín de clasificaciones[783] que hacen imposible que a una aerolínea se le dé mejor trato que a otra.

---

[781] https://www.vinci.com/commun/communiques.nsf/44F22B368ABC7920C1256AC3002457B8/$file/cwfsus.pdf

[782] https://da.gob.do/transparencia/phocadownload/BaseLegal/otras-normativas/Contratos/Contrato%20de%20Concesin%20y%20su%20Addendum%20del%201999.pdf

[783] (las "Tarifas Comerciales"): (i) de puente de abordaje; (ii) de rampa; (iii) de carga y descarga, incluyendo manejo por terminales de carga, depositos construidos por la Concesionaria y otras actividades relacionadas con el transporte de mercancias desde y hacia 10s Aeropuertos; (iv) de utilizacion de equipos; (v) las cuotas por aprovisionamiento de combustible y lubricantes, directamente o a traves de hidrantes u otros medios, sea a aeronaves o a vehiculos de motor dentro de 10s Aeropuertos, incluyendo cargos y porcentajes por ventas de las empresas comercializadoras de combustibles y lubricantes en 10s Aeropuertos, except0 a las aeronaves exentas de conformidad con la seccion 5.3.4 del presente Articulo; (vi) rentas y alquileres de espacios en 10s Aeropuertos; (vii) tarifas y retribuciones sobre ingresos brutos de comercios, tiendas, negocios y servicios no aeronauticos; (viii) tarifas y retribuciones sobre ingresos brutos recibidos de 10s proveedores de alimentos y bebidas dentro de 10s Aeropuertos y 10s ingresos recibidos de 10s proveedores de alimentos y otros servicios de comestibles a las aerolineas, ya Sean estos provistos por terceros o directamente por las aerolineas; (ix) tarifas de instalacion y servicios cargadas a 10s usuarios de servicios de telecomunicaciones y telefonicos; (x) tarifas aplicables a vehiculos de transporte publico, incluyendo carros, taxis y autobuses; (xi) tarifas adicionales sobre consumo de electricidad y agua cargadas a 10s usuarios; (xii) tarifas por estacionamiento de vehiculos en la zona de 10s Aeropuertos; (xiii) tasa por concepto de publicidad y propaganda; (xiv) tasa adicional sobre las rentas o alquileres de comercios y servicios por concepto de mantenimiento y limpieza; (xv)tarifas y retribuciones sobre zonas francas comerciales (Duty Free) y zonas francas industriales; (xvi) porcentajes diversos sobre ingresos o ventas brutas de tiendas comerciales, y negocios de cualquier naturaleza, incluyendo 10s porcentajes sobre ventas recibidos actualmente por la Concedente; (xvii) manejo y seguridad de 10s equipajes; (xviii) porcentaje actual o cargo por galon a la venta de combustible de aviacion cobrado a las lineas aereas directamente o a traves

La única fórmula de exención, fue la que intentó García, es decir que se trate de aviones del estado o organismos multilaterales, incluido: "cualquier transportador comercial, tal como una línea aérea estatal, (ii) las Naciones Unidas, (iii) la Cruz Roja o (iv) los Servicios de Rescate, estarán exentos del pago de Tarifas y cobros por aterrizaje, iluminación y estacionamiento de aeronaves" siempre y cuando sea "propiedad del estado"[784].

Por esta razón no se trata de un juego del huevo y la gallina, sino de leyes muy difíciles de sortear. Un grupo empresarial puede invertir 300 millones de dólares y asociarse con el gobierno como era la idea de Air Dominicana, para construir una aerolínea que fuera copropiedad del estado y sortear las exenciones de la Ley, pero otra cosa muy distinta es que un venezolano, con aviones de 30 años alquilados, pretendiera sortear la Ley, para que le dieran las exenciones.

En otras palabras, la Ley expresa muy claramente que una "línea bandera" está exenta de esos costos. El problema fue que la fórmula que pretendía García, chocó contra los políticos de frente.

---

de terceros u otras Personas; (xix) porcentajes actuales y futuros de la prestación de servicios de rampa; (xx) remuneraciones derivadas de la explotación de 10s servicios complementarios de hoteles, centro de convenciones y turismo; y (xxi) todas las demás tarifas, cuotas, derechos, contribuciones, remuneraciones, oportunidades de negocios u otros cargos aeroportuarios de cualquier naturaleza y prerrogativas derivados de la explotación económica, la administración, la operación y el Derecho de Usufructo de 10s aeropuertos, que por no ser de la actividad inherente del Estado Dominicano correspondan a la Concesionaria.

[784] https://da.gob.do/transparencia/phocadownload/BaseLegal/otras-normativas/Contratos/Contrato%20de%20Concesin%20y%20su%20Addendum%20del%201999.pdf

Epilogo: ¿Cuánto costaba Viasa?

Hay algunas precisiones que deben tomarse en cuenta antes de entender lo sucedido y llevar los números reales de Viasa, más allá de las pasiones. La primera es que este no es un escrito propiamente técnico sino una simple opinión a partir de los estados financieros para nutrir y enriquecer el debate sobre lo sucedido y, sobre todo, para no cometer más errores de cara a la construcción futura del sector aeronáutico.

Viasa, pasajeros por año			
AÑO	Asientos volados	Revenue Pax	Pax-ajustado
1968	152.774	78.404	76.302
1969	182.578	93.699	91.188
1970	225.637	115.797	112.694
1971	254.574	130.647	127.146
1972	297.400	152.626	148.535
1973	359.306	184.396	179.454
1974	401.647	206.125	200.601
1975	461.756	236.973	230.622
1976	564.309	289.603	281.842
1977	633.084	324.899	316.191
1978	688.523	353.350	343.880
1979	808.369	414.855	403.737
1980	822.663	422.191	410.876
1981	906.631	447.150	435.167
1983	587.322	289.667	281.904
1984	453.556	223.694	217.699
1985	491.202	242.261	235.768
1986	476.117	234.821	228.528
1987	521.285	257.098	250.208
1988	663.431	327.204	318.435
1990	665.620	328.284	319.486

La primera apreciación tiene que ver con las dimensiones reales de la compañía. Viasa era enorme en nuestros corazones, pero en realidad se trataba de una compañía extraordinariamente pequeña del sector aeronáutico porque fue construida así a propósito. Hablamos de apenas, poco más de trescientos mil pasajeros que pagaban su boleto anualmente para viajar.

Mucho se ha especulado de que producto del Viernes Negro y el colapso posterior, la compañía perdió más del 50% de los pasajeros[785], pero la realidad es que esos asientos extra fueron producto de algo que los venezolanos conocemos muy bien, la burbuja de los precios petroleros que llegaron a distorsionar ampliamente un mercado que de por sí, ya era muy pequeño y esa distorsión, aunque en menor medida que entre 1977 y 1982, volvería más adelante durante los controles de cambio de los años noventa.

El segundo punto vital para comprender lo ocurrido, es que Viasa como modelo de negocios en la década de los sesenta y los primeros años de los setenta, pudo ser exitoso, pero tras el cambio

---

[785] -38,5% en 1982-83 y 11,6% en 1983-84 para un total del 50,1% en BCV, Informe económico 1984, pág. 171.

en la era de los supergigantes, se tornó en un plan de negocios imposible de hacerlo viable y esto, sin importar la calidad de su alta gerencia. Una compañía como Viasa, no podía competir jamás contra cualquiera otra que tuviera un sistema integrado, como se había convertido absolutamente toda la competencia.

El tercer aspecto importante era la gigantesca reforma de cielos abiertos europeos que condenaría a las aerolíneas pequeñas, así como la apertura de los espacios latinoamericanos, que en conjunción no era otro que la economía. Además de estar apostando a la compra de una compañía muy pequeña e incapaz de competir sin tener que transformarse agresivamente, Venezuela estaba literalmente quebrada.

Las otras precisiones sí son de carácter eminentemente técnico pues el lector debe saber los intríngulis financieros de una compañía aérea para comprender lo que sucedió. La primera tiene que ver con el avión como propiedad. Los DC-10 comprados por Viasa habían cumplido ya doce años en promedio, lo que significaba que habiendo sido depreciados de forma lineal podían tener un valor residual de cerca del 35% de su precio de mercado.

Y esto es verdaderamente importante porque, al descuidarse los fundamentos financieros y considerando las inmensas distorsiones de la economía venezolana, se tiende a pensar que se trata del precio del mercado de un avión nuevo o que las propiedades o activos se revalorizaban, cuando en realidad se trata del precio del mercado internacional de un avión usado.

Es de esta manera que el valor residual de un avión tiene algunas consideraciones previas, además de su pérdida de valor constante, que lo hacen aún ser menor de lo que muchos suponen, pero hay tres que son vitales para comprender las finanzas de una aerolínea y algunos aspectos que deprecian muy duramente a los activos: Inflación, salto tecnológico y opción de conversión. La primera es obvia, pero la segunda, parte de un salto cuántico y de calidad en el desarrollo tecnológico del mismo avión, como, por ejemplo, si hay un cambio de motores, electrónico, de cabina importantes o en el mismo fuselaje y el tercero es cuando llega el fin de una línea de producción, es decir se deja de construir el avión, motores o componentes estratégicos y empresas como Boeing, plantean a sus clientes un programa de conversión financiera al nuevo modelo.

Vamos a precisar algunos ejemplos. No es lo mismo un DC-10 en su primera variante que, en la última, pues los motores, su empuje y consumo o sus prestaciones son bastante menores que los últimos modelos. Como tampoco es lo mismo, el salto cuántico de tecnología con el MD-11 aunque sean aviones bastante parecidos y mucho menos un MD contra el Boeing 777.

De allí a que el precio en lista de un DC-10 entre 1974 y 1976 se encontrara entre los 17 y los 20 millones de dólares[786] que sería equivalente a unos 114 millones de dólares de la actualidad de acuerdo a la inflación o unos 177 millones de acuerdo al valor del ingreso relativo, de esta manera es que podemos entender que, si quisiéramos tener un Airbus A330, Boeing 777 o un 787, nos costará hoy entre los 300 y los 350 millones de dólares, descartando las variantes más costosas.

Es así como se debe interpretar el costo del activo. Si un DC-10 costaba 20 millones de dólares en 1976, para 1986 el salto tecnológico fue tan abismal que el mismo avión costaba 60 millones de dólares[787] y apenas diez años más tarde, cuando Boeing ofreció comprar a McDonnell Douglas[788], el avión había superado los 110 millones de dólares, mientras Viasa tenía un activo de 20 millones con algún valor residual.

---

[786] https://www.nytimes.com/1974/06/19/archives/5-price-increase-set-on-some-dc10s.html
[787] https://www.latimes.com/archives/la-xpm-1985-06-13-fi-10741-story.html
[788] https://www.nytimes.com/1996/12/16/business/boeing-offering-13-billion-to-buy-mcdonnell-douglas-last-us-commercial-rival.html

Otro punto importante a tomar en cuenta es el cambio de mercado con la llegada de los supergigantes y por cambio, se debe entender que la gran pelea de las aerolíneas a partir de los años noventa fue por centavo en cada asiento y milla. De allí por ejemplo que VARIG, operaba los dos tipos de avión, el DC-10 y el MD-11 y que las diferencias por costo fueran verdaderamente importantes. El MD-11 no solo ahorraba ochocientos mil dólares en combustible y personal al año por cada avión, sino que ingresaba tres millones de dólares más que su antecesor. A esto se le suman los gastos de mantenimiento y de capitalización, no es lo mismo un avión de cinco años, contra otro de quince, pues mientras más años de uso tenga, más horas hombre se requieren para mantenerlo, así como no es lo mismo sostener una capitalización sobre tres turbinas, que sobre dos. Lo que hacía que el DC-10 tuviera que enfrentar una depreciación acelerada contra las nuevas tecnologías que ahora surcaban el cielo en gran competencia y donde cada centavo importa.

Pero entonces ocurrió el salto tecnológico. En noviembre de 1991 había ocurrido el primer vuelo del Airbus A-340 y en noviembre siguiente lo fue del A-330, mientras que el prototipo de 777 estaba construcción y las aerolíneas se decantaron por los aviones que ahorraban ya una cifra imposible de obviar. El MD-11 consumía 7.500 kg de combustible por hora, el 777 consumía en 20% menos y aquello hacía que el DC-10 no pudiera siquiera pensar en competir.

Por lo tanto, hay que centrarse en los aspectos financieros y no solo en la cantidad de aviones que tenía o no Viasa al momento de su compra, añadiendo el problema del fin de la línea de producción que es ya la estocada final para el valor de un avión y los directores financieros tienen dos opciones, buscar un mercado de frontera para colocarlos u operarlos hasta el máximo de vida operativa útil.

Podemos tomar el ejemplo de cualquier compañía venezolana que opere aviones MD-80 en el presente. ¿Cuál es el valor de una compañía que opere diez de estos aparatos en la actualidad? El estupendo avión salió de línea de producción hace veinte años, igual que su motor y en líneas aéreas comerciales solo quedan operando en Venezuela e Irán junto a un puñado como cargueros, chárter, transportes de prisioneros o aviones contra incendio.

Pesa además sobre estos, un posible cese de operaciones en aeropuertos comerciales por el estándar de ruido, pero a su vez, no tienen repuestos, ni bancos de motores y el mantenimiento de los escasos motores que quedan, es muy alto. De allí a que los nostálgicos de la aviación pudieran decir, en el caso de que una compañía los comprara, que no deben ser regalados porque el "Mad Dog" es un ícono de la aviación, aunque su valor como activo, solo radica en lo que pueden producir. En otras palabras, esos activos no tienen valor residual, más que el que se deriva de los materiales que lo componen pues carecen de mercado secundario.

De allí hay que comprender este último punto. El mercado aeronáutico se compone de mercado primario o de primera mano que es el de la relación directa con el armador, el secundario que es el de aviones usados usualmente hasta los quince años que son comprados por otros operadores hasta los treinta años, el siguiente mercado es el de frontera, que es cuando los grandes operadores estadounidenses y europeos se deshacen de los aviones masivamente o deciden usarlos hasta el final de su vida útil hasta ser llevados al cementerio y los que son vendidos a su vez son adquiridos en todo el mundo a precios irrepetibles, así como finalmente el mercado de la chatarra, que es el del mundo en vías de desarrollo y sus empresas que no pueden darse el lujo de comprar aviones en el mercado secundario.

Por eso a la hora de precisar el precio de los activos de Viasa, hay que añadir que la línea de producción del DC-10 había cerrado, siendo sustituido por el MD-11 que no solo nunca fue exitoso, sino que llevaría a la quiebra a la unidad de aviones comerciales que sería asumida por Boeing y el enorme salto cuántico en la tecnología que llevó a comprar novecientos Boeing 767 y 777 y una cifra similar de Airbus en apenas la década entre 1985 y 1995.

Por lo tanto, al hacer un avalúo de los activos aeronáuticos, nos sentimos tentados a expresar nuestras emociones por el legendario avión DC-10 o nos sentimos muy orgullosos de que fuimos capaces de comprarlos por última vez de primera mano y no de comprender que su valor estaba afectado tremendamente por las realidades de la depreciación lineal, del cambio de tecnología y del empuje de los aparatos hacia el mercado de frontera que le restaban valor al aparato.

La última precisión técnica es la que se deriva del contrato de arrendamiento financiero o de capital. Cuando explico que estos contratos son leoninos en el mundo aeronáutico, es porque las cláusulas de arrendamiento tienen una fecha determinada de largo plazo que solo se puede eliminar, si un tribunal de quiebra así lo establece. Si usted durante la vigencia del contrato incurre en default, como en efecto ocurrió varias veces, los intereses de mora son aún más duros y los costos de mantenimiento, en las que usted no puede tomar decisiones y las condiciones adicionales le encarecen cerca de un diez por ciento, en relación a si fuera su propiedad.

Le pongo un ejemplo. Usted tiene una flota de diez aviones comprados a través de sus operaciones, inversión propia y préstamos bancarios y el mercado hace que usted necesite diez más. Pero no tiene el dinero para comprarlos, pero sí los ingresos para pagarlos. En el banco, su aerolínea ha llegado al máximo límite de riesgo y no le pueden prestar, así que usted recurre a una empresa financiera que compra los aviones por usted en un contrato de venta a futuro tras determinados años de operaciones o en algunos casos, a empresas especializadas para arrendamientos de largo plazo.

Estas compañías corren menos riesgos, porque conservan los activos, pero a su vez se cubren con contratos de largo plazo equivalentes al costo del avión y su ganancia, con unas penalidades extraordinarias y que solo pueden ser deshechos por una quiebra. Por lo que, en algunos casos, como el del MD-80 en el pasado, aerolíneas como Delta Airlines que los operaban hasta el máximo de su vida útil no podían deshacerse de estos, pese a su consumo y eficiencia financiera.

De todos los arrendamientos, equivalen a una compra tercerizada en la que usted debe pagar los intereses bancarios, más la ganancia del arrendador que puede variar entre un siete y un diez por ciento, lo que eleva su costo operacional de forma increíble. A partir de aquí, es lo que debemos comprender cuando el ministro explicaba que la compañía tenía cinco aviones propios y dos en arrendamiento de capital.

Dicho esto, comencemos a establecer el valor de los activos de Viasa. La primera lección que aprendimos al evaluar estados financieros en el mercado de valores es que la respuesta sobre cuánto vale una compañía es bastante más compleja de lo que suponemos. Desde el punto de vista financiero, una compañía cualquiera tiene al menos una docena de maneras de avaluarla, pero solo dos enfoques: el intrínseco y el relativo. El primero de estos, es decir lo que se puede ver, es el del patrimonio bruto en sus libros, el valor de los activos brutos menos el del total de pasivos. Que se desprenden *intrínsecamente* de sus balances y estados financieros a partir de sus activos líquidos o semilíquidos, aeronáuticos, de tierra, edificaciones, muebles y equipos, contra sus pasivos correspondientes a las cuentas por pagar, deudas de corto y largo plazo, fondos de pensiones, arrendamientos de capital etc. Lo que haría de Viasa una empresa poco apetitosa.

Entonces el único valor intrínseco de VIASA radicaba en sus aviones que para 1989 era el siguiente: "Cinco DC-10-30 propiedad de la empresa con una asignación por equipo de 34 asientos en clase especial, 230 en clase económica y 5 paletas para transporte de carga. Dos A-300-B4, arrendados con opción a compra siendo su capacidad de 22 asientos en clase especial, 209 en clase económica y 4 paletas para transporte de carga"[789].

En el caso de los DC-10-30 teníamos el YV-134C de 1974 al que arrendamos con opción de compra a KLM hasta que ingresó al libro en 1978. Caso parecido al YV-138C de 1975 también en arrendamiento financiero a los holandeses y que pagamos durante cinco años hasta que pasó a Viasa en 1980. Estos dos aviones habían pasado ya sus ciclos financieros primarios de depreciación y costaban unos pocos millones de dólares en valor de mercado.

Los siguientes tres fueron el YV-153C de 1978 y los YV-136C y 137C de 1979. Su historia financiera fue muy compleja pues pudieron ser adquiridos a través de una deuda financiera con Citicorp Leasing N.V bajo arrendamiento financiero con opción de compra[790] pero que tras la crisis y la quiebra técnica de Viasa que los llevó al default, hubo que convertirla en dos emisiones de la deuda externa en bonos Viasa/Citibank[791] que no podían avaluarse sin antes sanear las deudas, junto a los dos Airbus en contrato joven de arrendamiento de capital con la compañía GECAS por diez años, virtualmente imposible de eliminar sin sufrir una penalidad extraordinaria, lo que era un auténtico dolor de cabeza para cualquier oferta de compra, es decir era un pasivo enorme e imposible de subsanar y que terminaría más tarde nuevamente en default.

Para simplificar un poco, Viasa había convertido en deuda externa parte de sus aviones, aún debía unos ocho millones más de sus antiguas deudas con Exim-bank, también convertidas en deuda externa y los dos aviones bajo el régimen de arrendamiento.

Por eso muchas veces escuchamos críticas sobre cómo se regaló Viasa si tenía siete aviones y todas las rutas, sin considerar que el patrimonio en los libros estaba afectado por las pesadas deudas

---

[789] Memoria y Cuenta. Ministerio de Transporte. 1990. Pág. 287
[790] Memoria y Cuenta. Ministerio de Transporte y Comunicaciones., 1978. Pág. 246
[791] Boletín mensual - Banco Central de Venezuela. 1984 y 1985. Series varias.

financieras, de los arrendamientos y las cuentas por pagar que como explicó el ministro al Congreso: "por cada bolívar del patrimonio, la Empresa adeudaba Bs 5,92"[792] sin contar con los costos de capital ya que nunca se depreciaron los activos, mucho menos se había planteado la capitalización de activos o el retorno de inversión y al año siguiente empeoraría. Además, que, para el pago de proveedores inmediatos, se disponía de una liquidez de Bs. 0,90 para cubrir cada bolívar de las obligaciones de corto plazo.

Aquí es bueno comprender cómo afectó adicionalmente el mercado el salto tecnológico. Los últimos DC-10-40 vendidos a Thai y a Nigeria, costaron en promedio 26 millones de dólares, mientras el sustituto MD-11 costaba cien millones. En el mejor de los casos, de haber estado saneado y con repuestos y activos de tierra, más una sede valorada en unos diez millones de dólares, con las provisiones pudiéramos hablar de un total cercano a los ochenta millones de dólares, menos la deuda financiera y otros pasivos inmediatos en libro de cien millones. Pero frente a esta realidad y aún en el mejor de los casos, desde un punto de vista de activos, Viasa tenía un valor negativo, es decir no tenía más valor intrínseco que el simbólico.

A partir de allí vienen aspectos más especializados como sus ratios clave, que no vienen a cuento en este libro o al menos después de la catástrofe administrativa que usted ha leído en nuestros anteriores escritos, pero que están representados en cuán hábil es la compañía en producir ganancias, en retornar el capital empleado, en la rotación y aumento de sus activos para garantizar una capitalización permanente y pudiéramos seguir aún más hablando de mecanismos más especializados que miden la estabilidad financiera de una compañía, los que miden como gerencia su capital de trabajo, cuán capaz es de llevar al máximo la producción de cada activo, los que miden incluso su modelo de negocios, cómo distribuye sus ganancias y a partir de allí, llegamos a lo que sería un valor justo, o en todo caso,

---

[792] Memoria y cuenta. Ministerio de Transporte. Informe de Viasa, pág.371

lo más justo posible. En este aspecto ninguna ratio financiera en Viasa podía aportar mayor valor a la compañía.

Y este fue el primer método que presentaba el Fondo de Inversiones de Venezuela para vender Viasa, el cual era muy limitado ya que una empresa usualmente vale más que la suma de sus partes, de manera tal que el segundo valor que se usa para determinar cuánto vale una compañía es el inmaterial, representado en el tamaño y nicho del mercado que ocupa, la competencia, su clientela consecuente, el know-how, la eficiencia de su operación, la organización, el crédito y respaldo, así como el prestigio y la experiencia.

Pero el problema de este modelo es que en realidad funciona para sumar valor al anterior, es decir, partiendo de un valor tangible en los libros y de la escuela financiera de ratios, performance y capitalización se le añade éste que es inmaterial pero sumamente importante.

A partir de allí se analizan: su estabilidad en el pasado, su equipo gerencial, su posición en el mercado -distinto al tamaño-, cuánto dinero es capaz de ingresar al año, cómo maneja sus costos de operación y gastos, así como las proyecciones a determinado tiempo y un aspecto que es importante, su conflictividad laboral, para conocer si es una buena inversión a futuro. Entonces a una compañía cuyos activos tangibles están fuera de línea de producción, son muy costosos para competir, ha producido pérdidas a través de, al menos dos décadas anteriores, carece de profundidad en líneas de crédito, sus pasivos son enormes por lo que hay que asumirlos y es sumamente conflictiva, añadimos veinte rutas que producen pérdidas y hay que cerrarlas por falta de mercado y que las que quedan son sumamente competitivas con aviones más eficientes.

Pero en esta parte del análisis de mercado debemos retomar eso que explicamos en la primera parte de este capítulo sobre la pelea a cuchillos por cada centavo por asiento, pues se debe comprender que los costos de operación son proporcionales a los de la competencia.

Para poder competir, Viasa debía conformarse como una organización inteligente, volar por instrumentos financieros que les permitieran adaptarse rápida y dinámicamente a los cambios y adaptarse al futuro y a la competencia, pues si PanAm era un competidor con un programa tarifario sistematizado, Viasa siempre estaría en déficit de ingresos.

Pongo un ejemplo, PanAm o American, no solo ahorraban en la ruta por economía de escala, sino que, volando bajo el concepto de sistema operativo y tarifario integrado, podían ahorrar cuatrocientos mil dólares anuales por avión en las mismas rutas de Viasa, a esto se le añade que si llegaban con un Airbus o un MD-11 ahorraban otros ochocientos mil dólares al año en combustible y personal, así como, además, ingresaban tres millones de dólares más por avión, igual ocurría con el 767 o A340 contra los DC-10 en las rutas europeas.

Esto, junto con la adaptabilidad de sus sistemas integrados operativos de línea de vuelo y planificación de flota, capaces de destruir las posibilidades de Viasa, le permitían a PanAm o American, no solo ganar cuatro millones de dólares contra la tarifa que pusiera Viasa, sino ahorra dos millones más en costos, que permitían generar programas de captación de pasajeros, disminuir tarifas, efectuar promociones sin afectar su estrategia de capitalización, pero a su vez, impedía la estrategia de capitalización de su competencia.

A partir de allí existe otro punto en la valoración que el común lo simplifica con la palabra "Marca", pero que va más allá del apetito del cliente por un producto o la explotación de alto performance en un nicho de mercado y ésta es la más compleja forma de valuación que existe, que es a través no solo de la cantidad, sino de la calidad de sus ingresos. Por ejemplo, Apple no es la primera vendedora de computadoras, es la cuarta y tampoco es la que más vende teléfonos, pues es la segunda, pero tiene más "valor de mercado" que sus competidoras sumadas.

Una compañía como Samsung tiene más mercado que Apple, vende más teléfonos y aparatos, posee más activos y que además está diversificada con productos que igualan a Apple, además de semiconductores, productos médicos etc., pero vale seis veces menos que la compañía de la famosa manzana. A esta forma de valuación con un altísimo componente especulativo, la pudiéramos calificar de explotación de mercado, para no confundirla con su marca, pues tiene más que ver con el apetito que tienen los mercados de valores por explotar la compañía como un producto estable y de crecimiento para sus clientes, que la cuantía desde cualquier forma de valoración, en otras palabras, se vende como un producto de inversión y no por lo que hace, cuánto vende o pudiera valer en sus libros. De esta manera se entiende que Apple apenas haya aumentado sus ventas apenas en un 39% desde 2015 pero sus acciones se quintuplicaran.

Por eso los presidentes de compañías desde los noventas han cambiado sus percepciones: "Cuando digo que cambié la cultura de Boeing, esa era la intención, por lo que funciona como un negocio en lugar de como una gran empresa de ingeniería. Es una gran empresa de ingeniería, pero la gente invierte en una empresa porque quiere ganar dinero" nos explicaba Harry Stonecipher, ex director ejecutivo de Boeing Company[793]. O, palabras sencillas, las compañías no solo se valoran por lo que hacen, sino también por lo que parecen de cara al inversor.

Aquí es donde Viasa tenía otro problema a la hora de ser puesta a la venta. Todos hablamos maravillosamente bien de nuestra aerolínea bandera, pero lamentablemente como reza el adagio: "no me digas que me amas, demuéstralo". Avianca, antes de su primera crisis y reorganización, tenía en 1989 y 1990 un porcentaje del mercado local del 63% e internacional del 54% con un promedio de ocupación del 64,18%, por debajo del 67,63% en promedio de factor de equilibrio, pero en los siguientes veinte años, luego de su reestructuración y hasta la Pandemia de COVID-19 ostentó el 80%

---

[793] Emerging from Turbulence: Boeing and Stories of the American Workplace Today. Leon Grunberg, Sarah Moore. Rowman & Littlefield, 2015. Pag. 1

de ocupación y al menos durante la última década el 80% de los ingresos por Tickets.

En contraposición Viasa, por su complicado plan de negocios original, estaba condenada a nunca poder ser un sistema integrado, apenas había logrado acaparar poco más del 30% del mercado global, así como el factor de ocupación estaba cercano al 58%[794] aunque la cifra podía ser inferior descontando los boletos subvencionados, las cuentas por cobrar de pasajeros volados y los pasajes gratuitos.

VIASA, OPERACIONES MENSUALES Y PASAJEROS (PAGOS) MENSUALES						
	1980	1989		1980	1989	
	Vuelos Totales			Pasajeros Revenue		
Enero	585	391	33,16	33.714	32.988	-2,16
Febrero	492	355	27,85	24.116	25.201	4,50
Marzo	531	384	27,68	27.838	23.843	-14,35
Abril	518	363	29,92	28.406	20.933	-26,31
Mayo	469	357	23,88	24.525	19.281	-21,38
Junio	498	355	28,71	25.644	20.384	-20,51
Julio	600	442	26,33	43.344	31.845	-26,53
Agosto	656	447	31,86	55.979	34.766	-37,89
Septiembre	603	399	33,83	43.107	29.314	-32,00
Octubre	526	436	17,11	31.728	23.029	-27,42
Noviembre	482	425	11,83	35.757	21.813	-39,00
Diciembre	517	467	9,67	44.787	29.144	-34,93
TOTALES	6.477,00	4.821,00	25,57	429.466,50	320.389,00	-25,40

VIASA había perdido más del 25% de sus mercados y operaciones, a tal punto que embarcaba casi la misma cantidad de pasajeros que en 1976, aunque las cifras alcanzaban casi un tercio menos, si se toma en cuenta que buena parte de los pasajeros de Estados Unidos habían sido sustituidos por las Antillas holandesas y el revenue se desplomó en la misma proporción. Pese a que ahora los venezolanos viajaban más a Estados Unidos, Viasa había sufrido casi el 50% de merma en ese mercado, que ahora había sido tomado por American Airlines que ofrecía vuelos directos a Miami, Nueva York y a todos los destinos a través de las recién creadas rutas diarias a Puerto Rico, en especial sus paquetes a Orlando a partir de junio de 1989[795].

Pero no es hasta que ocurre la quiebra progresiva de PanAm que el sistema de American Airlines se impuso en casi toda Latinoamérica y en especial en las agencias y aerolíneas venezolanas, por lo que Viasa carecía por completo de valor competitivo en su

---

[794] Promedio de 5 años en III Mensaje al Congreso de la República. Venezuela. Presidente. Ministerio de Información y Turismo, 1992. Págs. 183-184
[795] Conferencia de prensa de Robert Crandall, presidente de American Airlines, para anunciar el aumento de rutas aéreas entre San Juan, Estados unidos y el Caribe. 28 de abril de 1988

mercado más lucrativo, así como no podía competir con Avensa y Aeropostal que ahora se habían apoderado del caribe. Su único mercado realmente competitivo, era el de las rutas a España e Italia, donde el conflicto de intereses sería obvio pues fue la única apuesta verdaderamente importante de Viasa y en el único sector en el que creció y se había logrado imponer, precisamente contra Iberia.

A esto debemos sumar que, en el caso de las aerolíneas, por su exposición al riesgo de quiebra permanente, el apetito especulativo es prácticamente nulo o en todo caso inverso. Podríamos venderle a usted una compañía que desde 1973 y hasta la pandemia no ha perdido dinero un solo año, todo un verdadero récord, 47 años seguidos dando ganancias y creciendo, a diferencia de Apple que casi va a bancarrota en los años noventa. Una compañía que no ha dejado de crecer como Southwest, pero que no representa ni el 0,1% del valor de la primera, solo por ser una aerolínea.

Es necesario explicar que a ningún analista se le ocurre explotar su valor futuro haciendo que la mayoría de las aerolíneas valgan incluso menos en el mercado, que el valor patrimonial. Por eso han ocurrido dos grandes revoluciones desde los últimos años del siglo XX, la primera es que las compañías inteligentes o ganadoras se han enfocado en la capitalización al máximo y en la explotación altamente especializada de su nicho de mercado y las instituciones, los reguladores, así como el propio mercado han avanzado hacia una protección integral de sus activos aeronáuticos como un todo.

Fue así como el Fondo de Inversiones de Venezuela diseñó precisamente esa fórmula muy usada para las compañías normales pero muy difíciles para una aerolínea en la que un terrorista o una pandemia puede aguar la fiesta: el descuento de flujo de caja y la proyección de ingresos, que es la capacidad de la empresa para obtener flujo de caja futuro y ganancias. Y aquí se preguntaban ¿Qué proyección podría tener Viasa o cual sería el "mejor plan previsible" que permitiera aportar un valor?, llevaba al menos quince años dando pérdidas profundas, buena parte de sus rutas eran deficitarias, sus costos operativos eran tremendos no solo porque había 220 pilotos para los seis aviones sino porque los ingresos estaban atomizados y el margen de maniobra era muy pequeño.

Pero ¿cuál era la mejor proyección para Viasa? El país había crecido artificialmente y había colapsado. En la década a partir de 1975 el país había decrecido en PIB per cápita, el barril de petróleo había caído más de la mitad y la producción había pasado de 3,6 millones de barriles a 1,8 millones. Los 220 millones de dólares que Viasa ingresó en caja en 1978, representaría diez años más tarde y ajustado a inflación unos 392 millones, pero la compañía seguía ingresando a caja exactamente el mismo monto y para el siguiente en 1990, el presidente explicaría que: "VIASA transportó 665.320 pasajeros, lo que significó ingresos por un monto de 9.730 millones de bolívares" es decir menos que doce años atrás y cualquiera que leyera al presidente pensaría que se trataba de un deja vu, porque era el mismo Carlos Andrés Pérez que decía que "En 1978 VIASA trasportó 688.523 pasajeros".

En doce años, Viasa transportaba menos pasajeros y ajustados a inflación, ingresaban la mitad de los recursos del pasado y ya había ocurrido el famoso Caracazo, había dado al traste con las reformas económicas mientras que los rumores de golpe de estado y la inestabilidad política eran el día a día de una política en la que estaba por surgir de los cuarteles la Revolución Bolivariana y el mismísimo Hugo Chávez.

Entonces ¿Cuánto costaba Viasa? La pregunta esconde el verdadero problema. Viasa no necesitaba ser comprada, necesitaba de una reforma profunda en el sector aeronáutico como el ocurrido con Ladeco y Lan Chile en la misma época, así como un proceso de reflota a cinco años. Necesitaba disminuir su atomización de rutas y frecuencias, sus costos operativos y por ende su tamaño para dedicarse a la explotación intensiva de sus grandes nichos de negocio.

Necesitaba crear su propia escuela financiera y su propio modelo de negocios para luego abrir su capital al fenómeno globalizador del mundo aeronáutico, así como afiliarse a una alianza global. Como mínimo necesitaba un proyecto de inversión financiera inmediata de ciento cincuenta millones de dólares, pero no para el Fondo de Inversión, sino para sanear la compañía y a partir de allí cerca de un billón de dólares en equipos, para acometer un sistema integrado.

Haberle colocado un precio, cualquiera que fuera representaba su propio fin, era simplemente llevar a remate las compañías para que otros las cerraran y la opción de Iberia significaba eso, pues simplemente llevaba años en pérdidas profundas y jamás tendría como explotar y hacer crecer a VIASA, con la salvedad de aportarle aviones anticuados para que compitiera con Avensa en las Antillas Holandesas. Pero hay que repetir que la culpa fue por entero de los venezolanos y la prueba más evidente, de que nadie quería un proyecto para Viasa, porque necesitaba eso, un proyecto de rescate y no que alguien comprara o se repartieran algunas acciones.

www.ingramcontent.com/pod-product-compliance
Lightning Source LLC
LaVergne TN
LVHW052312291224
800165LV00009B/767